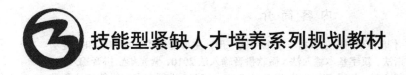

技能型紧缺人才培养系列规划教材

文字录入与文字处理案例教程
（第二版）

沈大林　曾　昊　主　编

王爱赪　王浩轩　张　秋　赵　玺　副主编

中国铁道出版社
CHINA RAILWAY PUBLISHING HOUSE

内 容 简 介

本书是"技能型紧缺人才培养系列规划教材"丛书中的一册，主要介绍了键盘布局和按键功能、键盘输入的正确姿势和指法、汉字基本输入法、微软拼音输入法 2010、紫光华宇拼音输入法、搜狗拼音输入法和五笔字型输入法，以及使用中文 Microsoft Word 2010 进行文字编辑的方法和常用技巧。

本书共 7 章，采用案例驱动的教学方式，融通俗性、实用性和技巧性于一体；提供了多个汉字输入法的应用实例以及使用中文 Word 2010 进行文字编辑的 15 个案例。后 4 章的每个教学单元由"案例效果和操作""相关知识"和"思考与练习"三部分组成。此外本书还提供了大量的思考题与练习题。

本书适合作为中等职业学校的教材，也可以作为社会计算机培训学校、计算机基础速成班、文秘短训班的培训教材，以及初学者的自学读物。

图书在版编目（CIP）数据

文字录入与文字处理案例教程 / 沈大林，曾昊主编.
—2 版. —北京：中国铁道出版社，2014.1
技能型紧缺人才培养系列规划教材
ISBN 978-7-113-17562-7

Ⅰ. ①文… Ⅱ. ①沈… ②曾… Ⅲ. ①文字处理—教材 Ⅳ. ①TP391.1

中国版本图书馆 CIP 数据核字（2013）第 256832 号

书　　名：**文字录入与文字处理案例教程（第二版）**
作　　者：沈大林　曾　昊　主编

策　　划：刘彦会　　　　　　　　　　读者热线：400-668-0820
责任编辑：刘彦会　崔晓静
编辑助理：尹　娜
封面设计：付　巍
封面制作：白　雪
责任印制：李　佳

出版发行：中国铁道出版社（100054，北京市西城区右安门西街 8 号）
网　　址：http://www.51eds.com
印　　刷：北京昌平百善印刷厂
版　　次：2009 年 10 月第 1 版　2014 年 1 月第 2 版　2014 年 1 月第 1 次印刷
开　　本：787mm×1092mm　1/16　印张：15　字数：359 千
印　　数：1～3 000 册
书　　号：ISBN 978-7-113-17562-7
定　　价：29.00 元

技能型紧缺人才培养系列规划教材

丛书序

PREFACE

本丛书依据教育部办公厅和原信息产业部办公厅联合颁发的《中等职业院校计算机应用与软件技术专业领域技能型紧缺人才培养指导方案》进行规划。

根据我们多年的教学经验和对国外教学的先进方法的分析，针对目前职业技术学校学生的特点，采用案例引领，将知识按节细化，案例与知识相结合的教学方式，充分体现我国教育学家陶行知先生"教学做合一"的教育思想。通过完成案例的实际操作，学习相关知识、基本技能和技巧，让学生在学习中始终保持学习兴趣，充满成就感和探索精神。这样不仅可以让学生迅速上手，还可以培养学生的创作能力。从教学效果来看，这种教学方式可以使学生快速掌握知识和应用技巧，有利于学生适应社会的需要。

每本书按知识体系划分为多个章节，每一个案例是一个教学单元，按照每一个教学单元将知识细化，每一个案例的知识都有相对的体系结构。在每一个教学单元中，将知识与技能的学习融于完成一个案例的教学中，将知识与案例很好地结合成一体，案例与知识不是分割的。在保证一定的知识系统性和完整性的情况下，体现知识的实用性。

每个教学单元均由"案例效果""操作步骤""相关知识"和"思考与练习"四部分组成。在"案例效果"栏目中介绍案例完成的效果；在"操作步骤"栏目中介绍完成案例的操作方法和操作技巧；在"相关知识"栏目中介绍与本案例单元有关的知识，起到总结和提高的作用；在"思考与练习"栏目中提供了一些与本案例有关的思考与练习题。对于程序设计类的教程，考虑到程序设计技巧较多，不易于用一个案例带动多项知识点的学习，因此采用先介绍相关知识，再结合知识介绍一个或多个案例的编写方式。

丛书作者努力遵从教学规律、面向实际应用、理论联系实际、便于自学等原则，注重训练和培养学生分析问题和解决问题的能力，注重提高学生的学习兴趣和培养学生的创造能力，注重将重要的制作技巧融于案例介绍中。每本书内容由浅入深、循序渐进，使读者在阅读学习时能够快速入门，从而达到较高的水平。读者可以边进行案例制作，边学习相关知识和技巧。采用这种方法，特别有利于教师进行教学和学生自学。

为便于教师教学，丛书均提供了实时演示的多媒体电子教案，将大部分案例的操作步骤实时录制下来，让教师摆脱重复操作的烦琐，轻松教学。

参与本丛书编写的作者不仅有教学一线的教师，还有企业中项目开发的技术人员。他们将教学与学生就业工作需求紧密地结合起来，通过完全的案例教学，大大提高了学生的应用操作能力，并为我国职业技术教育探索做出了积极贡献。

沈大林

FOREWORD

第二版前言

电子计算机是 20 世纪最卓越的科学技术成就之一，它的普及和迅速发展对人类的传统生活方式、工作方式和教育模式产生了极其深刻的影响。本书主要介绍了计算机键盘布局和按键功能、正确的姿势和指法、汉字基本输入法、紫光华宇拼音输入法、搜狗拼音输入法和五笔字型输入法，以及使用中文版 Word 2010 进行文字编辑的方法和常用技巧。

本书在第一版的基础之上，全面将各种应用软件升级编写。本书采用案例驱动的教学方式，融通俗性、实用性和技巧性于一体。本书以节为一个教学单元，后四章的每个教学单元由"案例效果和操作""相关知识"和"思考与练习"三部分组成。在"案例效果和操作"栏目中介绍案例完成的效果，完成案例的操作方法和操作技巧，在"相关知识"栏目中介绍与本案例有关的知识，有总结和提高的作用，在"思考与练习"栏目中提供了一些与本案例有关的思考与练习题。本书共 7 章，提供了几十个汉字输入法的应用实例和使用中文版 Word 2010 进行文字编辑的 15 个案例。

在编写过程中，作者努力遵从教学规律、面向实际应用、理论联系实际、便于自学等原则，注重训练和培养学生分析问题和解决问题的能力，注重提高学生的学习兴趣和对创造能力的培养，注重将重要的制作技巧融于案例介绍当中。本书还特别注意由浅入深、循序渐进，使读者在阅读学习时能够快速入门，进而达到较高的水平。读者可以边进行案例制作，边学习相关知识和技巧。采用这种方法，特别有利于教师进行教学和学生自学。

本书由沈大林、曾昊任主编，王爱赪、王浩轩、张秋、赵玺任副主编。参与编写的人员还有陶宁、许崇、郑淑晖、邹伟、马开颜、罗红霞、郑瑜、刘璐、于建海、郭政、丰金兰、郑原、郑鹤、张桂亭、张伦、张凤红、袁柳、崔玥、曲彭生、郭海、张磊、马广月、曹永冬、杨东霞、崔元如、李征、郝侠、黄启宝、杨旭、李宇辰、孔凡奇、徐晓雅、王加伟、肖柠朴、陈恺硕、沈昕、关点、关山、毕凌云、苏飞、王小兵等。

本书适合作为中等职业学校计算机专业的教材，也可以作为社会计算机培训学校、计算机基础速成班或文秘短训班的培训教材，还可以作为初学者的自学读物。

由于编者水平有限，书中难免存在疏漏与不足之处，敬请广大读者批评指正。

编　者
2013 年 10 月

第一版前言

FOREWORD

电子计算机是 20 世纪最卓越的科学技术成就之一，它的普及和迅速发展对人类的传统生活方式、工作方式、社会经济结构以及教育模式产生了极其深刻的影响。利用计算机进行信息处理的能力已成为现代人的能力素质中必须具备的组成部分，它与阅读、写作等基本技能一起成为衡量一个人文化水平高低的标志之一。

本书主要介绍了键盘布局和按键功能、正确的姿势和指法、智能 ABC 输入法、紫光拼音输入法、搜狗拼音输入法和五笔字型输入法，以及使用中文版 Word 2003 进行文字编辑的方法和常用技巧。

本书采用案例驱动的教学方式，融通俗性、实用性和技巧性于一体。本书以节为一个教学单元，后四章的每个教学单元由"案例效果"、"操作步骤"、"相关知识"和"思考与练习"四部分组成。在"案例效果"栏目中介绍案例完成的效果，在"操作步骤"栏目中介绍完成案例的操作方法和操作技巧，在"相关知识"栏目中介绍与本案例单元有关的知识，有总结和提高的作用，在"思考与练习"栏目中提供了一些与本案例有关的思考与练习题。本书共分 7 章，提供了几十个汉字输入法的应用实例和使用中文版 Word 2003 进行文字编辑的 16 个实例。本书还提供了大量的思考题与练习题。

在编写过程中，作者努力遵从教学规律、面向实际应用、理论联系实际、便于自学等原则，注重训练和培养学生的分析问题和解决问题的能力，注重提高学生的学习兴趣和对创造能力的培养，注重将重要的制作技巧融于案例完成的介绍当中。本书还特别注意由浅入深、循序渐进，使读者在阅读学习时能够快速入门，从而达到较高的水平。读者可以边进行案例制作，边学习相关知识和技巧。采用这种方法，特别有利于教师进行教学和学生自学。

本书由沈大林和曾昊任主编。主要作者还有陶宁、郑淑晖、邹伟、马开颜、罗红霞、郑瑜、王爱赦、刘璐、于建海、郭政、丰金兰、郑原、郑鹤、张桂亭、张伦、张凤红、袁柳、崔玥、曲彭生、郭海、张磊、马广月、曹永冬、杨东霞、崔元如、季明辉、李征、郝侠、黄启宝、薛红、杨旭、卢贺、李宇辰、孔凡奇、徐晓雅、罗丹丹、杜忻翔、计虹、王晓萌、张娜、王加伟、穆国臣等。

本书适合作为中等职业学校计算机专业的教材，也可以作为社会电脑培训学校、电脑基础速成班或文秘短训班的教材，还可以作为初学者自学的读物。

由于编者水平有限，书中难免存在一些缺点和不足，敬请广大读者批评指正。

编　者
2009 年 6 月

CONTENTS

目录

第1章 键盘指法和汉字基本输入法

通过学习本章，可以了解键盘的作用和布局特点，掌握正确的坐姿和正确的指法，能够运用正确的指法输入以英文为主的文章，能够使用智能 ABC 输入法输入以中文为主的文章，能够输入各种数字、字母、字符、汉字和特殊的字符与图案等。

1.1 键盘和指法

1.1.1 键盘布局和按键功能

常用的键盘有 101、104 键等若干种。为了便于记忆，按照功能的不同，人们把键盘划分成主键盘区、功能键盘区、编辑键盘区和数字键盘区四个区域，另外还有一个状态指示灯区，如图 1-1-1 所示。图中左边最大的区域称做"主键盘区"，最上面的一个长条区域称做"功能键区"，最右边的区域称做"数字键区"，在主键盘区和数字键区之间的区域称做"编辑键区"。

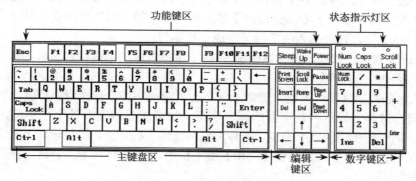

图 1-1-1　常用的键盘分布

1．主键盘区

键盘中最常用的区域是主键盘区，主键盘区中的键又分为三大类，即字母键、数字（符号）键和功能键，分别介绍如下：

（1）字母键：A～Z 共 26 个字母键。在字母键的键面上标有大写英文字母 A～Z，按每个键可以输入大写或小写字母。

（2）数字（符号）键：数字（符号）键共有 21 个键，包括数字、运算符号、标点和其他符号，分布如图 1-1-2 所示。每个键面上都有上下两种符号，也称双字符键，可以输入符号和数字。上面的一行字符称为上挡字符，下面的一行字符称为下挡字符。

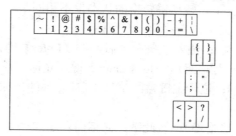

图 1-1-2　主键盘区的数字（符号）键

（3）功能键：功能键共有 14 个键，在这 14 个键中，【Alt】、【Shift】、【Ctrl】键各有两个，对称分布在左右两边，功能完全一样，只是为了操作方便。有的键盘还有两个"Windows 徽标"【▦】键，这些按键分布如图 1-1-3 所示。

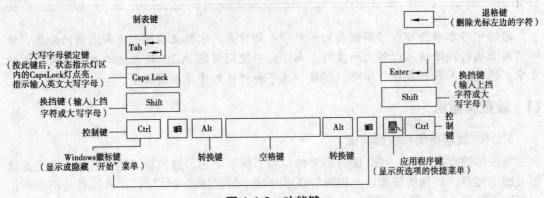

图 1-1-3 功能键

①【Caps Lock】键（大写字母锁定键，也称大小写换挡键）：位于主键盘区最左边的第三排。每按一次【Caps Lock】键，英文大小写字母的状态就改变一次。例如，现在输入的是英文小写字母，按一下【Caps Lock】键之后，输入的字母就是英文大写字母，再按一下【Caps Lock】键，则再输入的字母又变成小写字母。

②【Shift】键（上挡键，也称换挡键）：位于主键盘区的第四排，左右各有一个，用于输入双字符键中的上挡符号。

主键盘区的数字（符号）键，键面上标有上下两种字符，称做双字符键，如果直接按下双字符键，屏幕上显示的是下面的那个字符。如果想显示上面的那个字符，可以按住【Shift】键，同时按所需的双字符键，屏幕上显示该键上挡字符。当要输入上挡字符时，例如，要输入一个"＋"号，先按住【Shift】键不松手，再按一下【±】键，屏幕上显示的是一个"＋"号。

【Shift】键（换挡键）的第二个功能是对英文字母起作用，当键盘处于小写字母状态时，按住【Shift】键再按字母键，可以输出大写字母。反之，当键盘处于大写字母状态时，按住【Shift】键再按字母键，可以输出小写字母。

③【Ctrl】键（控制键）：Ctrl 是英文 Control（控制）的缩写，一共有两个，位于主键盘区的左下角和右下角。【Ctrl】键不能单独使用，需要与其他键组合使用，来完成一些特定的控制功能。操作时，先按住【Ctrl】键不放，再按下其他键。在不同的系统和软件中完成的功能各不相同。

④【Alt】键（转换键）：Alt 是英文 Alternate（转换）的缩写，共有两个，位于空格键两侧。【Alt】键与【Ctrl】键一样，也不能单独使用，需和其他键配合使用，完成一些特殊的功能。在不同的工作环境下，转换键转换的状态也不相同。

⑤ 空格键：按此键，光标向右移动一个空格。

⑥【Enter】键（回车键）：输入一条命令后，按【Enter】键，系统便开始执行这条命令。在编辑文字中，输入一行信息后，按【Enter】键，光标下移一行。

⑦【Tab】键（制表键）：位于主键盘区第二排左侧。每按一次【Tab】键，光标就向右移动八个单元格。

⑧【Backspace】键（退格键）：按此键，光标向左退回一字符位，同时删掉该位置上原有的字符。

⑨ Windows 徽标键：位于【Alt】键左右侧各一个，按此键可以显示 Windows "开始" 菜单，再按一次，可以隐藏 Windows "开始" 菜单。

⑩ 应用程序键：当选中或鼠标指针定位在某对象时，按此键可显示它的快捷菜单。

2. 功能键区

键盘最上方一排为功能键区。

（1）【Esc】键：称做取消键，位于键盘的左上角。Esc 是英文 Escape（取消）的缩写，在许多软件中它被定义为退出键，一般用做退出当前操作或当前运行的软件。在 WPS 软件中它又作为菜单激活键。

（2）从【F1】到【F12】是功能键，一般软件都是利用这些键来充当软件中的功能组合键。例如，用【F1】键寻求帮助。

（3）【Sleep】键：暂停休眠键。按该键可以使计算机暂停输出信号，屏幕黑屏，再按该键，则回到 Windows 原状态，打开的文件和文件夹不会关闭。

（4）【Power】键：计算机关机键。按该键可以使计算机退出 Windows 系统并关机。

3. 编辑键区

编辑键区共有 10 个键，如图 1-1-4 所示，在文档编辑过程中，常使用它们来控制光标的移动。

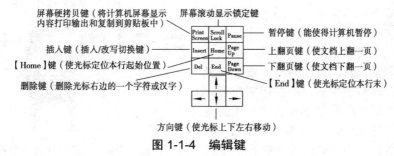

图 1-1-4　编辑键

10 个编辑键的作用简述如下：

（1）【Print Screen】（屏幕硬拷贝键）：在打印机已联机的情况下，按下该键可以将计算机屏幕的显示内容通过打印机输出；另外，还可以将当前屏幕的内容复制到剪贴板中。如果按住【Alt】键，同时按【Print Screen】键，则可以将当前的对话框复制到剪贴板中。

（2）【Scroll Lock】键（屏幕滚动显示锁定键）：目前该键已很少使用。

（3）【Pause】或【Break】键（暂停键）：按该键，能使计算机正在执行的命令或应用程序暂时停止工作，再按键盘任一个按键后继续。另外，按住【Ctrl】键的同时按【Break】键（可表示为【Ctrl+Break】键），可中断命令的执行或程序的运行。

（4）【Insert】键：按一下该键可以改变插入与改写状态。

（5）【Home】键：按一下该键可以使光标快速移动到本行的开始。

（6）【Page Up】键（向上翻页键）：按一下该键可以使屏幕向前翻一页。

（7）【Delete】键（删除键）：按一下该键可以删除光标右边的一个字符或汉字。

（8）【End】键：按一下该键可以使光标快速移动到本行的末尾。

（9）【Page Down】键（向下翻页键）：按一下该键可以使屏幕向后翻一页。

（10）方向键：依次按一下这四个键，可以使光标在屏幕内相应地上下左右移动。

4. 数字键区（小键盘区）

数字键主要是为了输入数据方便，一共有 17 个键，包括 0～9 的数字键和加、减、乘、除运算符号键，其中大部分是双字符键。

（1）【Num Lock】键（数字锁定键）：位于小键盘区的左上角，其作用相当于上挡键。当 Num Lock 指示灯亮时，表示数字键盘区的上位字符数字输入有效，可以直接输入数字；按一下【Num Lock】键，该指示灯灭，其下位字符编辑键有效，用于控制光标的移动。

小键盘区中的数字键都是双字符键，即每个键都具有显示数字和移动光标两种功能。要想使其具有数字功能，先要按下数字锁定键，屏幕上就可以显示相应的数字了。

（2）【Ins/0】键（插入键/数字 0 键）：它是个双字符键，上面是数字 0，下面是插入和改写的切换键，该键功能由【Num Lock】键来决定。

（3）【Del/.】键（删除键/小数点键）：它是个双字符键，上面是小数点键，下面是删除键，与【Delete】删除键的作用一样，该键功能由【Num Lock】键来决定。

（4）运算符号键：包括加（+）、减（−）、乘（*）、除（/）运算符。

（5）【Enter】键：也称小回车键，与主键盘上的大回车键功能完全相同。

1.1.2　正确的姿势和指法

1. 正确的姿势

用键盘时，上身要直，手腕要放平，手指自然下垂放在基本键位上。用正确的姿势操作计算机，如图 1-1-5 所示。

打字时眼睛离显示器不要太近，以保护视力，腰要保持挺直，背部与椅子垂直，坐姿要端正，两脚自然平放，不要弯腰曲背。另外，椅子和键盘的高度也要合适，人的身体距离键盘大约 20cm，小臂与桌面平行。打字时两肩要放松，两肘轻轻夹于腋边，手腕

眼睛平视屏幕，保持45 cm以上的距离，每隔10 min 将视线从屏幕上移开，观望远方一下

身体正对屏幕，调整屏幕，使眼睛舒服

头正、颈直、身体挺直、双脚平踏

图 1-1-5　正确操作计算机的姿势

平直，手指自然弯曲地轻放在键盘上，指尖与键面垂直，左右手的拇指轻放在空格键上。打字之前，手指甲必须修平。需要打印的稿件放在键盘左边。

操作键盘是"击键"而不是"按键"。击键时用的是冲力，即用手指尖瞬间发力，并立即反弹，使手指迅速回到原位键。

注

通常表达的"按键"即"击键"的动作。

击键时，主要是指关节用力，而非腕部用力，全部击键动作仅限于手指部分。击键的力度要适当，击键力量过重，易损坏键盘，且操作者容易疲劳，也影响录入速度；击键力量过轻则键盘没有反应。打字时，眼睛要看原稿，而不能看键盘。否则，交替看键盘和稿件会使人眼疲劳、容易出错、打字速度减慢。打字时要精神集中，以避免差错。击键的时间与力度在练习中认真体会，通过反复实践、调整，就能把握住适当的力度，做到恰如其分。击键要果断迅速、均匀而有节奏。

2. 正确的指法

（1）母键（基准键）：在键盘上的【F】和【J】键上，这两个字母的键面上，各有一个凸起的细短线或圆点。有了这两个标志，操作时不用看键盘就能摸到手指应放的正确位置。

（2）基本键：键盘中排的八个键位，【A】、【S】、【D】、【F】、【J】、【K】、【L】、【；】。

基本键位是手指击键的根据地，击键时，手指都要从基本键位出发，手抬起，需要击键的手指伸出击键，敲击完任何键后，立即回到基本键位上。当左手击键时，右手保持基本键位的指法不变；当右手击键时，左手保持基本键位的指法不变。

（3）按键的标准姿势：将左手食指放在【F】键上，其余三指分别放在【A】、【S】、【D】键上，右手食指放在【J】键上，其余三指放在【K】、【L】、【；】键上，双手的大拇指轻轻放在空格键上。操作键盘进行打字时，十个指头都要充分利用起来，每个手指都有明确的分工。熟练掌握基本键位的指法是学好打字的基础。

键盘指法分区如图 1-1-6 所示。

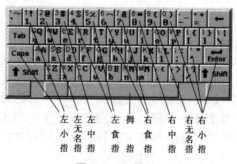

图 1-1-6　指法

（4）除基本键以外，八个手指还分管其他键。介绍如下。

① 左手小指管：【1】、【Q】、【A】、【Z】、左【Shift】键及左边控制键。

② 左手无名指管：【2】、【W】、【S】、【X】键。

③ 左手中指管：【3】、【E】、【D】、【C】键。

④ 左手食指管：【4】、【R】、【F】、【V】、【5】、【T】、【G】、【B】键。

⑤ 右手食指管：【6】、【Y】、【H】、【N】、【7】、【U】、【J】、【M】键。

⑥ 右手中指管：【8】、【I】、【K】和【，】键。

⑦ 左手无名指管：【9】、【O】、【L】和【．】键。

⑧ 左手小指管：【0】、【P】、【；】、【/】、右【Shift】键及右边的控制键。

技巧提示：在指法训练中，要求坐姿端正、指法正确。文字录入的基本要求：一是准确，二是快速。

指法训练中，第一要准确。正确的指法、准确地击键是提高输入速度和正确率的基础。不要盲目追求速度，在保证准确的前提下，速度要求是：初学者为 100 个字符/min，150 个字符/min 为及格，200 个字符/min 为良好，250 个字符/min 为优秀。

3. 击键时的注意事项

（1）在打字操作中，要始终保持不击键的一只手在基本键位上成弓形，指尖与键面垂直或稍向掌心弯曲。手指弯曲要自然，轻放在基准键上，击键要轻，速度与力量要均匀，不可用力过大。

（2）击键后手要迅速返回到基准键上，不击键的手指不要离开基准键。当一个手指击键时，其余三指不要翘起。

（3）当需要按下两个键时，若这两个键分别位于左右两区，则应左右手各击其键。

（4）使用键盘时，要用相应的手指击键，接触键帽后及时抬起，不允许长时间地停留在已击过的键位上，如果按住某个字符键，时间超过 1s，屏幕上会重复出现相同的字符。击键时用力要适度，击完一个键后，手指要回到原位，眼睛不要看键盘。打字时，眼睛要始终盯着原稿或屏幕，禁止看键盘的键位。

（5）坚持使用左右手拇指轮流敲击空格键。否则，会影响击键速度。

指法训练是一个艰苦的过程，要循序渐进，不能急于求成。要严格按照指法的要领去练习，使手指逐渐灵活、"听话"。随着练习的深入，手指的敏感程度和击键速度会不断提高。

（6）应在保证准确的前提下提高速度，切忌盲目追求速度。

练习打字的目的就是要通过反复练习，熟悉并记住主键盘上每个键的位置，以便将来能在不看键盘的情况下，快速按指法要求进行文字输入。练习打字可通过键盘指法练习软件来练习，目前流行的用于键盘指法的软件很多，感兴趣者可上网查询。

1.1.3　键盘输入练习

1. 基本键练习

刚开始练习打字时，应该从【A】、【S】、【D】、【F】、【J】、【K】、【L】、【；】八个基本键开始练习。练习时应当看原稿或屏幕，尽量不要看键盘。击键时手指从基本键位上稍微抬起，快速击打要按的键，然后迅速将手指回到打字练习开始时的准备姿势。

在进行练习时，注意指法是否规范，并记录每次打字所用的时间。

打字练习可以在指法练习软件的帮助下进行。如果没有指法练习软件，可以打开"写字板"，进入编辑状态按下面的方法进行指法练习。

将下列字符连续输入 10 遍：

DSFLA　SKJL;　SFKAD　DAFKS　KJFSD　A;DLS　DSKFJ　LJ;KS

对于基本键的练习，应该达到每分钟 60 次以上，并且要保证准确率达到 100%，这样才可以进入下一步的练习。

2. 中排键练习

中排键【G】键和【H】键与基本键在同一排，【G】键由左手食指负责，【H】键由右手食指负责。输入这两个字母时，食指从基本键离开后，迅速敲击【G】键或【H】键，击键后食指应立即返回到基本键上。练习时要记住键的位置，尽量不要看键盘。

将下列字符连续输入 10 遍：

GHGHG　HGHGG　GHGHH　GHHGH　GHGGH　HGHHG　HHGHG

在进行【G】键和【H】键的单独练习后，应该再和八个基本键混合在一起练习。

SHDFG　SDFHG　SHDFG　SFHDG　ASFDH　HAFSG　AHSFG　ASHDF
L;JKH　J; KGL　J;KLG　J L;KH　HKGLJ　GKLHJ　HL; JG　H; LGJ
FDSAH　FDHSA　FSAHD　FSHDA　GFDHS　GFSHA　GFHSA　GFAHS
FSDGA　HLKJG　FSGDA　KGLJH　HFGDS　H;LGJ　SAGF　GSHAF
DGFSA　KLGJH　DGSAF　LGKJH　GFHDS　L; JH　SFAHG　GHSFA

3. 上排键练习

上排键在基本键上面一排，是"QWERTYUIOP"十个字母键。

练习时，应该按照规定的指法击键，左手负责"QWERT"这五个键，右手负责"YUIOP"这五个键，其中右手的食指负责"YU"两个键。打字时手指从基本键的位置向斜上方运动到要击打的键上方，快速轻击后立即回到基本键原位置上。

将下列字符连续输入 10 遍：

QRTW　QRTW　WRTQ　RQWT　WTER　WERT　RTQW　QWRT
YUOP　YUOP　YUOP　YUOP　UIOP　UIOP　OPYU　UOYP
TRWQ　TQRW　RWTQ　TRWQ　REWQ　REQW　TQRW　RWQT

TRWQ	POUY	POUY	POUY	OIUY	OIUY	POUY	POUY
YUOP	QWRT	YUOP	QWRT	UIOP	WERT	YUOP	WQRT
POUY	TRWQ	POUY	POUY	OIUY	REWQ	POUY	TRWQ

当上排的 10 个字母键练习熟练后，应该和已经练习过的中排键混合起来练习。

将下列字符连续输入 10 遍：

AQQA	AQAQ	QAQA	AQAQ	SWWS	SSWW	WWSS	WSWS
DDEE	DEDE	EEDD	DEDE	FRRF	FRRF	RFRF	RFRF
GTTG	GTTG	GTTG	GTTG	HYYH	HYYH	HYYH	HYYH
JUUJ	JUUJ	JUUJ	JUUJ	KIIK	KIIK	KIIK	KIIK
LOLO	LLOO	LOOL	OLOL	P;P;	P; ;P	P;P;	P;P P
HJL;	QWRT	YUOP	;LJH	GFSA	POUY	REWQ	QWET

4. 下排键练习

下排键在基本键下面一排，是"Z X C V B N M，．/"十个键。

练习时，应该按照规定的指法击键，左手负责"Z X C V B"这五个键，右手负责"N M，．/"这五个键。注意：左手的食指负责"V B"两个键，右手的食指负责"N M"两个键。击键时，手指从基本键向下运动，轻击要打的键后立即返回到基本键上。

将下列字符连续输入 10 遍：

ZXVB	XVZB	VZXC	CXVB	BZXV	VBZX	ZVXB	VZXB
NM/.	NM./	NM/.	M./M	N./M	M./N	./ NM	MN./
BVXZ	VXBZ	BXVC	VCXZ	BVXZ	BZVX	BZVX	VXZB
/.MN	/.MN	/.,M.	,MN/	.MN/	.MN	/.MN	/.MN
NM./	ZXVB	NM,.	XCVB	NM,/	ZXVB	NM./	ZXVB
BVXZ	/.MN	BVCX	.,MN	BVXZ	/,MN	BVXZ	/.MN

5. 全字母键练习

练习完前面的按键之后，字母键就全部练习完了。这时，还应当把前边练习过的所有字母键混合起来进行练习。将下列字符连续输入 10 遍：

QAZ	QAZ	WSX	WSX	WSX	EDC	EDC	EDC	RFV	RFV
TGB	TGB	YHN	YHN	YHN	UJM	UJM	UJM	IK,	IK,
OL.	OL.	P;/	P;/	P;/	ABC	ABC	ABC	RAM	RAM
ROM	ROM	DIR	DIR	DIR	SYS	SYS	SYS	COM	COM
EXE	EXE	BAT	BAT	BAT	TXT	TXT	TST	BAS	BAS
VGA	VGA	CPU	CPU	CPU	CLS	CLS	CLS	DEL	DE

技巧提示：击键后手指要马上放回到基本键上。例如，左手小拇指从【A】键向左下方运动击打【Z】键后，小拇指应当马上回到【A】键的位置上。击键时，除了击键的手指以外，其他的手指应该保持在原来的位置上。

由于字母键是最常用的键，因此要反复练习，直到非常熟练为止。

6. 数字键练习

练完字母键后，应进行最上面一行数字键的练习。练习指法与上排字母键练习指法类似，左手负责"1 2 3 4 5"五个键，右手负责"6 7 8 9 0"五个键，其中左手食指负责"4 5"两个键，右手食指负责"6 7"两个键。指法与上排键指法类似。

由于数字键离基本键比较远，因此稍微难一些，应当多练习才能熟练。练习时要特别注意击键后手指应当立即返回到基本键上。将下列字符连续输入 6 遍。

12456	12735	12457	12835	16790	36890	46789	68190
54215	54316	45321	65431	50976	50876	50987	10876
51379	13549	51379	61359	72480	91680	92468	42680
12480	13459	72480	61359	92480	61579	52468	31579
22904	63309	94416	95505	96636	67049	58806	59081
45920	95600	56742	97806	38972	34567	27890	19556

7. 符号键及上挡键练习

符号键多数在上挡键上，在输入上挡键时，要用小拇指按住一侧换挡键，另一只手手指击打要输入的上挡键。需要注意的是，在击打上挡键时，按换挡键的小拇指不能松开，输入完上挡键以后两手指马上回到基本键上。

如果需用左手输入上挡键时，就用右手的小拇指按换挡键。

当键盘处于小写字母状态时，如果想要输入一个大写字母，也要用小拇指按住换挡键不放，再用另一只手手指击打相应的字母键。将下列字符连续输入 6 遍：

!!1!	@@2;	@##3	#$$4	$%%5	%^^6	^&&7	&**8
*9(9	(?<>	))0)	!@#$	$%^&	&*()	__-_	++=+
<<,<	>>.>	??/?	+_-=	%$#@	--_|	++=+	+_-=
(?`~	))0)	!@ #$	$%^&	&*()	__-_	++=+	*9(9
<<,<	>>.>	??/?	+_-=	%$#@	-_|	$%^&	+_-=
RRrR	SSsS	T TtT	UuuU	VVvV	WWwW	YYyY	MMmM

8. 全键盘练习

现在主键盘上的所有键都练习过了，最后要进行全键盘练习。按照前边讲的指法和注意事项反复练习，最后应当在保证准确率 100%时击键的速度不低于 60 次/min。

将下列字符连续输入 6 遍：

6&20	6&20	35^2	35^2	101!	101#	100$	(24)
#216	@236	45*32	45*23	-2334	-1234	-1234	136_7
199>8	989>8	17<66	23>12	12<=x	16/7	18/3	{x+y}
Dod 15.5 ren 12.5		abc 1	16-6=10	13–3=10	10+6=16	10*5=50	30/5=6

A(3)=a/8+2   A(4)=a/8+2   A(k)=a/9+2   B(9)=A(3)+1   A(k)=1C(k)=21   Al+1=21

B11=90

IF k <> 6 OR L = THEN 2 .IF I <> 9 OR j = 4 THEN 10

9. 综合练习

（1）打开"写字板"程序，输入以下内容：

Software is another name for programs. * Programs give step-by-step instructions for the computer hardware to function properly, and also, programs tell the computer how to process data into the form the user requires.Basically, there are two kinds of software—system software and application software (See Figure 2-1). System software refers to "background software", which is used to handle technical details without user intervention; application software refers to"end-user" software, which is used to meet his/her different ends.

System software consists of four kinds of programs—operating system, service programs, device drivers and language translators. *The operating system software is very important for the computer system in that it supports application software to interact with computer hardware and to perform specific tasks. Service programs are used to manage computer resources. Device drivers are designed to enable input and output hardware devices to communicate with the computer system. Language translators convert the programming instructions written by programmers into a language that the computer system can understand and process (See Figure 2-2). On the whole, system software handles behind-the-scenes computer activities: loading and running programs, coordinating networks, organizing files, protecting computers from viruses, performing periodic maintenance and controlling hardware devices interactions. To effectively use computers, users need to understand the functionality of the system software including operating system.

Application software undertakes various tasks the user wants to conduct—the system resources, monitoring the system activities and managing disks and files (See Figure 2-3).

Thinking of the micro-computer, you may consider you are not good at typing, calculating, organizing, presenting, or managing information. A micro-computer, however, can help you to do all these things—and much more. All it takes is the right kinds of software.

New software versions will offer more capabilities, freeing your creativity and enhancing the quality and quantity of your work. New versions of basic application software are being released all the time. One way these programs change is in the way you interact with them. Another way is in the software's capabilities.

Interacting with them is not as difficult as you may think. That's because almost all new software today has a similar command and menu structure. When a new version comes out, it looks and feels quite similar to the previous version. This enables you to focus on the new capabilities. Basic applications will continue to become more and more powerful by adding breadth to their capabilities. They are no longer limited by the machines that they were designed to replace. Word processors, for example, do much more than typewriters ever could. Recent versions have added desktop publishing and Web page design capabilities.

Some experts predict that our days of buying, installing, and upgrading software will some day be a thing of the past. These activities will be done by specialized Web sites that provide Web-based applications. When you want to run the most recent and powerful applications, you will connect to the appropriate site, pay a fee, and run the application.

What does all this mean to you? You will have access to more powerful applications, which will accommodate your creativity and enhance the quality and quantity of your work. Additionally, it was a challenge to learn how and when to use these more powerful tools.

（2）下载并安装 TT 打字软件，练习指法。

思考与练习1-1

1．填空题

（1）101 或 104 键盘按照功能可以划分成_____、_____、_____和_____，以及_____区。

（2）主键盘区中的键又分为_____键、_____键和_____键。

（3）编辑键盘区共有_____个键，主要功能用于_____。

（4）每个键面上都有上下两种符号，称为_____，可以输入符号和数字。上面的一行字符称为_____，下面的一行字符称为_____。

（5）当_____指示灯亮时，表示数字键盘区的上位字符和数字输入有效，可以直接输入数字；按一下_____键，指示灯灭，其下位编辑键有效，用于控制光标的移动。

（6）按键的标准姿势：将_____放在【F】键上，_____分别放在【A】、【S】、【D】键上，_____放在【J】键上，_____放在【K】、【L】、【；】键上，_____轻轻放在空格键上。

2. 选择题

（1）输入"（"时应该按（   ）组合键。

    A.【Shift+9】   B.【Alt+9】   C.【Ctrl+9】   D.【Tab+9】

（2）【Page Up】键的作用是（   ）。

    A. 将光标定位到行首   B. 将光标定位到页首

    C. 将光标定位到下一页   D. 将光标定位到上一页

（3）下面（   ）键在键盘中出现多次。

    A.【Shift】   B.【Backspace】   C.【Esc】   D.【Tab】

（4）下面（   ）键在键盘中出现多次。

    A.【Esc】   B.【Backspace】   C.【Alt】   D.【Tab】

（5）键盘上字母的排列是按（   ）顺序排列的。

    A. 字母   B. 笔画   C. 大小写   D. A、B、C 都不正确

（6）输入"u"时应该按（   ）组合键。

    A.【Alt+U】   B.【Shift+U】   C.【Ctrl+U】   D.【Tab+U】

（7）使用数字键区时，按（   ）键可以切换输入状态。

    A.【Num Lock】   B.【Alt】   C.【Ctrl】   D.【Tab】

（8）键盘上最长的键是（   ）。

    A. 换行键   B. 回车键   C. 空格键   D. 翻页键

（9）【Page Down】键的作用是（   ）。

    A. 将光标定位到行尾   B. 将光标定位到页尾

    C. 将光标定位到下一页   D. 将光标定位到上一页

（10）Caps Lock 灯亮后可以直接输入（   ）。

    A. 小写字母   B. 大写字母

    C. 上排符号   D. A、B、C 都不正确

3. 操作题

打开"写字板"程序，输入以下内容：

Software suite is a collection of separate applications bundled together and sold as a group. Microsoft Office versions may be the most popular suites of desktop and portable applications on the planet. Microsoft Office comes in several different versions, such as Office 2000, Office XP and Office 2003 editions, and every version of Microsoft Office Suite includes Word, Excel, Access, PowerPoint, FrontPage and Outlook (See Figure 5-1).

The popularity of Microsoft Office versions are due to the fact that these applications—Word, Excel, Access, PowerPoint, FrontPage and Outlook—are truly great useful tools for both business and home users. The names of these applications are rather self-explanatory and they are relatively easy to use, and offer just about everything you'd want from Office Automation.

Word perfectly creates text-based documents such as reports, letters and memos (See Figure 5-2). Excel programs serve as a spreadsheets to organize, analyze and graph numeric data. Access is a data base management system to structure a database and enter, edit, and retrieve data from the database. PowerPoint is made for graphic and professional presentations; FrontPage is used to make desirable Web pages. Outlook is an e-mail writing, sending and receiving program.

Most general purpose applications are endowed with the powerful feature of object linking and embedding function (OLE), so are Microsoft Office applications. Using OLE, you can share information or objects between files created in different applications. For example, you can create a chart in Excel and then use this chart in a Word document. * Object Linking is useful if you want the destination file to always contain the most up-to-date information，for example, if the source file changes, the object in the destination file is updated automatically. With Object Embedding, the object from the source file is embedded or added to the destination file and then becomes part of the destination file. The embedded object can be opened and edited within the destination file. However, any changes you make to the embedded object are not automatically reflected in the source file.

Every Microsoft Office suite covers basic features which are common to all the applications of the suite. * So what you learn about the toolbars and menus in one application will be also applicable to the other applications, making it easier to use them and to share files between applications within the suite. Having mastered Word, your primary application, you'll find it is very easy to learn Excel, FrontPage and PowerPoint as well as to perform common activities such as opening, saving, and printing files. When it comes to Access and Outlook, the menus and toolbars are quite different from those in the other applications, mainly because Access and Outlook are so vastly different in terms of how they work and what they do.

1.2   汉字输入法分类

通过本节的学习，可以了解非键盘输入法特点，键盘输入编码方式以及汉字输入法的分类，掌握选择中文版 Windows XP 环境中文输入的两种方法，以及设置中文输入法的方法。

1.2.1   汉字输入法分类

1. 非键盘输入法简介

任何键盘输入法，都需要使用者经过一段时间的练习才可能达到基本需求的录入速度。用户的键盘指法必须熟练，最好会盲打。这对于一些计算机普通使用者来说，是比较困难的。非键盘输入法在一定程度上解决了这个问题。所谓非键盘输入法是指不通过键盘输入汉字的方法，其特点就是使用简单，但是需要特殊设备。

（1）语音输入法：将声音通过话筒转换成文字的一种输入方法。语音输入法在硬件方面要求计算机必须配备声卡和话筒。如果用户的普通话不标准，可以通过语音训练程序，让输入法软件熟悉用户的口音。语音输入法虽然使用起来很方便，但错字率仍然比较高，特别是一些未经训练的专业名词和生僻字。

（2）手写输入法：一种笔式环境下的手写中文识别输入法，符合中国人用笔写字的习惯，只要在手写板上按平常的习惯写字，计算机就能将其识别显示出来。手写输入法又分为使用专业设备和使用专业软件两种。手写板是最常见的专业输入设备，使用起来方便、快捷，而且错字率也比较低，但是价格较贵。使用专业软件，用户可以通过拖动鼠标指针来书写汉字。总之，手写输入法速度慢、易疲劳，不能普遍适用。

（3）扫描文字法：通过扫描仪将文字以图片的形式扫描进计算机后，再经过特殊软件的处理还原为文字。扫描文字法的正确率比较高，速度也比较快，但是必须配备扫描仪。一般只在输入大篇幅文字时使用。

2．键盘输入编码方式

中文输入法按照编码方式主要可以分为以下四种：

（1）音码：音码以汉语拼音为基准对汉字进行编码。其优点是简单、易学，基本上不需要记忆编码信息；缺点是重码率高，输入速度较慢。全拼输入法、智能 ABC 输入法和微软拼音输入法等都属于音码，这一类输入法比较适合一般的计算机使用者。智能 ABC 输入法（又称标准输入法）是一种新型音码输入法，由北京大学的朱守涛先生发明。它以简单易学、快速灵活、需记忆东西少而受到用户的青睐。不过许多用户仅仅是将其作为拼音输入法的翻版来使用，使其强大的功能未能得到充分的发挥。

（2）形码：形码是根据汉字字形的特点，将一个汉字拆分为多个偏旁部首，再分别定义到键盘的按键上。其优点是重码率低、可以高速输入汉字，缺点是需要记忆大量的编码规则、拆字方法并经过大量练习才能掌握。五笔字型输入法就是典型的形码输入法，这一类输入法比较适合专业的汉字录入人员。

（3）音形码：音形码是把音码和形码结合起来的一种输入法，音码在前，形码在后。它的优和缺点介于音码和形码之间。如果形码在前，音码在后，则称为形音码。

（4）序号码：它是根据汉字笔顺用数字按键相对应的输入法，例如区位输入法等。

1.2.2　选择和设置输入法

1．选择 Windows XP 中的中文输入法

在中文版 Windows XP 环境中，通常提供微软拼音、智能 ABC、全拼和郑码等几种中文输入法。可以添加和删除中文输入法。选择中文输入法可以有以下两种方法：

（1）使用语言工具栏：单击语言栏内左边的"中文输入法"图标按钮，弹出其菜单，如图 1-2-1 所示，单击所需的输入法命令，即可弹出相应的中文输入法。

（2）使用组合键：按【Ctrl+Shift】组合键，可以在各种输入法之间切换。

2．设置输入法切换的组合键

如果用户认为切换输入法烦琐，可以为经常使用的输入法设置组合键。

（1）右击输入法状态栏，在弹出的快捷菜单中选择"设置"命令，弹出"文字服务和输入语言"对话框，如图 1-2-2 所示。

（2）在该对话框内的"已安装的服务"栏中选择"简体中文-美式键盘"选项，单击"键设置"按钮，弹出"高级键设置"对话框，如图 1-2-3 所示。

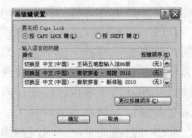

图 1-2-1　快捷菜单　图 1-2-2　"文字服务和输入语言"对话框　图 1-2-3　"高级键设置"对话框

（3）在"高级键设置"对话框内的"输入语言的热键"列表框中选中一种输入法选项，例如"切换至中文（中国）微软拼音-简捷 2010"选项，再单击"更改按键顺序"按钮，弹出"更改按键顺序"对话框，如图 1-2-4 所示。

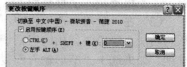

（4）在"更改按键顺序"对话框中选中"启用按键顺序"复选框，可以设置切换输入法的组合键，例如选中"左手 ALT"单选按钮，在下拉列表框中选择"0"选项，单击"确定"按钮，关闭该对话框，回到"高级键设置"对话框。

图 1-2-4　"更改按键顺序"对话框

（5）此时"高级键设置"对话框的"输入语言的热键"列表框中的"切换至中文（中国）微软拼音-简捷 2010（无）"选项改为"切换至中文（中国）微软拼音-简捷 2010 左边 Alt+Shift+0"。单击"确定"按钮，关闭"高级键设置"对话框，完成"简体中文-美式键盘"输入法切换到"微软拼音-简捷 2010"输入法的组合键设置。

（6）按【Alt+Shift+0】组合键，即可切换到"微软拼音-简捷 2010"状态。

3．删除输入法

在实际工作中，为了提高操作速度，可以将 Windows 默认的输入法进行删除，只保留常用的输入法。

（1）右击输入法状态栏，在弹出的快捷菜单中选择"设置"命令，弹出"文字服务和输入语言"对话框。

（2）在"文字服务和输入语言"对话框的"已安装的服务"列表框中选中要删除的输入法选项（例如，选中"中文（中国）"选项），再单击"删除"按钮，即可删除选中的输入法（此处删除了"中文（中国）"输入法）。

（3）如果要删除多种输入法，可以重复第（2）步操作，单击"应用"按钮，再单击"确定"按钮。

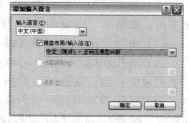

4．添加输入法

（1）右击输入法状态栏，在弹出的快捷菜单中选择"设置"命令，弹出"文字服务和输入语言"对话框。

（2）单击"文字服务和输入语言"对话框中的"添加"按钮，弹出"添加输入语言"对话框，如图 1-2-5 所示。

图 1-2-5　"添加输入语言"对话框

（3）在"添加输入语言"对话框的"输入语言"下拉列表框中选择"中文（中国）"选项，选中"键盘布局/输入法"复选框，在其下拉列表框中选择要添加的中文输入法（例如，"中文（简体）- 王码五笔型 86 版"），单击"确定"按钮。

（4）如果要添加多种输入法，可以重复第（3）步操作，然后单击"应用"按钮，再单击"确定"按钮，也可以直接单击"确定"按钮。

一些输入法软件，在安装后会自动添加到"文字服务和输入语言"对话框，例如"紫光拼音输入法"和"Google 谷歌拼音输入法"等输入法软件。

5．属性设置

将鼠标指针移动到输入法状态栏中的"中文输入法"按钮<del>标准</del>上右击，在弹出的快捷菜单中单击"属性设置"命令，弹出"智能 ABC 输入法设置"对话框，如图 1-2-6 所示。

图 1-2-6　"智能 ABC 输入法设置"对话框

（1）在"风格"选项组中，如果选中"光标跟随"单选按钮，则外码窗口和候选窗口跟随输入字符移动。如果选中"固定格式"单选按钮，则外码窗口和候选窗口的位置相对固定，不跟随输入字符移动。

（2）在"功能"选项组中，如果选中"词频调整"复选框，则输入法具有自动调整词频的功能。汉语拼音相同但音调不同的汉字，将按用户使用的频率在候选窗口中从高到低排列。如果选中"笔形输入"复选框，则输入法具有纯笔形输入功能。

1.2.3 输入法状态栏和输入汉字的基本方法

1. 智能 ABC 输入法的状态栏

"智能 ABC 输入法"状态栏上有五个按钮，如图 1-2-7 所示。这五个基本按钮是"中文/英文输入切换""中文输入法状态""全角/半角切换""中文/英文标点切换"和"显示/隐藏软键盘切换"按钮。单击按钮就可以在其相应的两个状态之间切换。切换的方法除了单击按钮外，还可以使用组合键。

（1）中文/英文标点切换：按【Ctrl+.】组合键。 按钮（表示中文标点输入状态）与 按钮（表示英文标点输入状态）切换。

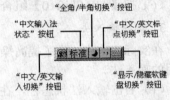

图 1-2-7 智能 ABC 输入法的状态栏

（2）全角/半角切换：按【Shift+空格】组合键。 按钮（表示半角输入状态）与 按钮（表示全角输入状态）切换。

（3）中文/英文输入切换：对于智能 ABC 输入法，在中文输入状态下，按【Caps Lock】键，在"中文输入"与"英文大写字母输入"之间切换。

2. 全拼汉字输入

（1）开始阶段：第一键按下后，就开始了拼音输入过程。第一键只允许输入 26 个英文字母。如果第一键输入的是"i"、"u"、"v"字母时，具有特殊的含义，这将在下面介绍。

（2）中间阶段：直接通过键盘输入一个或多个汉字的汉语拼音。

（3）查找和结束阶段：可以按下面几种方式结束输入，弹出相应的汉字列表。接着在汉字列表中找到所需的汉字后按相应的数字键，即可输入汉字。

如果汉字列表中找不到所需的汉字，可以按【=】键（等号），向后翻页寻找汉字；按【-】键（减号），向前翻页寻找汉字。

◎ 按空格键或标点符号键：以字或词为单位转换输入信息。

◎ 按【Enter】键：以字为单位转换输入信息。

◎ 按【[】、【]】、【Ctrl+-】：为特殊情况结束键。

【例 1.1】要输入"中"字，则输入全拼"zhong"，再按空格键，弹出相应的汉字列表如图 1-2-8 所示。再按【1】键或空格键，即可输入"中"字。

【例 1.2】要输入"锺"字，则输入全拼"zhong"，再按空格键，弹出相应的汉字列表，如图 1-2-8 所示。汉字列表中没有"锺"字，再按【=】键（等号），向后翻页寻找"锺"字，弹出的列表如图 1-2-8（b）图所示，按【4】键，即可输入"锺"字。

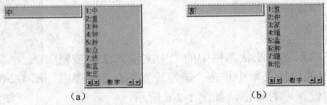

（a）　　　　　　　　　　　（b）

图 1-2-8 输入全拼"zhong"后按空格键的汉字列表

如果在中间阶段输入多个汉字的汉语拼音，可以按【Enter】键（回车），弹出单个汉字的汉字列表，然后在汉字列表中依次选择所需的汉字。

【例 1.3】要输入"沈芳麟"字，则全拼输入"shenfanglin"，再按【Enter】键，弹出相应的汉字列表如图 1-2-9 所示。按【=】键（等号），向后翻页寻找"沈"字，弹出汉字列表如图 1-2-10 所示。按【2】键选择"沈"字。

图 1-2-9　全拼输入"shenfanglin"　　　　图 1-2-10　按【=】（等号）键向后翻页

此时汉字列表如图 1-2-11 所示。再按【5】键，选择"芳"字，此时汉字列表如图 1-2-12 所示。两次按【=】键（等号）向后翻页，寻找"麟"字，此时汉字列表如图 1-2-13 所示。按【7】键，选择"麟"字，完成"沈芳麟"文字的输入。

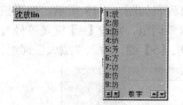　　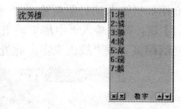

图 1-2-11　按【2】键选择"沈"　　图 1-2-12　按【5】键选择　　图 1-2-13　两次按【=】
　　字后的汉字列表　　　　　　　"芳"字后的汉字列表　　　　（等号）键向后翻页

3. 全拼词组输入

（1）输入词组：在中间阶段时，可以连续输入多个词组的汉语拼音，再按空格键或标点符号键，弹出相应的词组列表，找到所需的词组后按相应的数字键，即可输入词组。如果一次输入了不只一个词组，智能 ABC 输入法会继续向后查找下一个词组，并把所有相应的词组显示在列表中。全部选择完成后，按空格键输入所有文字。

【例 1.4】要输入"地方"词组，输入"difang"，按【Enter】键，弹出相应的汉字列表如图 1-2-14 所示，此时只能选择字。输入"difang"，按空格键，弹出相应的汉字列表，如图 1-2-15 所示。按【1】键或空格键，即可输入"地方"词组。

图 1-2-14　按【Enter】键后的汉字列表　　图 1-2-15　按空格键后的汉字列表

【例 1.5】要输入"地方政府"两个词组，输入"difangzhengfu"（地方政府）再按空格键，弹出相应的词组列表，如图 1-2-16 所示。智能 ABC 输入法会先给出第一个词组，按【1】键或空格键，选择"地方"词组，智能 ABC 输入法会自动继续查找下一个词组，并把所有相应的词组显示在列表中，如图 1-2-17 所示。再按【1】键或空格键，选择"政府"词组，即可完成"地方政府"两个词组的输入。

（2）输入音节切分符：在按词组输入时，有些词组的拼音会导致歧义。用户必须使用音节切分符来标识该汉字拼音的起始位置，否则会理解为其他汉字。音节切分符用键盘中的单引号【'】键表示。例如，输入"预案"时，必须输入"yu'an"而不能输入"yuan"。再如，输入"西安"时，必须输入"xi'an"而不能输入"xian"。

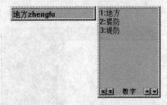
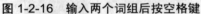
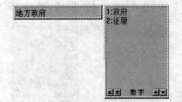

图 1-2-16　输入两个词组后按空格键　　　　图 1-2-17　再按【1】键或空格键

4．智能 ABC 输入法的其他输入方法

（1）简拼输入：简拼的编码规则是取各个音节的第一个字母，对于包含复合声母的音节（zh、ch、sh）也可以取前两个字母组成。

【例 1.6】输入"战火"词组，如果按照前面介绍的全拼输入方法需要输入字母"zhanhuo"，而用简拼输入法只需要输入"zhh"再按空格键，此时的词组列表如图 1-2-18 所示。如果按【7】键，即可输入"中华"词组。此处词组列表内没有"战火"词组，则按【=】键（等号），向后翻页寻找"战火"字，此处词组列表如图 1-2-19 所示，按【5】键，输入"战火"词组。

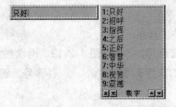

图 1-2-18　输入"zhh"的词组列表　　　　图 1-2-19　按【=】（等号）键向后翻页

【例 1.7】输入"政治"词组，如果按照前面介绍的全拼输入方法需要输入字母"zhengzhi"，而用简拼输入法只需要输入"zz"，再按空格键，即可弹出图 1-2-20 所示的汉字列表，列出词组，再按【1】键或空格键，即可输入"政治"词组。

【例 1.8】输入"物理"词组，如果按照前面介绍的全拼输入方法需要输入字母"wuli"，而用简拼输入法只需要输入"wl"，再按空格键，即可弹出图 1-2-21 所示的汉字列表，再按【4】键，即可输入"物理"词组。

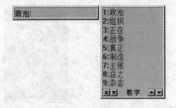

图 1-2-20　输入"zz"的词组列表　　　　图 1-2-21　输入"wl"的词组列表

（2）混拼输入：混拼的编码规则是对于两个音节以上的词语，一部分用全拼，一部分用简拼输入法。

【例 1.9】输入"联合国"词组，全拼为"lianheguo"，混拼则只需要输入"lhguo"，按空格键，弹出图 1-2-22 所示词组列表，再按空格键，即可输入"联合国"。

【例 1.10】输入"北京市"词组，全拼为"beijingshi"，混拼则只需要输入"beijsh"，按空格键，即可输入"北京市"。如果输入"bjs"或"bjshi"，按空格键，则弹出图 1-2-23 所示词组列表，再按【6】键，即可输入"北京市"。

图 1-2-22　输入"lhguo"的词组列表　　　图 1-2-23　输入"bjs"的词组列表

【例 1.11】输入"数学负责人"词组，全拼为"shuxuefuzeren"，混拼则只需要输入"shuxfzren"，按空格键，即可弹出图 1-2-24 左图所示的汉字列表，再按空格键，即可出现图 1-2-24 右图所示的汉字列表，按【2】键，选择"负责"词组，再按空格键，选择"人"字，即可输入"数学负责人"词组。

（3）简码输入：智能 ABC 输入法设定了 24 个最常用的汉字，可以通过直接击键盘中的一个按键，再按空格键，即可输入相应的汉字。24 个最常用的汉字如下：去（q）啊（a）在（z）我（w）是（s）小（x）饿（e）的（d）才（c）日（r）发（f）他（t）个（g）不（b）小（x）有（y）和（h）年（n）就（j）没（m）一（y）可（k）哦（o）了（l）批（p）。

图 1-2-24　输入"shuxfzren"的词组列表

（4）中文标点的输入方法：单击输入法状态栏的"中文/英文标点"按钮，可以切换到中文标点输入状态 。按【\】键，可以输入顿号；按【.】键，可以输入句号；按【,】键，可以输入逗号；按【<】键，可以输入"《"；按【>】键，可以输入"》"；连续两次按【"】键，可以输入一对双引号。

（5）双打输入：一个汉字在双打方式下，只需要击键两次：奇次为声母，偶次为韵母。有些汉字只有韵母，称为零声母音节：奇次输入"o"字母（o 被定义为零声母），偶次为韵母。虽然击键为两次，但是在屏幕上显示的仍然是一个汉字规范的拼音。

在双打变换方式下，简拼输入的字母如果全部大写，则不需要用隔音符号。例如：输入"西安"，全拼输入"xi'an"，双打输入"XAN"。

5. 自造新词组

在输入中文时，有时用户会碰到一些经常使用且较长的词组。此时，可以使用智能 ABC 输入法提供的造词功能为长词组设置自定义的代码，这样可以大大提高录入速度，操作步骤如下：

（1）切换到智能 ABC 输入法状态。

（2）右击输入法状态栏中的"弹出快捷菜单，如图 1-2-25 所示。单击"定义新词"命令，弹出"定义新词"对话框。

图 1-2-25　快捷菜单

（3）在"添加新词"选项组中的"新词"文本框中输入自造的词组，例如"中国希望工程捐款办公室"。在"外码"文本框中，输入设置的外码

"zxkb"。

（4）单击"添加"按钮，在"浏览新词"栏中的列表框内会显示出新定义的词组和其代码，如图 1-2-26 所示。

（5）如果还需要输入其他的自定义词组，可以重复步骤（3）继续添加。如果要删除已定义的词组，可在"浏览新词"栏中的列表框内选中该词组，再单击"删除"按钮。

（6）完成设定后，单击"关闭"按钮，退出"定义新词"对话框，返回文档。

图 1-2-26 "定义新词"对话框

定义完词组后，将光标移动到要输入"中国希望工程捐款办公室"的位置，先按【u】键，再输入词组的代码"zxkb"，然后按空格键，即可在光标处输入"中国希望工程捐款办公室"词组。

1.2.4 特殊输入法及其使用技巧

1. 软键盘

可以使用智能 ABC 输入法提供的软键盘功能，输入一些特殊符号，操作方法如下：

（1）单击输入法状态栏内的"显示/隐藏软键盘切换"按钮▦，弹出软键盘。

（2）单击软键盘上的按钮或按键盘上相应的按键，就可以进行输入，其效果与按键盘上的按键输入一样。

（3）再次单击输入法状态栏内的"软键盘"按钮，可以关闭打开的软键盘。

（4）右击输入法状态栏内的"显示/隐藏软键盘切换"按钮▦，弹出软键盘菜单，如图1-2-27 所示。单击该菜单内的命令，可以更换软键盘，例如，单击"PC 键盘"命令后的软键盘如图 1-2-28 所示；单击"特殊符号"命令后的软键盘如图 1-2-29 所示；单击"单位符号"命令后的软键盘如图 1-2-30 所示。

图 1-2-27 软键盘菜单

图 1-2-28 PC 键盘软键盘

图 1-2-29 特殊符号软键盘

图 1-2-30 单位符号软键盘

（5）单击软键盘上相应按键，可以输入与软键盘上相对应的符号。

2. 特殊输入方法

（1）书名号自动嵌套的输入功能：智能 ABC 提供了书名号自动嵌套的输入功能，以满足单书名号必须出现在双书名号中间的一般约定。

书名号的输入键为【<】和【>】键。第一次按"<"键时，对应的输出字符为"《"，再按"<"键时，则出现"〈"。此后如果"<"与">"能够匹配，再按【>】键时，则出现"〉"。

（2）使用键盘输入特殊符号：先按【v】键，再按数字键（1～9），弹出相应的符号列表，按【=】键（等号）或【-】键（减号），在列表中搜索所需的符号，找到后，按与符号对应的数字键，即可输入相应的符号。

例如，按【v】键后，再按【3】数字键的效果，如图 1-2-31 所示。按【v】键后，再按【9】键（数字）的效果，如图 1-2-32 所示。所有的符号均来源于国家标准字符集，数字是区号，1 区是各类符号，2 区是各种数字符号，3 区是键盘符号，4 区和 5 区是日文符号，6 区是希腊字母，7 区是俄文字母，8 区是拼音字符，9 区是制表符。

图 1-2-31　符号列表 3 区符号

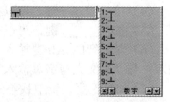

图 1-2-32　符号列表 9 区制表符

3. 使用技巧

（1）中文输入过程中的英文输入：在输入中文时，如果需要输入英文单词，用户不必切换到英文输入方式，只要先输入字母"v"作为标志符，然后输入英文单词，再按空格键即可。例如：要输入单词"windows"，只需要先输入"v"，再输入"windows"，再按空格键即可。

（2）中文数词简化输入：智能 ABC 输入法提供阿拉伯数字和中文大小写数字的转换功能，对一些常用量词也可简化输入。字母"i"为输入小写中文数字的前导字符。在"i"后面输入阿拉伯数字，再按空格键或【Enter】键，可以转换为中文小写数字。例如，输入"i2008"再按空格键，则显示"二○○八"。

（3）中文量词简化输入：一些常用量词也可简化输入，先输入"i"为输入量词的前导字符，然后输入字母，再按空格或【Enter】键，将显示相应的中文量词。例如，输入"ig"则显示为量词"个"。系统规定的字母量词含义见表 1-2-1。

表 1-2-1　字母量词含义

字　母	量　词	字　母	量　词	字　母	量　词	字　母	量　词
g	个	s	十, 拾	b	百, 佰	q	千, 仟
w	万	e	亿	z	兆	d	第
n	年	y	月	r	日	t	吨
k	克	$	元	f	分	l	里
M	米	j	斤	o	度	p	磅
u	微	i	毫	a	秒	c	厘
x	升						

（4）以词定字：输入一个词组的汉语拼音，以此来输入该词组的某个单字，这样可以减少单字输入中的重码现象。词组包括标准库中的词和用户自己定义的词。用按键【[】取第一个字，按键【]】取最后一个字。

例如，输入"轰轰烈烈"的简码"hhll"。如果按空格键，则显示"轰轰烈烈"；如果按【[】键，则显示"轰"；如果按【]】键，则显示"烈"。

再例如，输入"十全十美"的简码"shqshm"。如果按空格键，则显示"十全十美"；如果按【[】键，则显示"十"；如果按【]】键，则显示"美"。

思考与练习1-2

1. 填空题

（1）常用的非键盘输入法有_____、_____和_____。

（2）中文输入法按照编码方式主要可以分为_____、_____、_____和_____四种。

（3）默认情况下，按_____键，可以在各种输入法之间切换。

（4）按_____键，可以在"中文标点"与"英文标点"之间切换。

（5）按_____键，可以在"全角"与"半角"之间切换。

（6）对于智能 ABC 输入法，在中文输入状态下，按_____键，可以在"中文输入"与"英文大写字母输入"之间切换。

（7）如果汉字列表中找不到所需的汉字，可以按_____键，向后翻页寻找汉字；按_____键，向前翻页寻找汉字。

（8）输入汉语拼音后，按_____键，汉字列表中显示以字为单位的输入信息。按_____键，汉字列表中显示以词为单位的输入信息。

（9）要弹出有特殊符号的符号列表，需先按_____键，再按_____键。

（10）要输入"二〇〇九"，应输入_____，再按空格键。

2. 操作题

（1）练习使用智能 ABC 输入法定义"北京奥运"、"北京考试院培训中心"、"健身中心"、"非常六加一"、"美国经济危机"、"中法文化科技交流"词组。

（2）打开"写字板"，输入以下内容。

九华山钓鱼台：来到半山坐一坐　　再行五里天上天

合肥包公祠：理冤狱关节不通自是阎罗气象　　赈灾黎慈悲无量依然菩萨心肠

合肥包公祠：忠贤将相　道德名家

合肥民教寺：飞骑桥头论胜负　　教弩台上评忠奸

合肥民教寺：曹公教弩台尚在　　吴主飞骑桥难寻

黄山文殊院：万山拜其下　　孤云卧此中

（3）打开"记事本"程序，选择全拼输入法，输入以下内容：

◆世界名犬◆

1. 边境牧羊犬	2. 贵宾犬	3. 德国牧羊犬	4. 金毛猎犬
5. 杜宾犬	6. 喜乐蒂犬	7. 拉布拉多猎犬	8. 蝴蝶犬
9. 洛威拿犬	10. 澳洲牧牛犬	11. 威尔斯科基犬	
12. 迷你雪纳瑞	13. 英国跳猎犬	14. 比利时特弗伦犬	
15. 史其派克犬	16. 苏格兰牧羊犬	17. 德国短毛指示犬	
18. 英国可卡	19. 布列塔尼猎犬	20. 美国可卡	21. 威玛猎犬
22. 伯恩山犬	23. 松鼠犬	24. 爱尔兰水猎犬	25. 维兹拉犬
26. 卡狄肯威尔斯科基犬		27. 切萨皮克湾拾列犬/波利犬	
28. 巨型雪纳瑞	29. 万能埂	30. 伯瑞犬	
31. 威尔斯跳猎犬	32. 曼彻斯特埂	33. 萨莫耶犬	
34. 纽芬兰狗/澳洲埂/美国斯塔福郡埂/戈登蹲猎犬/长须牧羊犬			
35. 凯恩埂/凯利蓝埂/爱尔兰埂		36. 挪威猎糜犬	
37. 猴面埂/丝毛埂/迷你品犬/法老王猎犬/克伦伯长毛垂耳猎犬			
38. 洛威埂	39. 斑点狗	40. 贝林顿埂	

41. 爱尔兰猎狼犬　42. 库瓦兹犬　43. 萨路基猎犬
44. 骑士查里王猎犬/德国刚毛指示犬　45. 西伯利亚雪撬犬/比熊犬
46. 藏獒/灵堤/英国猎狐犬/美国猎狐犬/格里芬犬
47. 西高地白埂　48. 拳师狗/大丹狗　49. 腊肠狗
50. 阿拉斯加雪撬犬 51. 沙皮狗　52. 罗德西亚背脊犬
53. 爱尔兰埂　54. 波斯顿埂/秋田狗　55. 斯凯埂
56. 西里罕埂　57. 巴哥犬　58. 法国斗牛犬
59. 马尔济斯犬　60. 意大利灵堤　61. 中国冠毛犬
62. 丹地丁蒙埂/西藏埂　63. 英国老式牧羊犬
64. 比利牛斯山犬　65. 苏格兰埂/圣伯纳犬
66. 牛头埂　67. 吉娃娃　68. 拉萨犬
69. 斗牛獒犬　70. 西施犬　71. 巴吉度猎犬
72. 獒犬/比高犬　73. 北京犬　74. 血堤
75. 苏俄牧羊犬　76. 松狮犬　77. 老虎狗
78. 见生吉犬　79. 阿富汗猎犬

（4）打开"记事本"程序，使用软键盘输入以下内容：

△▲※◎→←↑↓▬◆□ § №(一)(二)(1)(2)Ⅰ ⅡⅢⅣ①②③④⑾⒇×±÷⊙≌∥⊥
∠⌒⊿≮≠≈★☆●○◆◇±×÷∑℃‰￥$￠¤￡艾拍太吉兆亿万千百仟佰十九八
ēêêděé夕ㄅ历亡尸ㄊㄋㄖㄇㄙㄟㄍㄏ ρ α β γ η μ φ ω π

（5）打开"记事本"程序，使用软键盘输入以下内容：

　　微软拼音输入法有多个版本，最新的版本是微软拼音输入法 2010，常用的版本有微软拼音输入法 2003 和微软拼音输入法 2010。微软拼音输入法采用拼音作为汉字的录入方式，不需要经过专门的学习和培训，不需要特别记忆，只要知道汉字读音，就可以使用这一工具。此外微软拼音输入法还提供了通过汉字 GB18030 及 Unicode 编码进行输入的内码输入方式。微软拼音输入法采用基于语句的连续转换方式，可以不间断地输入整句话的拼音，不必关心分词和候选，这样既保证思维流畅，又提高了输入效率，还提供了许多其他功能，比如自学习和自造词。通过使用这两种功能，微软拼音输入法可以在交流中不断学习专业术语和用词习惯，从而成为得心应手的工具。

　　微软拼音输入法 2003 在保留 3.0 版本所有功能的基础上，在输入准确率和易用性方面都有明显的改进和增强。微软拼音输入法 2003 特别推出了三种不同的输入风格，以适应不同用户的输入习惯和操作方式。如果您习惯传统输入法的手工转换模式，您可以使用传统输入风格；如果喜欢微软拼音输入法早期版本的操作方式，可以使用微软拼音经典输入风格；如果愿意尝试全新的操作行为，那就请选择微软拼音新体验。微软拼音输入法 2003 词表中的单字读音通过了国家语委语言文字规范（标准）审定委员会审定。微软拼音输入法 2003 支持 Windows 2000 及以上操作系统。

　　微软拼音输入法 2010 在先前版本的基础之上，对性能和准确度进行了重大改进，并增加了许多更加符合用户使用习惯的功能，是特别为用户设计的一款多功能汉字输入工具。它可以单独运行在 Windows XP/SP3 以及更高系统平台上。如果已经安装了简体中文版的 Office 2010 Beta2，则无须再次安装该输入法。微软拼音输入法 2010 将与 Office 2010 一同发布。微软拼音输入法 2010 进行了全面升级，打字更加快速、准确，词库更加丰富并且支持自动的词典更新和共享的扩展词典平台，可定制的在线搜索功能更加方便信息查询，同时还提供了两种主流的输入风格，满足用户不同的打字习惯。

第 2 章　智能化拼音输入法

目前流行的中文输入法很多，大都是智能化的拼音输入法，例如微软拼音输入法、紫光拼音输入法、谷歌拼音输入法、搜狗拼音输入法、QQ 拼音输入法等。通过本章的学习，可以掌握微软拼音输入法等几种常用的中文拼音输入法的使用方法和使用技巧。

2.1　微软拼音输入法 2010

微软拼音输入法有多个版本，常用的有微软拼音输入法 2003 版本、2007 版本和 2010 版本，最新的版本是微软拼音输入法 2010 版本。微软拼音输入法 2010 在先前版本的基础上，对性能和准确度进行了重大改进，进行了深入的性能优化，增加了许多更加符合用户使用习惯的功能。它的启动迅速、反应敏捷，软件词库更加丰富，支持词典自动更新和扩展词典共享的平台，可以定制在线搜索查询。基于海量知识库的智能拼音转换，让打字如行云流水，准确畅快。它可以快速智能地学习输入的新词，支持词典自动更新，持续提供最新最热门的词汇和网络词汇。

微软拼音输入法 2010 提供了"新体验"和"简捷"两种主流的输入风格，可以满足不同输入习惯。"新体验"输入风格秉承微软拼音传统设计，"简捷"输入风格则为微软拼音输入法 2010 全新设计。对于习惯以前微软拼音输入法的用户或习惯主流拼音输入法的用户来说都可以很好地适应。可以从相应的网站免费下载。

2.1.1　微软拼音输入法 2010 基础

1. 微软拼音输入法 2010 新增功能

（1）新的输入风格：微软拼音输入法 2010 提供了基于词语和短语转换的"微软拼音-简捷 2010"输入风格，还提供了基于语句连续转换方式的"微软拼音-新体验 2010"输入风格。"简捷 2010"输入风格采用了嵌入式输入界面和自动拼音转换，可以逐词输入所需的文字内容（全拼或简拼），操作过程简单易用，尤其适合在线聊天等网络应用场景。"新体验 2010"输入风格可以不间断地输入整句话的拼音，不必关心分词和候选，这样既保证思维流畅，又提高了输入效率。

（2）搜索插件：新增搜索插件功能。可以在使用微软拼音输入法时单击状态栏内的"选择搜索提供商"图标按钮🔍，对正在输入的词语进行搜索。此外，还可以根据需要添加及选择不同的搜索引擎。第一次使用搜索插件功能时，需要添加一个搜索提供商（即提供搜索服务的搜索引擎），然后才能进行搜索。

（3）词典自动更新：微软拼音输入法 2010 支持词库自动更新，保证在输入中文时，能够随时打出最新、最热门的词汇。

（4）扩展词典共享：可以下载由专业厂商提供的扩展词典，增加微软拼音输入法的词汇量；也可以制作自定义扩展词典，与其他用户分享。

2. 状态栏

（1）状态栏："微软拼音-简捷 2010"的完整状态栏如图 2-1-1 所示。按【Ctrl＋Space】组合键，可以切换打开或关闭状态栏。单击状态栏上的按钮可以切换输入状态或者激活菜单，各图标的功能见表 2-1-1。

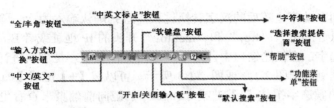

图 2-1-1　"微软拼音-简捷 2010"状态栏

表 2-1-1　微软拼音输入法状态栏图标的功能

按　　钮	作　　用	快　捷　键
	切换中文输入法	无
	切换中文、英文输入模式	Shift
	切换全角、半角模式	Shift+Space
	切换中文、英文标点模式	Ctrl+.
	切换中文简体、繁体和大字体	无
	软键盘开关	无
	输入板开关	无
	激活功能菜单	无
	打开帮助文件	无
	默认搜索	Ctrl+F8
	选择搜索提供商	无

（2）输入窗口：输入窗口用来显示用户输入的拼音串，它会自动完成拼音转汉字的过程。"微软拼音-简捷 2010"的输入窗口如图 2-1-2 所示。"微软拼音 - 新体验 2010"的输入窗口如图 2-1-3 所示，其内，虚线上的汉字是输入拼音的转换结果，下画线上的字母是正在输入的拼音。

（3）候选窗口：候选窗口如图 2-1-2 或图 2-1-3 所示，列出一些具有相同读音的汉字或词组称候选字词（简称"候选"），候选窗口内选中的候选字词称活动候选字词，其背景为浅蓝色，默认第一个候选字词是活动候选字词。

图 2-1-2　"微软拼音-简捷 2010"
输入窗口和候选窗口

图 2-1-3　"微软拼音-新体验 2010"
输入窗口和候选窗口

3．基本操作方法

微软拼音输入法的操作包括以下四个主要步骤。

（1）启动微软拼音输入法：单击语言栏上的键盘按钮，弹出输入法菜单，单击" 微软拼音 - 简捷 2010 "命令，弹出"微软拼音-简捷 2010"状态栏；单击" 微软拼音 - 新体验 2010 "命令，弹出"微软拼音-新体验 2010"状态栏。

（2）编辑拼音：在输入窗口中，可以按左右方向键定位光标来编辑拼音。用户可以按左右方向键在输入窗口内移动和定位光标，按退格键删除光标左边的字符，按【Delete】键删除光标右边的字符，定位光标后可以重新输入新拼音，来编辑修改拼音。

在"微软拼音-新体验 2010"输入风格下，一旦输入了大写字母或者非汉语拼音格式的字母，输入法则自动停止随后的汉字转换过程，直到确认输入为止。除了大写字母外，输入法还能识别以"http："、"ftp："和"mailto："开头的 IP 地址或者 E-mail 地址。

（3）查看候选字：在候选窗口中，1 号候选用蓝色显示，是微软拼音输入法对当前拼音串转换结果的推测，如图 2-1-2 或图 2-1-3 所示。可以按【+】键或【PageDown】键，向后翻页查看更多的候选字；按【-】键或【PageUp】键向前翻页来查看更多的候选字。也可以通过单击候选窗口内的按钮▲和按钮▲，向前或向后翻转查看更多候选汉字。

（4）确定输入：如果输入窗口中的第一个字词正确，用户可以按数字键【1】、按空格键或者按【Enter】键来选择。如果要选择其他序号的汉字，可以通过按与要选择汉字相应的数字键或单击要选择的汉字来选择正确的候选汉字。

4. 输入法技巧和软键盘

（1）简拼输入：可以只用声母来输入汉字。例如，要输入"中国"只需要输入"zhg"，如图 2-1-4 所示；要输入"微软"只需要输入"wr"，如图 2-1-5 所示。使用简拼输入可以减少击键次数，但通常候选项很多、转换准确率较低。

图 2-1-4　输入"中国"只需要输入"zhg"　　　图 2-1-5　输入"微软"只需要输入"wr"

如果不可以简拼输入，可以单击状态栏内的"功能菜单"按钮，弹出功能菜单，如图 2-1-6 所示。单击功能菜单内的"输入选项"命令，弹出"Microsoft Office 微软拼音简捷风格 2010 输入选项"对话框或者"Microsoft Office 微软拼音新体验风格 2010 输入选项"对话框，选中"常规"选项卡，再选中"支持简拼"复选框，如图 2-1-7 所示。然后，单击"确定"按钮。用户不但可以简拼输入，还可以使用全拼进行汉字输入，以减少候选项、提高转换准确率。

图 2-1-6　功能菜单　　　　图 2-1-7　"Microsoft Office 微软拼音简捷风格
　　　　　　　　　　　　　　　　　2010 输入选项"（常规）对话框

（2）输入偏旁部首：偏旁是汉字的基本组成单位，有些偏旁本身也是独立的汉字，例如山、马、日、月等，这些偏旁的输入，按其实际读音即可。大部分偏旁部首本身不是单独的汉字，也没有读音，例如，"冫"、"纟"等，对于这些字库中收录的，但又没有明确读音的汉字偏旁部首，微软拼音输入法以偏旁部首名称的首字读音作为其拼音。例如，"冫"称为两点水，就用"liang"输入；"纟"绞丝旁，就用"jiao"输入。大部分偏旁部首都可以在简体字符集下输入，有些繁体的偏旁部首要在繁体字符集下输入，但是两者都可以在大字符集下输入。

（3）汉字转拼音：在"微软拼音 - 新体验 2010"输入风格下，用户可以通过按【Shift+Backspace】组合键来进行拼音反转。先将光标移动到要反转的汉字右边，然后按【Shift+Backspace】组合键将汉字反转成音标。

（4）使用隔音符号输入：支持用单引号"'"作为隔音符号，在音节界限发生混淆的时候，用以分割音节。此外还可以使用空格或声调来做音节切分。

（5）用内码输入非常用字符：不仅支持汉字的拼音输入，还支持使用汉字的十六进制 Unicode 和 GB18030 编码输入。例如，"和"的 Unicode 编码是"548C"，GB18030 编码是"BACD"。内码输入是输入大字符集中没有读音的汉字的有效途径。

单击状态栏内的"功能菜单"按钮，弹出功能菜单，单击功能菜单内的"辅助输入法"命令，弹出"辅助输入法"菜单，如图 2-1-8 所示。

单击"辅助输入法"菜单内的"Unicode 码输入"命令，以后即可输入重音符"`"和字母"U"以及相应的 Unicode 码，例如，输入`U548C，可以得到"和"字。

单击"辅助输入法"菜单内的"GB 码输入"命令，以后即可输入重音符"`"和字母"U"以及相应的 GB 码，例如，输入`GBACD 您将得到"和"字。

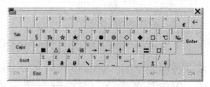
图 2-1-8　"辅助输入法"菜单

（6）单击状态栏内的"软键盘"按钮，弹出"软键盘"菜单，其内列出了 13 种软键盘的名称命令，单击其中的一个命令，即可弹出相应的软键盘。例如，单击"特殊字符"命令，可以弹出如图 2-1-9 所示的"特殊字符"软键盘。单击"软键盘"菜单中的"关闭软键盘"命令，可以关闭弹出的软键盘。

图 2-1-9　特殊字符软键盘

单击软键盘按键，可输入相应的字符。按键盘中的按键，也可以输入相应的字符。

2.1.2　输入法功能设置

1．常规功能设置

弹出"Microsoft Office 微软拼音简捷风格 2010 输入选项"（常规）对话框，如图 2-1-7 所示。利用该对话框除了可以进行前面介绍过的简拼输入外，还可以进行如下设置。

（1）快捷键选择：在"中英文输入切换键"栏内可选择中英文输入切换的快捷键。

（2）双拼：双拼输入就是一个汉字需要两个键，第一个键为声母，第二个键为韵母。这样可以减少击键次数，提高汉字输入速度，但需要记忆双拼的键位对应。

选中图 2-1-7 所示对话框内的"双拼"单选按钮，"双拼方案"按钮会变为有效，单击该按钮，可以弹出"双拼方案"对话框，如图 2-1-10 所示。其内给出了默认的一种双拼方案，定义了每一个键与声母及韵母的对应关系，用户还可以重新自己定义一个双拼方案。

单击"自定义方案"按钮，选中键盘内的一个按键，再利用"韵母对应一"和"韵母对应二"下拉列表框选择要定义的与之对应的声母和韵母，如图 2-1-11 所示。所有按键都定义完后，单击"另存为"按钮，以一个名称保存自定义方案，该方案的名称会在"双拼方案"下拉列表框内出现。

图 2-1-10　"双拼方案"对话框

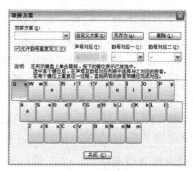
图 2-1-11　按键与声母及韵母的对应

（3）模糊拼音：如果用户担心自己的口音会妨碍使用拼音进行输入，可以选中图 2-1-7 所示对话框内的"模糊拼音"复选框后，在输入拼音时，可以使用模糊拼音。

单击"模糊拼音设置"按钮，可以弹出"模糊拼音设置"对话框，如图 2-1-12 所示。在其中的"模糊拼音对列表"列表中，选中用户易混淆的拼音对复选框。单击"确定"按钮，关闭该对话框。以后每当用户输入一个易混淆的拼音，和它相对的音也会出现在候选窗口中。例如：用户设置了"zh，z"模糊音对，当用户输入"za"的时候，"杂"和"砸"等都会出现，如图 2-1-13 所示。

图 2-1-12　"模糊拼音设置"对话框

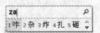

图 2-1-13　输入"za"候选窗口

2. 高级功能设置

（1）在"微软拼音-简捷 2010"输入风格下，单击状态栏内的"功能菜单"按钮，弹出功能菜单，单击功能菜单内的"输入选项"命令，"Microsoft Office 微软拼音简捷风格 2010 输入选项"对话框，选中"高级"选项卡，如图 2-1-14 所示。

在"微软拼音-新体验 2010"输入风格下，单击状态栏内的"功能菜单"按钮，弹出功能菜单，单击功能菜单内的"输入选项"命令，"Microsoft Office 微软拼音新体验风格 2010 输入选项"对话框，选中"高级"选项卡，如图 2-1-15 所示。

图 2-1-14　"Microsoft Office 微软拼音简捷风格 2010 输入选项"（高级）对话框

图 2-1-15　"Microsoft Office 微软拼音新体验风格 2010 输入选项"（高级）对话框

（2）在"字符集"栏中，选择合适的字符集。简体中文收录了现代汉语的通用汉字。繁体中文收录了繁体汉字等非规范汉字和现代汉语传承字。大字符集为简体和繁体字符集之和，覆盖了绝大多数汉字和符号。完成设置后，单击"确定"按钮。

（3）在"自学习和自造词"栏内，如果选中"自学习"复选框，则输入法会记忆用户的用词方式，并且还能让所学到的词语移到自造词词库中；如果选中"自造词"复选框，则可以定义输入法主词典中没有收录的词语。也可以为常用短语、缩略语定义组合键以提高输入速度。自造词功能的具体使用方法，将在下边介绍。

（4）在"键功能"栏中，如果选中"组字窗口内直接输入"单选按钮，则在输入完汉语拼音后，按空格键，可以将候选窗口内的第一个汉字输入；按【Enter】键，可以将候选窗口内输入的拼音输入。如果选中"拼音转换（同空格键）"单选按钮，则在输入完汉语拼音后，按【Enter】键或空格键，都可以将候选窗口内的第一个汉字输入。

（5）在"候选设置"栏中，选择"横排"或"竖排"单选按钮，可以设置候选窗口的样式；选中"输入时显示候选窗口"复选框，可以设置在输入汉语拼音时会显示候选窗口；选中"词语联想"复选框，可以设置候选窗口显示词语联想功能。

3. 词典管理设置

弹出"Microsoft Office 微软拼音新体验风格 2010 输入选项"对话框，选中"词典管理"选项卡，如图 2-1-16 所示。微软拼音输入法 2010 收集了 47 套专业词典，覆盖了从基础学科到前沿科学的众多科研领域，其中，微软拼音输入法默认使用的五套专业词典为：网络流行词汇、计算机科学、电子工程、生物化学和自动化。

图 2-1-16　"微软拼音输入法输入选项"（词典管理）对话框

（1）选择专业词典：在"已安装词典"栏中，选中需要的复选框，即可选中相应的专业词典。只要作适当的选择，并结合使用自学习和自造词功能，就可以把微软拼音输入法定制成录入专业文献的便利工具。设置完成后，单击"确定"按钮。

（2）安装新词典：单击"安装新词典"按钮，微软拼音输入法将自动查找新词典，并提示用户进行安装。

（3）更新词典：如果选中"通过 Microsoft Update 自动更新微软发布的词典"复选框，如果单击"立即更新词典"按钮，微软拼音输入法将马上开始词典更新操作。

2.1.3　自造词和手写输入

1. 自造词的维护

自造词工具用于管理和维护自造词词典。用户可以创建词条、设置词条组合键，或者将自造词词典导入或导出到文本文件中，操作方法如下。

（1）单击输入风格状态栏内的"功能菜单"按钮，弹出功能菜单，单击功能菜单内的"自造词工具"命令，弹出"微软拼音输入法 2010 自造词工具"对话框，如图 2-1-17 所示（还没有定义自造词）。

（2）单击"编辑"→"增加"命令或者单击"增加一个空白词条"按钮，弹出"词条编辑"对话框，如图 2-1-18 所示。

图 2-1-17　"自造词工具"对话框

图 2-1-18　"词条编辑"对话框

（3）在"自造词"文本框中输入所需词组或短语。在"拼音"下拉列表框中选择多音字拼音。在"组合键"文本框中输入设定的快捷键字母，见图 2-1-18。单击"确定"按钮，词条添加到"微软拼音输入法 2010 自造词工具"对话框的列表中。

（4）可以继续在"词条编辑"对话框中，创建新词条。完成所有创建后，单击"取消"按钮，返回"微软拼音输入法 2010 自造词工具"对话框，见图 2-1-17。

（5）如果需要编辑某个词条，只需在列表中双击该词条，弹出"词条编辑"对话框，进行编辑。也可以单击选中要编辑的词条，单击"修改当前选中的词条"按钮 ，弹出"词条编辑"对话框。

（6）单击"文件"→"保存"命令，保存创建的词条。单击"文件"→"退出"命令，关闭"微软拼音输入法 2010 自造词工具"对话框。

（7）在需要输入自造词时，先按重音符号"`"键（在键盘的左上角），再按"z"字母键，接着按相应的快捷键，最后按空格键确认，即可输入相应的词句。例如，要输入"沈芳麟"，只需要输入"`sfl"，再按空格键即可。

2．注册新词

（1）单击输入风格状态栏内的"功能菜单"按钮 ，弹出功能菜单，单击功能菜单内的"新词注册"命令，弹出"更新微软拼音输入法词典对话框"对话框，如图 2-1-19 所示（还没有定义自造词）。

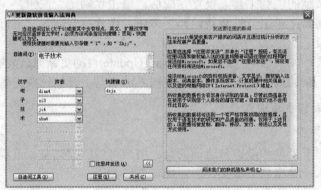

图 2-1-19 "更新微软拼音输入法词典"对话框

（2）单击"注册"按钮，定义的新词会被加入到"用户自造词"中。可以单击"自造词"命令，弹出"微软拼音输入法 2010 自造词工具"对话框，即打开自造词工具。

（3）如果选中其内的"注册并发送"复选框，在单击"注册"按钮后可将有关该注册词语和微软输入法的信息随着词语注册的过程同时传送给 Microsoft。如果不选中"注册并发送"复选框，则单击"注册"按钮后不传送任何资料给 Microsoft。

传送给 Microsoft 的词语，如果反映了用户的共同需求，则会通过词典更新提供给所有的用户。

3．微软拼音 2003 版本中的手写输入

过去输入文字只能使用键盘，手写输入只有在安装了类似手写板的外部仪器后才能使用。微软拼音 2003 中提供了手写识别功能，只需要拖动鼠标就可以轻松地完成简体中文、繁体中文、英语、日语和朝鲜语的文字输入。

有些人认为手写识别功能只对那些键盘输入文字很慢的用户有用，这种看法很片面。在日常生活和工作中，经常会遇到一些似曾相识却不知道其读音的汉字。这时使用手写识别功能，可以很快地完成文字输入，操作如下。

（1）单击屏幕右下角语言栏中的按钮 ，在弹出的快捷菜单中选择"微软拼音输入法"

命令。

（2）单击"微软拼音输入法"状态栏中的"开启/关闭输入板"按钮，弹出"输入板 - 手写识别"对话框，如图 2-1-20 所示。在对话框左边的书写框中移动鼠标指针手写文字，右边的列表中会显示出所有可能的文字。

（3）将鼠标指针移到所需汉字上，会显示该字的汉语拼音并用数字 1～4 表示四种声调。单击所需要的汉字，即可在光标处插入此汉字。

（4）单击"撤销"按钮，刚刚绘制的笔画会被删除。

（5）单击"清除"按钮，书写框中的文字会被删除，用户可以重新书写新的汉字。

图 2-1-20　"输入板-手写识别"（手写检索）对话框

（6）"输入板-手写识别"对话框内右边的按键用来控制光标位置、删除光标左边或右边的文字或字符、进行回车操作等。

（7）单击"切换手写输入/手写检索"按钮，在弹出的下拉列表框中有"手写检索"和"手写输入"两个选项，选中前者选项后的"输入板-手写识别"对话框，如图 2-1-20 所示；选中后者选项后的"输入板-手写识别"对话框如图 2-1-21 所示。

此时可以交替地在两个输入框内绘制文字，微软拼音可以自动将写好的文字加到光标处，不用用户进行选择。

（8）书写完毕后，单击"关闭"按钮。

（9）单击"输入板-手写识别"对话框内左边的"字典查询"按钮，弹出"输入板-字典查询"对话框，如图 2-1-22 所示，利用该对话框可以查询字。

图 2-1-21　"输入板-手写识别"（手写输入）对话框

图 2-1-22　"输入板-字典查询"对话框

思考与练习2-1

1. 填空题

（1）微软拼音 2010 中_____和_____两种主流的输入风格。

（2）在微软拼音 2010 中，全角/半角的切换可以通过按_____键来实现，中文/英文的输入切换可以通过按_____键来实现。

（3）_____窗口用来显示用户输入的拼音串，它会自动完成拼音转汉字的过程。_____窗口列出了具有相同读音的汉字或词组。

（4）_____可以只用声母来输入汉字。

（5）在微软拼音 2010 中，单击状态栏中的_____按钮，可以弹出"输入板 - 手写识别"对话框.

（6）单击状态栏内的_____按钮，可以弹出功能菜单。

2. 在下面输入法使用键一览表内填写热键的功能。

默认热键	功　　　能
Ctrl+空格	打开/关闭＿＿＿＿＿
Shift+空格	切换＿＿＿＿＿状态
Ctrl+.（句号）	切换＿＿＿＿＿状态
Shift	切换＿＿＿＿＿状态
−和=，或[和]	在候选窗口内向后或向前＿＿＿＿＿
Enter	可用于输入＿＿＿＿＿
←和→（左右光标）	编辑拼音串时移动插入点到＿＿＿＿＿
Caps Lock	＿＿＿＿＿切换

3. 操作题

（1）使用微软拼音输入法，自造词组"计算机应用基础"、"三维动画设计"和"北京奥运和北京文化"，将您的名字、身份证号码、电话号码自造为词组。

（2）使用微软拼音输入法，输入"赪"、"颢"、"澘"、"蘸"和"泓"文字，并写出它们的拼音。

（3）使用微软拼音输入法，在记事本内录入以下内容：

输入偏旁部首

偏旁是汉字的基本组成单位，有些偏旁本身也是独立的汉字，另外许多偏旁本身不单独成字，没有读音，如冫（两点水儿）、纟（绞丝旁）等。对于这些字符，为了方便用拼音输入，微软拼音输入法以偏旁部首名称的首字读音作为其拼音。例如"冫"用"liang"输入，"纟"用"jiao"输入。

在纯全拼输入模式下，每个汉字都用完整的拼音输入。比如，要输入"一只可爱的小花猫"，必须输入"yizhikeaidexiaohuamao"。

在简拼输入模式下，可以只用声母来输入汉字。比如，中国（zhg）、大家（dj）等。使用简拼输入可以减少击键次数，但通常候选多、转换准确率较低。即使选择了"支持简拼"方式，也可以使用完整的全拼进行输入以提高转换准确率。

设置了模糊拼音对后，每当输入一个混淆的拼音，和它模糊的音也会出现在候选中。比如，设置了"sh-s"模糊音对，当您输入"si"的时候，"四"和"十"都会出现。微软拼音输入法支持 11 个模糊音对。

2.2　紫光华宇拼音输入法

2.2.1　紫光华宇拼音输入法简介

紫光拼音输入法的前身是李国华先生编写的"考拉输入法"，公司收购该输入法后由陈峰先生主持后续开发，并命名为"紫光拼音输入法"，后因公司名称变更，产品名称变更为"紫光华宇拼音输入法"。

自紫光拼音输入法 1999 年问世以来，因它具有使用方便、快捷、智能等特点，迅速受到各界人士的普遍欢迎。紫光拼音输入法是一种完全面向用户免费的，基于汉语拼音的中文字、词及短语输入法。十多年来，该产品历经了 V2.0、V2.1、V2.2、V2.3、V3.0、V5、V5P、V6 和 V6.8 等版本，目前它的最高版本是 V6.8。每一次版本升级都是在收集了大量用户的反馈意见后，经过不断推敲、反复斟酌而得来的，它倾注了大量开发人员的心血和智慧。

紫光拼音的突出特点是智能组词能力，对于词库中没有的词或短语，紫光拼音输入法可以搜寻相关的字和词，组成所需的词或短语，组词速度快，准确率高；词和短语输入中的自学习能力包括自动造词、动态调整词频、自动隐藏低频词；智能调整字序，根据用户前一次的输入情况，动态调整汉字的优先选择顺序。

紫光拼音输入法的最新版本也叫"紫光华宇拼音输入法"，它提供了中文字、词、短语及智能整句等多种输入方式，使汉字输入变得更加快速流畅，它的整句输入准确率得到大幅度提升，通过对大量标准语料的测试，整句输入准确率高达 70%。紫光华宇拼音输入法使汉字输入不再烦琐，另外，它还彻底解决了个人词库丢失、自定义短语丢失的问题。下面主要介绍紫光华宇拼音输入法的使用方法和使用技巧。

紫光华宇拼音输入法 V6.8 版特别在以下几个方面进行了改进：

（1）优化基础字库，支持多达 75697 个字的字库，增强自定义短语功能；扩充词库，支持更多网络新词，较长时间保留用户词库。

（2）去除全部第三方插件，清理垃圾和错词，允许用户自行清理，确保词库干净。

（3）支持静默安装，支持无残留卸载；完善透明皮肤下的字体显示。

（4）修改以往版本 bug，增强与其他软件的兼容性；完美支持 Win8 操作系统。

紫光华宇拼音输入法 V6.8 版的安装方法如下：

在官方网站下载后运行安装程序，请按照安装向导的提示进行安装。如果是在 Windows2000 操作系统下使用紫光华宇拼音输入法 V6 版及以上版本，必须下载"gdiplus.dll"文件，并保存到 windows\system32 目录下。

2.2.2　紫光华宇拼音输入法基础

1. 紫光华宇拼音输入法的状态栏和输入窗口

（1）状态栏：紫光华宇拼音输入法的状态栏如图 2-2-1 所示，用于输入法的控制操作。单击相应的按钮，可修改输入法状态设置。拖动状态栏可以移动状态栏。

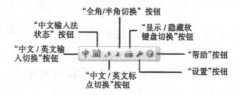

图 2-2-1　紫光华宇拼音输入法的状态栏

（2）输入窗口：紫光华宇拼音输入法的输入窗口用于输入拼音串并显示候选的字词。输入栏窗口包含拼音串输入栏和字词候选窗口两个部分，如图 2-2-2 所示。字词候选窗口列出了具有相同读音的汉字或词组，也可以单击或按数字键来选择正确的候选字词。

图 2-2-2　拼音串输入栏和字词候选窗口

2. 紫光华宇拼音输入法操作

（1）全拼方式输入：它是输入拼音串时输入字词的全部拼音。如果是词输入，部分字词需要手工进行音节切分。紫光华宇拼音输入法支持不完整的拼音（简拼）输入，即在输入中可以省略字词的韵母部分。例如，输入"祖国"时，可以省略韵母，只输入拼音串"zg"。

（2）紫光华宇拼音输入支持汉语拼音音调的辅助输入，可以巧妙运用这四个音调（Shift+1，2，3，4 分别代表四个音调，可以使用【Shift+～】组合键来进行四个音调的切换）。例如，输入"紫"所输入的拼音为"zi"和 Shift+3，如图 2-2-3 所示。

（3）拼音串输入栏内拼音的修改方法如下：

◎ 按【←】键，可以移动插入点到左边一个
拼音的最右边；按【→】键，可以移动插入点到右
边一个拼音字母的右边。

图 2-2-3　拼音串输入栏和字词候选窗口

◎ 按【Home】键，可以将插入点移动到拼音串的首部；

◎ 按【End】键，可以将插入点移动到拼音串的尾部；

◎ 按【Backspace】退格键，可以删除插入点之前的字母；

◎ 按【Delete】键，可以删除插入点之后的字母；

◎ 按【Esc】键，可以取消整个拼音串；

◎ 按【Ctrl】＋【←】或【→】键，可以向左或向右移动一个音节。

（4）候选翻页：当输入一个拼音串的时候，候选窗口内通常会列出一些具有相同读音的汉字或词组叫候选字词（简称"候选"），候选窗口内选中的候选字词叫活动候选字词，它用红色显示，默认第一个候选字词是活动候选字词。候选翻页就是翻看其他页的候选字词。在默认设置下，候选翻页的操作方法如下：

◎ 按【Shift】＋数字键，可以把其他候选字词设置为活动候选。

◎ 按【+】键或【PageDown】键，使候选字词窗口内显示下一页候选字词；按【-】键或【PageUp】键，使候选字词窗口内显示上一页候选字词。

单击拼音串输入栏内左半边，可以在候选字词窗口内显示上一页候选字词；单击拼音串输入栏内右半边（包括图标◎），可以在候选字词窗口内显示下一页候选字词。

◎ 按【Tab】键，可以扩大候选字词，如图 2-2-4 所示。紫光华宇拼音可以在候选页中默认九个候选字词，默认情况下，按【Tab】键，可以扩充到四行候选字词，36 个候选字词。

（5）确定输入：输入字词候选窗口内的字词可采用如下方法：

◎ 如果要输入字词候选窗口内的活动候选字

图 2-2-4　扩大候选字词

词，可以按空格键或按"1"键。如果要输入字词候选窗口内其他字词，可以直接输入随后要输入的标点符号（在中文标点符号状态下）或者按相应的数字序号按键，或者单击要输入的字词。

◎ 按【[】键（左方括号）和按【]】键（右方括号），可分别选择词首字和尾字。

【例 2.1】要输入"疾"，输入"ji"拼音后，查找到"疾"字很费劲，而输入"jibing"（"疾病"）后，再按【[】键（左方括号），即可快速输出"疾"字。

上述操作叫"以词定字"操作，"以词定字"操作就是输入词（并为活动候选）后，按【[】键（左方括号）取活动候选的第一个字，按【]】键（右方括号），取活动候选的最后一个字。

（6）音节切分：全拼词输入时，两个或多个字的拼音串之间需要切分每个字的音节，每个字音节之间使用英文单引号"'"分隔开。紫光华宇拼音输入法会自动切分各个字的音节，并在大部分情况下是正确的。对于有多重含义而无法切分的音节，需要手工切分，这时需要输入英文单引号以切分音节。

【例 2.2】输入"西安"字，需要输入"xi'an"，其中"'"单引号必须输入，否则输入法将理解为输入"先"字。

（7）通配符"*"使用：用"*"来替代部分拼音串，能有效提高长词的输入速度。表示住所、机构，以及少数民族或外国人名等的专用名词，如"中央军事委员会"、"阿拉伯

联合酋长国"、"中华人民共和国"等，用声母组合方式输入，需击键很多，用超级简拼，节省也有限，而用通配符，则非常简便。

【例 2.3】输入"中华人民共和国"词，可以输入"zhh*"，按空格键后即可输入"中华人民共和国"词。

3. 自动造词和删词

（1）自动造词：紫光华宇拼音输入法提供了在输入过程中自动造词的功能，而且用户可以随时删除词库中的词，包括删除在系统词库中固有的词。

在连续输入多个字的拼音串时，输入法将提示词和字的信息。如果没有对应的词，可以逐个选择字（或词），输入法将所选择的字自动造词；在下一次输入时，输入法将能找到该词。此外，紫光华宇拼音输入法具有智能组词功能，如果选用了此设置，输入法可以帮助组合一个词库中没有找到的词，如果不是所需要的，可以再逐个选择。

【例 2.4】自动造词"沈芳麟"，其简拼拼音为"sfl"。输入"shenfanglin"拼音，选择输入"沈芳麟"。然后，输入"sfl"简拼拼音，再按空格键，即可输入"沈芳麟"词。

（2）删除词：定位到需要删除的词，右击要删除的词，弹出它的菜单，单击该菜单内的"删除：××"（"××"是要删除的词）命令，即可删除所对应的词。该词被删除后，随后的词和字会自动上移一个位置。

删词操作对词库中所有词都有效，即使在词库中初始已有的词，也可以将其删除。

【例 2.5】删除"沈芳麟"词。输入"sfl"简拼拼音，效果如图 2-2-5 所示，可以看到"沈芳麟"词是活动候选词，右击要删除的词"沈芳麟"，弹出它的菜单，单击该菜单内的"删除：沈芳麟"命令，即可删除"沈芳麟"词，效果如图 2-2-6 所示。

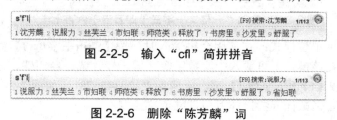

图 2-2-5　输入"cfl"简拼拼音

图 2-2-6　删除"陈芳麟"词

（3）字频调整和词频调整：它提供快速、慢速、固定三种字频和词频调整方式。

◎ 慢速：累计用户输入的各单字和词的次数，根据次数倒序排列，即输入次数多的居前。以用户使用该字和词的频率进行排序。

【例 2.6】"沃"使用八次，"我"使用两次，则"沃"排在前面，不管上次是否输入了"沃"，则输入"wo"拼音，按空格键后输出"沃"。

【例 2.7】"事实"使用六次，"实时"使用一次，则"事实"排在前面，则不管上次是否输入了"实时"，则输入"shishi"拼音，按空格键后输出"事实"。

◎ 快速：最后一次输入的单字和词优先，将之提升至第一个候选，原来排在前面的顺延于后，即"最近使用过的字和词优先"。默认是"快速"。

【例 2.8】输入"事实"三次后，再输入"事实"，则输入"shishi"拼音后按空格键，则输出"事实"。

◎ 固定：字和词的顺序恒定不变。不按照输出字和词的频率进行改变（可以从输入的当前时刻开始固定字、词序）。

2.2.3　软键盘输入和特殊输入

1. 使用软键盘

软键盘用于输入各种符号。按照符号的不同意义，共有 14 种软键盘。单击紫光华宇拼音输入法状态栏内的"显示/隐藏软键盘切换"按钮 🔳，弹出"软键盘"快捷菜单，单击该菜单内的命令，即可弹出相应的软键盘。直接单击紫光华宇拼音输入法的状态栏内的"显示/隐藏软键盘切换"按钮 🔳，可以弹出快捷菜单中选中的软键盘，再单击"显示/隐藏软键盘切换"按钮 🔳，可以关闭打开的软键盘。

紫光华宇拼音输入法的"软键盘"快捷菜单、软键盘和软键盘的使用方法与微软拼音输入法的软键盘基本一样。

2. 特殊输入

（1）中文状态下的英文输入：不切换到英文状态，也可以输入英文，方法如下：

◎ 直接输入大小写结合的英文串，然后按【Enter】键，即可输入英文串。

◎ 在使用全拼输入时，使用字母"v"可直接输入英文，用法是输入"v"字打头的英文，按空格键后，输入法将忽略第一个"v"字母，而直接输入随后的英文串。

◎ 在 Caps Lock 开启的状态下，可以直接输入大写英文字母，并结合【Shift】键输入小写英文字母。

（2）小写数字单位模式：在使用全拼输入时，按字母【i】键或按【Shift＋字母U】键，即可进入小写数字单位模式，在该模式下可以输入中文的数字等（零、一、二、三、……十、百、千、万、亿、①、❶、(1)、壹、㈠等）。

【例2.9】按字母【i】键，接着输入"120345678"，如图2-2-7所示。按空格键后，即可输入"一亿二千零三十四万五千六百七十八"。

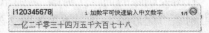

图 2-2-7　输入"一亿二千零三十四万五千六百七十八"

（3）大写数字单位模式：在使用全拼输入时，按【Shift＋字母I】键，即可进入大写数字单位模式，在该模式下可输入中文数字等（零、壹、贰、叁、肆、伍等）。

【例2.10】按【Shift＋字母I】键，再输入"120345678"，如图2-2-8所示。按空格键后，即可输入"壹亿贰仟零叁拾肆万伍仟陆佰柒拾捌"。

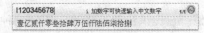

图 2-2-8　输入"壹亿贰仟零叁拾肆万伍仟陆佰柒拾捌"

【例2.11】按【Shift＋字母I】键，再输入"1"，如图2-2-9所示。按【h】键后，即可输入"❶"。

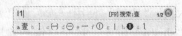

图 2-2-9　输入"壹亿贰仟零叁拾肆万伍仟陆佰柒拾捌"

（4）输入当前日期和时间：输入"date"或"rq_"，选择候选后可以直接选择日期。输入"time""sj_"，选择候选后可以直接选择时间。

【例2.12】输入当前日期"二〇一二年十月八日"。输入"date"，效果如图2-2-10所示。按【5】数字键，即可输出"二〇一二年十月八日"。

图 2-2-10　输入当前日期"二〇一二年十月八日"

【例2.13】输入当前日期和时间"2012 年 10 月 8 日 10:44:52"。输入"time"，效果如

图 2-2-11 所示。按【4】数字键，即可输出"2012 年 10 月 8 日 10:44:52"。

图 2-2-11　输入当前时间"2012 年 10 月 8 日 10:44:52"

（5）命令直通车：按字母【u】键，即可进入"命令直通车"状态，如图 2-2-12 所示。再按相应的数字键，即可执行相应的命令，执行相应的程序。例如，按【6】键，可以执行"打开拆字输入功能"命令，弹出"拆字输入"对话框，如图 2-2-13 所示。例如，按【2】键，可以"启动智能 ABC 输入方式"。例如，按【5】键，可以"启动全集输入"。

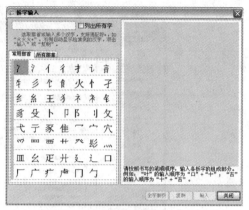

图 2-2-12　"命令直通车"状态　　　　图 2-2-13　"拆字输入"对话框

（6）偏旁部首检字输入：按字母【u】键，即可进入"命令直通车"状态，按【3】键，可以执行"打开部首检字功能"命令，弹出"偏旁部首检字"对话框，如图 2-2-14 所示。可以根据字的偏旁部首选择汉字，在左边列表框内单击选中偏旁部首，在右边列表框内单击选中汉字，单击"输入"按钮，即可在光标处输入选中的汉字。

在"偏旁部首检字"对话框内左下边会显示选中的中文汉字的拼音。单击"生字解析"按钮，会弹出相应的网页，引导到相应的百度百科网页。

（7）符号（短语）输入：按字母【u】键，即可进入"命令直通车"状态，按【9】键，可以执行"打开符号（短语）输入"命令，弹出"符号输入"对话框，如图 2-2-15 所示。在左边列表框内单击选中一个符号，在右边列表框内会显示选中的符号，单击"输入"按钮，即可在光标处输入选中的符号。

　　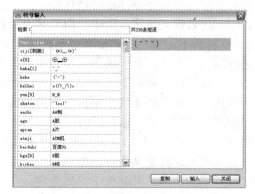

图 2-2-14　"偏旁部首检字"对话框　　　　图 2-2-15　"符号输入"对话框

（8）中文状态下快速输入网址：紫光华宇拼音输入法能够自动识别"http、www.、ftp:、

mailto:"和"file:"为网址输入的标识。在默认情况下可直接输入用户名中不含数字的邮箱地址，但如果在"设置"（基本设置）对话框内选中了"使用汉字声调辅助"复选框的话，输入邮箱时就需要两次按【Shift+2】组合键。按字母【u】键，即可进入"命令直通车"状态，按【1】键，可弹出"设置"（基本设置）对话框。

2.2.4 输入法的设置

紫光华宇拼音输入法提供了强大的用户定制能力，可通过输入法的属性设置功能来定制所希望的输入风格、习惯和界面。单击该输入法状态栏右边的"设置"按钮，弹出"紫光华宇拼音输入法－设置"对话框，如图 2-2-16 所示。

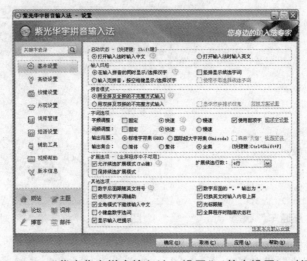

图 2-2-16 "紫光华宇拼音输入法－设置"（基本设置）对话框

1. 基本设置

单击"紫光华宇拼音输入法－设置"对话框内左边栏中的"基本设置"选项，切换到"紫光华宇拼音输入法－设置"对话框"基本设置"选项卡，如图 2-2-16 所示。它可以设置启动状态、输入风格、拼音模式、字词选项等。简介其中几项设置如下。

（1）输入风格设置：在"输入风格"栏内如果选中下边的单选按钮，则上边的复选框会变为无效，下边的复选框可以变为有效。利用其内的单选按钮和复选框可以设置输入拼音时是否同时显示候选字词，如果不显示候选字词，则需要按空格键来显示候选字词。还可以设置候选字词是横排还是竖排显示，候选字是通过按数字键还是字母键来输入。

（2）拼音模式设置：选中"用双拼及双拼的不完整方式输入"单选按钮后，其右边的"显示双拼提示信息"复选框和"双拼方案设置"链接文字会变为有效。采用双拼输入方式进行输入，需要定义一组码与键的映射。单击"双拼方案设置"链接文字，会弹出"双拼方案"对话框，如图 2-2-17 所示。用来修改双拼的码与键的映射。

双拼之"双"在于将全拼拆分为声母和韵母，声母和韵母仅需按键一次。例如，要输入"中国"汉字，需要输入拼音"uhgo"、"uhg"、"u'go"或"u'g"（后两个输入为输入音节切分符号，即单引号）。采用双拼方案，一键或两键即可确定完整拼音，平均击键数较低，提高输入速度是其优点，但是，用好双拼需要定义科学的键码映射和一定的记忆，再加一段时期的适应，并非免学习型方案。

单击"双拼方案"对话框内的"预定义方案"按钮，弹出"预定义方案"菜单，如图2-2-18 所示。单击该菜单内的一个命令，可以设置一种相应的双拼方案。单击"直接编辑配置文件"按钮，会弹出记事本程序，同时打开"双拼.ini"文件（即"双拼编码定义"文件），可以直接修改双拼方案。

图 2-2-17　"双拼方案"对话框

图 2-2-18　"预定义方案"菜单

　　双拼编码的定义包括三个部分，分别是"声母"、"韵母"和"零声母音节的韵母"。零声母音节的韵母是指一些直接以韵母发音的字，这些字的拼音中没有声母，例如"啊（a）"、"安（an）"、"欧（ou）"等字。这三个部分分别在"双拼编码定义"文件的三个小节中给出定义，三个小节分别以"[声母]"、"[韵母]"和"[零声母音节的韵母]"开头（注意：不要改动小节开头标志）。

　　　　　　　　双拼编码定义格式：拼音码=按键。

　　拼音码即包括声母和韵母的拼音，按键为将用于输入该拼音码的键。例如：ch=A ang=S。

　　上述定义表示输入"as"将输入拼音"chang"。在定义声母时，按键定义只能使用英文字母；在定义韵母时，按键定义可以使用英文字母（A 到 Z）和分号符号键"；"。例如："ing=；"。

　　◎ 在"声母"小节部分，所需要定义的声母只有"zh"、"ch"和"sh"，其他的单个拼音字母的声母本身可以和按键对应，不必再定义。声母的定义使用单个按键字母。例如"sh=I"。

　　◎ 在"韵母"小节部分，同样使用单个按键字母来定义韵母。不同的韵母应该使用不同的按键来定义。但模糊音设置对双拼定义也是有效的。例如：定义"an=R"和"ang=S"，当设置了模糊音"an=ang"时，两者是等效的。

　　◎ 在"零声母音节的韵母"部分，使用两个按键字母来定义零声母音节的韵母。这样可以和以声韵母组合输入方式区分开。例如，an= or。输入"or"两个键输入拼音"an"，来输入"安"、"按"等字。

　　在双拼编码定义中，以分号开头的是注释行，可用于解释说明；定义格式中，缺省情况下等号左侧的拼音码使用小写，而定义按键使用大写，这只是便于观看，在实际输入中，按键输入仍然需要使用小写。

　　（3）使用固顶字设置：在"字词选项"栏内选中"使用固顶字"复选框，即可定义并使用。所谓固顶字就是，可以使某拼音的前几个字固顶不变，顺序也不变。汉语全拼大约有 410～420 种，有些拼音下的汉字非常多，如 zhi、yi、shi 等，但极其常用的字还是可以列举一二的，将这些字设置为固顶后，输入它们时，只要输入完拼音，不用人眼扫描候选栏，直接敲数字选择，即可上屏。

单击"固顶字设置"链接文字，调出"固顶字"对话框，如图 2-2-19 所示。单击选中列表框内的一个拼音，即可在"固顶字编辑"文本框内输入相应的固顶字字词。单击该对话框内的"直接编辑配置文件"按钮，可以弹出记事本程序，同时打开"固顶字.ini"文件（即"固顶字编码定义"文件），用来直接修改固顶字方案。

定制格式：拼音=固顶汉字组。

一个拼音串最多定义八个固顶汉字，多出来的字将被丢弃，且不能重复定义。可以通过自定义文件的方式来定制固顶汉字或使用快捷键【Ctrl】＋【Shift】＋数字键快速定制固顶字。

定制格式为：拼音=固顶汉字组。例如：de=的地得。

图 2-2-19 "固顶字"对话框

2. 高级设置

单击"紫光华宇拼音输入法-设置"对话框内左边栏中的"高级设置"选项，切换到"高级设置"选项卡，如图 2-2-20 所示。利用它可以设置智能选项、英文输入、高级选项和模式开关等。其中几项设置简介如下。

（1）模糊音设置：紫光华宇拼音输入法提供了声母和韵母共计 12 组常用拼音的模糊能力。使用模糊音可以提高输入的方便性，还提高了效率，但会导致重码的增多。对某一组拼音的模糊是指输入法不区分该组拼音中互相模糊的两个拼音。例如，设置模糊"z=zh"后，输入"zong"和"zhong"拼音串，都可以用来输入"中"。

单击"紫光华宇拼音输入法-设置"对话框内"智能选项"栏中的"自动拼音模糊"复选框，单击"模糊音设置"链接文字，弹出"模糊音"对话框，如图 2-2-21 所示。可以根据需要选中相应的复选框，设置模糊音。选中左边某一组模糊音设置选项后，则在输入时"等号"前面的字母可以混用"等号"后面的字母；如果同时选中右边相同行的复选框，则该组的两个拼音在输入时可以混用。

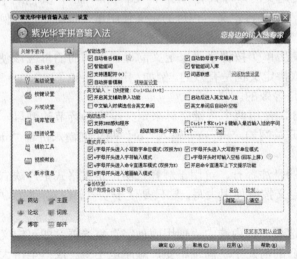

图 2-2-20 "紫光华宇拼音输入法-设置"（高级设置）对话框

图 2-2-21 "模糊音"对话框

注意，模糊音对某些不合法拼音是无效的，例如，不存在"duang"拼音，因此即使使用模糊音"uan=uang"，也不能使用"duang"来输入读音为"duan"的字。

（2）自动卷舌模糊：在输入词汇和短句时，z、c、s 包含 zh、ch、sh 的候选。卷舌与否的模糊，在很多词汇和短句的输入过程中，都能减少 h 的输入次数。例如，自动韵母首字母模糊韵母首字母扩展匹配，仅当输入词语时有效，具体匹配如下。

（3）自动韵母首字母模糊：韵母首字母扩展匹配，仅当输入词语时有效，具体匹配是 a→【a，ai，an，ang，ao】，e→【e，ei，en，er，eng】和 o→【o，ou】。

例如：输入 "p'ay" 时，将 a 扩展至 an，"平安夜" 词可以候选。

例如：输入 "eeaa" 时，将 e 扩展至 en，将 a 扩展至 ai，则 "恩恩爱爱" 可候选。

（4）智能组词：选中 "智能选项" 栏内的 "智能组词" 复选框后，对于输入的拼音串，如果词库中没有对应的词，输入法将自动组成一个词或句子。输入法自动组出的词或短句以绿色显示在第一候选位置，但它并没有收录在词库中，所以，无法以删词的方式删除它。自动组出的词或短句，有可能并非用户所需要的，这时，可以通过人工选择来做局部纠正。记忆自动组出的词或短句，也会影响到以后的智能组词效果和速度。例如：输入 "jiemianhenyouhao"，输入法组出短句 "界面很有好"，不如愿，修改为 "界面很友好" 后记忆，再输入 "zhekuanruanjzianjiemianhenyouhao" 时，输入法将根据您所造的词或短句重新组织，得到 "界面很友好"。

如果设置了智能组词选项，还可以选中 "智能组词入库" 复选框，当输入智能组成的词的同时，该词将被记忆到用户词库中，下次可以使用简拼输入该词；否则，该词并不加入到词库中。

（5）超级简拼：在 "高级选项" 栏中可以设置超级简拼的最少个数，最小为两个，最大为八个。

3．按键设置

（1）按键设置：单击 "紫光华宇拼音输入法－设置" 对话框内左边栏中的 "按键设置" 选项，切换到 "按键设置" 选项卡，如图 2-2-22 所示。利用它可以设置中英模式切换键、候选翻页键、第二、三候选输入键、以词定字键和快捷键等。简介其中几项设置如下。

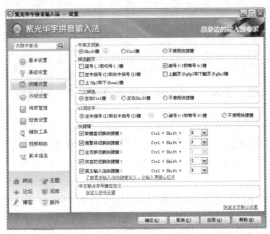

图 2-2-22　"紫光华宇拼音输入法-设置"（按键设置）对话框

（1）中英文切换：设置一种快捷键，用来在中文输入模式下切换到英文状态，在英文输入模式下切换到中文状态，还可以设置为不能使用快捷键切换。

（2）候选翻页：拼音输入法的 "特点" 之一是重码多，设置候选翻页键，可以对输入的内容进行翻页选择。"候选翻页" 栏用来设置候选翻页的快捷键。

（3）二三候选：通常选择第二、三候选是通过按【2】和【3】数字键来完成，在 "二三候选" 栏可以定义选择第二、三候选的快捷键。

（4）以词定字：以词定字是一种有效的降低重码的方法，输入非常用字时，尤显体贴。例如：上句话中的"尤"字，一般来说都居于"有"、"由"、"又"之后，甚至不在第一页候选中，但输入"youqi"，则"尤其"往往排在第一个，此时，输入"["（缺省的以词定首字键）即可迅速输入"尤"字。"以词定字"栏用来设置一组键对，用于输入一个词条的首字和末字。

（5）中文标点符号键位定义：单击"自定义符号设置"链接文字，弹出"中文标点键位定义"对话框，如图2-2-23所示。利用该对话框可以自定义和英文符号键对应的中文符号。紫光华宇拼音支持用户自定义英文符号键对应的中文符号方案。

紫光华宇拼音 V6.7 以上版本提供了可视化编辑和直接编辑两种方式进行中文符号的定义。可以使用此功能定义常用的、习惯的中文符号输入方式，对于没有定义的中文符号，输入法采用缺省的中文符号定义。

在图2-2-23左图所示的"可视化编辑"选项卡内，可以直接定义各键位对应输出的中文符号。单击"输出"列内相应行，即可显示一个下拉列表框，可以在其内选择一个字符，也可以输入一个字符，即可修改英文符号键对应的中文符号。

在图2-2-23右图所示的"直接编辑配置文件"选项卡内，需要用户自己输入定义式子，中文符号的定义格式为："英文符号键:=中文符号"。例如"， := 。"，表示使用逗点符号输入中文标点句号。

图2-2-23 "中文标点符号键位定义"对话框

注 意

单引号和双引号不允许进行自定义。英文单引号和双引号键对应中文的单引号和双引号，且有开闭状态（即第一次输入左引号，第二次输入右引号）。

修改符号定义之后，需要关闭并重新打开输入法才有效；删除了某个符号的自定义，输入法将在下次重新启动后使用缺省的定义。如果要修改某一个符号定义，可以删除行首的分号，将该行等号"＝"右边的字符更改为新的中文符号。

【例2.14】在中文输入状态下默认时，按"\"键会输入"÷"符号。可以将"中文标点符号键位定义"对话框"可视化编辑"选项卡内"\"键位的"输出"选项改为"、"；也可以将该对话框"直接编辑配置文件"选项卡内"\ ÷"行中的"÷"符号改为"、"，则在中文输入状态下，按"\"键会输入"、"。

4. 外观设置

单击"紫光华宇拼音输入法-设置"对话框内左边栏中的"外观设置"选项，切换到

"外观设置"选项卡，如图 2-2-24 所示。利用它可以设置状态栏皮肤（即外观主题）特点、输入栏样式、候选字词最多个数等。

图 2-2-24　"紫光华宇拼音输入法-设置"（外观设置）对话框

5．词库管理

单击"紫光华宇拼音输入法-设置"对话框内左边栏中的"词库管理"选项，切换到"词库管理"选项卡，如图 2-2-25 所示。利用它可以确定使用哪些字库、导入和导出字库、利用文本文件创建字库、添加字库、新建词和删除词等。

图 2-2-25　"紫光华宇拼音输入法-设置"（词库管理）对话框

将鼠标指针移到下面一排按钮之上时，会在其下边显示单击该按钮的作用。

例如，将鼠标指针移到下面"新词"按钮之上时，其下面会显示"向指定的词库中增加单个新词。"提示文字。选中"词库"列表中第一行"用户词库"字库类别，单击"新词"按钮，可以弹出"添加新词_用户词库"对话框，在"词语"文本框内输入自造词"沈芳麟"，在"拼音"文本框内输入简拼"sfl"，在"词频"文本框内输入 0，如图 2-2-26 所示。单击"应用添加"按钮，即可定义了一个新词，并保存在"用户词库"词库内。以后输入"sfl"拼音，按空格键后即可输入"沈芳麟"词。

图 2-2-26 "添加新词_用户词库"对话框

再例如，将鼠标指针移到下面"删词"按钮之上时，其下面会显示"遍历已选择词库，彻底删除词条，删除后将不能回复。"提示文字。选中"词库"列表中第一行"用户词库"字库类别，单击"删词"按钮，可以弹出"删除词条"对话框，默认选中"清理垃圾词条"单选按钮，此时单击"确定"按钮，可以删除选中词库中所有做了删除标记的词。在输入过程中使用快捷键或右键菜单所删除的词只是给此词添加了删除标记。如果选中了"删除单个词条"单选按钮，两个文本框会变为有效，分别输入词条和拼音后，单击"确定"按钮，可以删除选中词库中做了删除标记的指定词。

6. 辅助工具

单击"紫光华宇拼音输入法-设置"对话框内左边栏中的"辅助工具"选项，切换到"辅助工具"选项卡，如图 2-2-27 所示。它提供了输入法管理、偏旁部首检字、设置向导、批量造词、汉字管理、主题制作、符号输入和拆字输入工具。将鼠标指针移到工具图标之上会显示该工具作用的文件说明。其中几项工具的作用简介如下。

（1）输入法管理：双击"输入法管理"图标，弹出"紫光华宇拼音输入法-输入法管理器"对话框，如图 2-2-28 所示。选中一种拼音方式，单击右边的按钮可以向上或向下移动选中的拼音方式；单击"设置默认"按钮，可将选中的拼音方式设置为默认拼音方式；单击"热键"按钮，弹出"热键"对话框，如图 2-2-29 所示。利用该对话框可以设置选中拼音方式的快捷键。

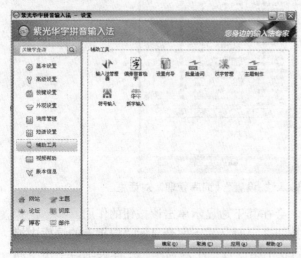

图 2-2-27 "辅助工具"选项卡

图 2-2-28 "紫光华宇拼音输入法-
输入法管理器"对话框

图 2-2-29 "热键"对话框

（2）偏旁部首检：双击"偏旁部首检字"图标，弹出如图 2-2-14 所示的"偏旁部首检字"对话框，利用该对话框可以利用偏旁部首输入汉字。

（3）设置向导：双击"设置向导"图标，弹出"设置向导"对话框，利用该对话框，在提示信息的帮助下一步步完成各种设置。

（4）批量造词：双击"批量造词"图标，弹出"紫光华宇拼音输入法-批量造词"对话框，如图 2-2-30 所示。在打开的文本框内，显示出规定的字符和文本词条的格式，以及相关的说明，学习这些文字说明，在下面可以按照约定的格式输入词条、拼音串和词频，如图 2-2-30 所示。该对话框内工具栏内各按钮的作用简介如下：

图 2-2-30　"紫光华宇拼音输入法-批量造词"对话框

◎　单击"读取"按钮，可以读入已编辑好的词库文本文件；

◎　单击"保存"按钮，可以将文本另存到其他位置或其他的文件名；

◎　单击"生成/检查拼音"按钮，如果词组中有多音字，系统默认生成拼音串中该多音字的读音是所有读音中由程序自动计算为正确率最高的拼音，系统自动计算拼音不能保证 100%正确率，紫光华宇会持续努力，提高准确率；

◎　单击"导入至词库"按钮，可将当前文本文件导入到词库管理中的一个词库中。

7．版本信息

单击"紫光华宇拼音输入法－设置"对话框内左边栏中的"版本信息"选项，切换到"紫光华宇拼音输入法-设置"（版本信息）对话框，如图 2-2-31 所示。利用该对话框可以链接公司网页等。

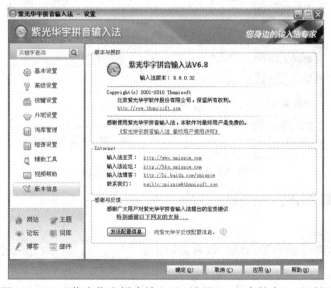

图 2-2-31　"紫光华宇拼音输入法-设置"（版本信息）对话框

2.2.5 输入法的帮助

1. 网页帮助

单击紫光华宇拼音输入法状态栏内的"帮助"按钮 ，可以弹出"紫光华宇拼音输入法帮助"的网页，如图 2-2-32 所示。读者可以参看"紫光华宇拼音输入法"帮助来进一步学习紫光华宇拼音输入法的使用方法和使用技巧。单击左边 图标右边的文字，可以展开项目下的子项目；单击左边 图标右边的文字，可以在右边显示相应的说明文字。

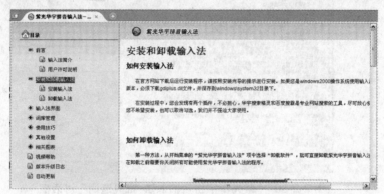

图 2-2-32　紫光华宇拼音输入法的帮助

2. 视频网页

单击"紫光华宇拼音输入法-设置"对话框内左边栏中的"视频帮助"，切换到"紫光华宇拼音输入法-设置"（视频帮助）对话框，如图 2-2-33 所示。单击该对话框左边的按钮，可以观看相应的教学视频。单击右下角的按钮，可以观看下一条、上一条或重播的视频。

图 2-2-33　"视频帮助"对话框

思考与练习2-2

1. 填空题

（1）紫光华宇拼音输入法的输入窗口用于_____。输入栏窗口包含_____和____两个部分。

（2）按_____、_____、_____或_____键，可以分别输入四个音调中的一个音调，也可以使用_____组合键来进行四个音调的切换。

（3）按_____组合键，可以把其他候选字词设置为活动候选。

（4）按_____或_____键，使候选字词窗口内显示下一页候选字词；按_____键或_____键，使候选字词窗口内显示上一页候选字词向后翻。

（5）在紫光华宇拼音输入法的中文状态下，直接输入大小写结合的英文串后，按_____键，即可输入英文串。

2. 使用紫光华宇拼音输入法，自造词组"计算机硬件和软件"和"世界遗产在中国"，将您的名字、身份证号码、手机号码、家庭地址自造为词组。

3. 使用紫光华宇拼音输入法，修改紫光华宇拼音输入法状态栏样式。

4. 使用紫光华宇拼音输入法，在记事本内录入以下内容。

词库相关操作如下。

（1）创建：根据一个纯文本文件生成词库，针对收录词条的文本文件，需检查其拼音，若出现多音字，需确定一个拼音才能创建成功。文件前三行有格式限制，要求如下。

名称=×××（英文或汉字，不超过 31 个字节，因一个汉字占两个字节，最多为 15 个汉字）

作者=×××

编辑=0（0 表示不可编辑，1 为可编辑）

（2）添加：通过用户备份或其他路径，复制一个词库文件到既定路径。

用户可将输入法 V3 和 V5 版本的词库导入到 V6 版本中。当用户需要将自己以前使用的紫光华宇拼音输入法的词库导入到新版本中，点击"添加"，在你存放词库文件的文件夹中，选择词库文件添加即可，系统将自动导入。（注：在"文件类型"中选择 V6 或是 V3/V5 的词库文件，会显示相应的词库文件，V6 版本的词库文件为*.uwl 文件，而 V3/V5 版本的词库文件为*.dat 文件）。

（3）导入：从一个纯文本文件导入到选择的词库。每次导入 txt 文件时，输入法会自动检查拼音的准确度，根据检测的结果将提示用户是否导入，如选择导入，符合标准的词将导入到词库中，其他未能成功导入的词语可能是含有多音字的词语，或是由于词语过长等原因；如果需要将含有多音字的词语导入到词库中，则需要用户对多音字进行具体的音节指定，才能将其添加到词库中。

（4）导出：将选定词库导出到指定的纯文本文件，便于用户浏览、编辑和整理。

（5）备份：将选定词库备份到指定的目录下。

（6）删除：删除您不需要的词库文件，删除后不可恢复（可以将用户词库清空）。

（7）删词：彻底删除词条，删除后将不能恢复。（删除词条，不建议彻底删除词条，建议使用鼠标右键点击某候选词，弹出右键菜单，可对该候选词进行"删除"操作）。

词条数超过一万，建议使用词库管理里面的导入功能。

（1）读取：读入已编辑好的词库文本文件。

（2）保存：将文本另存到其他位置或其他的文件名。

（3）生成/检查拼音：如果词组中有多音字，系统默认生成拼音串中该多音字的读音是所有读音中由程序自动计算为正确率最高的拼音，系统自动计算拼音不能保证 100%正确率，紫光华宇会持续努力，提高准确率。

（4）导入至词库：将当前的文本文件导入到词库管理中的一个词库中。

2.3　搜狗拼音输入法

　　搜狗拼音输入法（简称搜狗输入法、搜狗拼音）是搜狐公司推出的一款汉字拼音输入法软件，是目前国内主流的拼音输入法之一。2006 年 6 月 5 日，搜狗拼音输入法的第一个版本诞生。在接着的 10 个月内发布了 10 个版本。几乎每个版本都进行了多项重大改进。经过不断的发展，搜狗输入法在词库量、词库更新、智能组词、易用性、智能化、外观、贴近用户需求等方面都得到极大的提升。它是当前网上最流行、用户好评率很高、输入速度快、功能强大的拼音输入法，且承诺永久免费、绝无插件。

　　搜狗输入法与传统输入法不同的是，它采用了新一代的搜索引擎技术，是第二代的输入法。搜狗拼音输入法首次提出了基于互联网搜索引擎的数据来建设词库的构想，通过互联网同步的方式将每一点滴新的探索收获都及时传给用户，这一项创新解决了拼音词库质与量的瓶颈问题。

　　搜狗是活的输入方式，实现了输入法和互联网的结合，自动更新热门词库，这些词库源自搜狗搜索引擎的热门关键词。这样，用户自造词的工作量减少，提高了效率。可以说，搜狗输入法完成了输入法从单一工具到全面智能服务的转变，为未来输入法的发展方向指明了新方向，这种转变也将是输入法变身为互联网服务性产品的标志。

　　由于采用了新一代的搜索引擎技术，搜狗输入法不仅在速度上有了质的飞跃，在词库的广度、词语的准确度上，也远远领先于其他输入方法。搜狗输入法引领了业界一股争相研究新一代智能拼音输入法的新潮流，谷歌拼音、QQ 拼音等纷纷涌现。

　　2012 年 9 月 21 日，在商界传媒集团的推动下，2012 中国微创新高峰论坛在北京举行，搜狗输入法凭借从单向输入到多维百科的创新优势打造出的独特网络输入法入口，一举脱颖而出，入围 2012 中国好产品 30 强榜单。

　　多年来，搜狗拼音输入法先后推出了几十个版本，进行了几十项新功能的探索和功能的改进。现以搜狗拼音输入法 V6.2h 为例讲解本节内容。

2.3.1　搜狗拼音输入法 V6.2h 功能简介和安装

1．搜狗拼音输入法 V6.2h 功能简介

　　（1）首家全面支持 Win8 的输入法。

　　（2）人名智能组词：通过对于中国百家姓和起名习惯的总结，能够对人名智能判断和组词，可覆盖 10 亿左右中国人名。它不是搜集整个中国的人名库，而是通过智能分析，计算出合适的人名得出结果。按逗号键，可进入人名模式，得到更多人名。

　　（3）搜索功能：利用拼音串输入栏内的搜索链接文字和按钮，可以快速浏览网页，非常方便和有效地搜索与输入字词有关的内容。

　　（4）表情和符号：新添字符画资源，具有更多、更炫的表情和字符画，打字出表情，使打字更生动和更彰显个性。

　　（5）特效输入：可以输入彩虹字（缤纷的字体）和火星文（好玩有个性）。

　　（6）拆分输入功能：化繁为简，生僻的汉字可以通过字形的拆分轻易输出。

　　（7）快捷自定义短语：在拼音串上可直接添加短语，也可以对候选直接编辑。

　　（8）提供细胞词库：细胞词库是相对于系统默认的词库而言的，其意义是满足用户的个性化输入需求。一个细胞词库就是一个细分类别的词汇集合，细胞词库的类别可以是某个专业领域（如医学领域词库），也可以是某个地区（如北京地名词库），还可以是某个游戏（如魔兽世界词汇）等。

细胞词库是搜狗首创的、开放共享、可以在线升级的细胞词库功能。通过选取合适的细胞词库，搜狗拼音输入法可以覆盖几乎所有的中文词汇。细胞词库是一个格式为 ".scel" 的文件。

（9）增加皮肤分享功能：可以通过系统菜单快速上网，得到当前皮肤的下载地址。系统菜单皮肤列表新添预览效果，并且新添换肤特效，所有皮肤下增加候选翻页按键。

（10）U 模式和 V 模式：在 U 模式下增加了笔画按键。在 V 模式下增加对数字分隔符的支持、加入纯中文数字选项，日期中支持星期显示。

（11）强化删词功能：支持删除系统词库功能，并在拼音串输入栏内有恢复入口。

（12）云计算：使用了云计算技术，就可以把大部分运算量从客户端转移到服务器，由服务器来为用户提供最好的体验，输入字词时可以智能获取服务器更准确的计算结果，显示在第二个候选项。这样，用户可以准确流畅地输入字词。

（13）输入技巧增强：可以超级简拼输入，支持把每个字母都看做简拼解析成候选项，如图 2-3-1 所示；大小写字母可以与中文混合输入，如图 2-3-2 所示；支持直接输入 hi，ok 等双字母英文字单词，如图 2-3-3 所示。

图 2-3-1　超级简拼

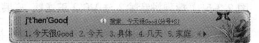

图 2-3-2　大小写字母与中文混合输入

图 2-3-3　直接输入 hi，ok 等双字母英文字单词

（14）拖拽换肤：鼠标拖动输入窗口或状态栏，左右快速拖拽几个来回，即可激发随机更换输入栏的皮肤。

（15）皮肤和细胞词库在线安装：在 IE 内核浏览器下，支持在官方网在线安装皮肤和细胞词库。

2. 搜狗拼音输入法 V6.2 的安装

（1）在网上下载 "搜狗拼音输入法 V6.2" 的安装文件 "sogou_pinyin.exe" 或 "搜狗拼音输入法_V6.2 正式版.exe"。双击安装文件图标，弹出 "搜狗拼音输入法 V6.2h 正式版　安装" 对话框，如图 2-3-4（a）所示，并提示关闭其他所有应用程序。

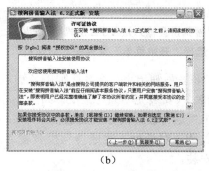

（a）　　　　　　　　　　　　　（b）

图 2-3-4　"搜狗拼音输入法 V6.2 正式版　安装" 对话框

（2）单击 "搜狗拼音输入法 V6.2 正式版　安装" 对话框内的 "完成" 按钮，完成安装，弹出下一个 "搜狗拼音输入法 V6.2 正式版　安装"（许可证协议）对话框，提示用户遵守的协议，如图 2-3-4（b）所示。

（3）单击 "我接受" 按钮，弹出 "搜狗拼音输入法 V6.2 正式版　安装"（选择安装位置）

对话框，如图 2-3-5 所示。

单击"浏览"按钮，弹出"浏览文件夹"对话框，如图 2-3-6 所示。选择目标文件夹，再单击"确定"按钮，关闭"浏览文件夹"对话框，回到"搜狗拼音输入法 V6.2 正式版 安装"（选择安装位置）对话框，此时"目标文件夹"文本框内已经输入了目标文件夹的路径。也可以在"目标文件夹"文本框内输入目标文件夹的路径。

图 2-3-5 "搜狗拼音输入法 V6.2 正式版 安装"对话框　图 2-3-6 "浏览文件夹"对话框

（4）单击"下一步"按钮，弹出"搜狗拼音输入法 V6.2 正式版 安装"（选择"开始菜单"文件夹）对话框，如图 2-3-7 所示。利用该对话框可以设置搜狗拼音输入法在"开始菜单"内的名称。如果不创建快捷方式，则选中"不创建快捷方式"复选框。

（5）单击"搜狗拼音输入法 V6.2 正式版 安装"（选择"开始菜单"文件夹）对话框内的"安装"按钮，开始进行安装，安装中，"搜狗拼音输入法 V6.2 正式版 安装"（正在安装）对话框的界面内显示不断变化的画面，介绍搜狗拼音输入法 V6.2 正式版的新增功能，其中的一幅画面如图 2-3-8 所示。

图 2-3-7 "搜狗拼音输入法 V6.2 正式版 安装"　图 2-3-8 "搜狗拼音输入法 V6.2 正式版 安装"
（选择"开始菜单"文件夹）对话框　　　（正在安装）对话框

（6）安装完后弹出下一个"搜狗拼音输入法 V6.2 正式版 安装"（安装完毕）对话框，如图 2-3-9 所示。如果不选中"运行设置向导"复选框，单击"完成"按钮，可关闭该对话框，完成搜狗拼音输入法 V6.2 正式版的安装。

如果选中"运行设置向导"复选框，单击"完成"按钮，可关闭该对话框，同时弹出"搜狗拼音输入法 个性化设置向导"对话框，如图 2-3-10 所示。该对话框给出了搜狗拼音输入法个性化设置向导作用的文字介绍。

（7）单击该对话框内的"下一步"按钮，完成安

图 2-3-9 "搜狗拼音输入法 V6.2
正式版安装"对话框

装，弹出"搜狗拼音输入法 个性化设置向导"对话框，如图 2-3-11 所示。利用该对话框可以设置常用拼音习惯是全拼或双拼输入，设置输入栏候选窗口内的候选字词个数。

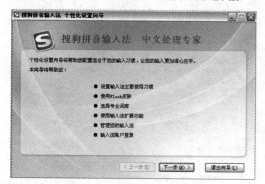

图 2-3-10　"搜狗拼音输入法 个性化设置向导"对话框

图 2-3-11　"搜狗拼音输入法 个性化设置向导"对话框

（8）单击该对话框内的"模糊音设置"按钮，弹出"模糊音设置"对话框，如图 2-3-12 所示。利用该对话框可以设置模糊音。

单击"添加"按钮，弹出"添加模糊音"对话框，如图 2-3-13 所示。利用该对话框可以设置新的模糊音。在"您的读音"文本框和"普通话读音"文本框内分别输入不同的拼音。如果还要设置其他模糊音，可单击"确定并继续添加"按钮，再进行下一个模糊音的设置。最后，单击"确定"按钮，关闭"添加模糊音"对话框，回到"搜狗拼音输入法 个性设置向导"对话框。单击"确定"按钮，回到图 2-3-11 所示的"搜狗拼音输入法 个性化设置向导"对话框。

图 2-3-12　"搜狗拼音输入法-模糊音设置"对话框

图 2-3-13　"添加模糊音"对话框

（9）单击该对话框内的"下一步"按钮，弹出下一个"搜狗拼音输入法 个性化设置向导"对话框，如图 2-3-14（a）所示。单击该对话框内下边的皮肤图标，即可设置相应的输入栏的皮肤（即背景）。

（10）单击该对话框内的"下一步"按钮，弹出下一个"搜狗拼音输入法 个性化设置向导"对话框，如图 2-3-14（b）所示。在该对话框内的列表框中选中细胞词库名称左边的复选框，即可选中该细胞词库。单击"更多细胞词库"链接文字，可以弹出相应的网页，导入更多的细胞词库。细胞词库将全部由网友来贡献。鼓励广大用户积极上传或编辑细胞词库，为中文输入的演变做出自己的贡献。

（11）单击该对话框内的"下一步"按钮，弹出下一个"搜狗拼音输入法 个性化设置向导"对话框，如图 2-3-15（a）所示。单击该对话框内的"立即启用"按钮，可以设置按下鼠标右键后拖动手势功能。启动搜狗拼音输入法后，按下鼠标右键并沿着不同方向拖动鼠标，可以调整应用搜狗拼音输入法的文档界面的状态。

（12）单击该对话框内的"下一步"按钮，弹出下一个"搜狗拼音输入法 个性化设置向导"对话框，如图 2-3-15（b）所示。利用该对话框可以选择细胞词库，设置切换搜狗拼音输入法的快捷键。

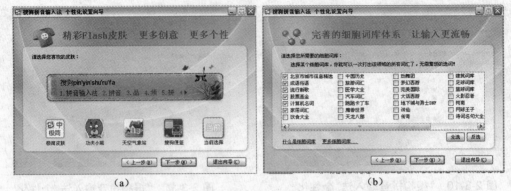

(a)　　　　　　　　　　　　　(b)

图 2-3-14　"搜狗拼音输入法 个性化设置向导"对话框

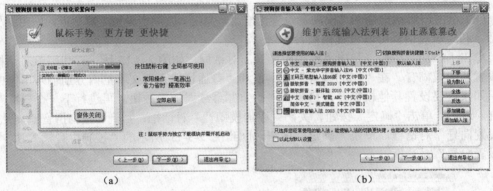

(a)　　　　　　　　　　　　　(b)

图 2-3-15　"搜狗拼音输入法 个性化设置向导" 对话框

（13）单击该对话框内的"下一步"按钮，弹出下一个"搜狗拼音输入法 个性化设置向导"对话框，如图 2-3-16（a）所示。单击"立即登录输入法账户"按钮，弹出"搜狗拼音输入法用户登录"面板，如果以前已经进行了注册，在该面板输入登录邮箱和密码，选择登录模式，单击"登录"按钮，即可使用搜狗通行证登录。登录之后，个人词库、细胞词库、个人皮肤、自定义短语等输入法的所有配置都将保存在服务器上，以后都可以下载词库并配置到本地。如果没有注册，可单击"注册账号"链接文字，弹出相应的网页，进行新用户注册。

（14）单击该对话框内的"下一步"按钮，弹出下一个"搜狗拼音输入法 个性化设置向导"对话框，如图 2-3-16（b）所示。它提示搜狗拼音输入法菜单的作用。

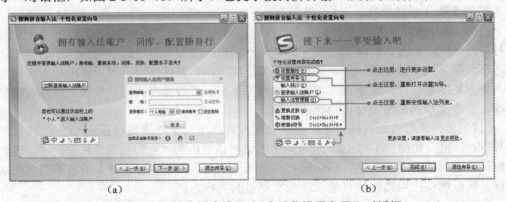

(a)　　　　　　　　　　　　　(b)

图 2-3-16　"搜狗拼音输入法 个性化设置向导"对话框

（15）单击"搜狗拼音输入法 个性化设置向导"对话框内的"完成"按钮关闭该对话框，完成上述的设置。

2.3.2 搜狗拼音输入法 V6.2 基本使用方法

1. 切换到搜狗拼音输入法状态栏

（1）切换到搜狗拼音输入法：将鼠标指针移到要输入的地方，单击此处，使系统进入到输入状态，然后按照下边的一种方法可以切换到搜狗拼音输入法。

◎ 按【Ctrl+Shift】组合键，切换输入法，直到弹出搜狗拼音输入法状态栏。

◎ 单击"语言栏" 内的 按钮，弹出"语言栏"菜单，如图 2-3-17 所示，单击该菜单内的"搜狗拼音输入法"命令，即可弹出搜狗拼音输入法状态栏，此时"语言栏"变为 或状态栏 。

◎ 按【Ctrl+Space】组合键，可以在"语言栏" 和状态栏 之间切换。

（2）搜狗拼音输入法的状态栏：该状态栏用于输入法的控制操作，如图 2-3-18 所示。单击相应的按钮，可切换输入法状态。拖动状态栏，可以移动状态栏。

图 2-3-17 "语言栏"菜单

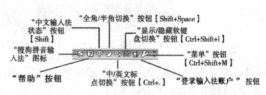

图 2-3-18 搜狗拼音输入法的状态栏

2. 输入汉字和字符的基本方法

（1）全拼方式输入：搜狗拼音输入法现在支持声母简拼和声母的首字母简拼。同时，搜狗拼音输入法支持简拼全拼的混合输入，例如，输入"srf"、"sruf"、"shrfa"拼音，按空格键后，都可以输入"输入法"文字。

有效地用声母的首字母简拼可以提高输入效率，减少误打。例如，要输入"转瞬即逝"，如果输入传统的声母简拼，只能输入"zhshjsh"，需要输入的多而且多个 h 容易造成误打，而输入声母的首字母简拼，"zsjs"能很快得到"转瞬即逝"一词。此时的输入栏如图 2-3-19 所示。

图 2-3-19 输入栏

【例 2.15】输入"可选项"。输入"kxx"拼音，如图 2-3-20 所示。按【=】键或单击输入栏窗口内的▶按钮，使候选字词向后翻页，如图 2-3-21 所示。按空格键或【4】数字键后，即可输入"可选项"文字。

图 2-3-20 输入"kxx"拼音后的输入栏

图 2-3-21 候选字词翻页后的输入栏

【例 2.16】输入"吃饭了"。输入"chfl"拼音（或者"cfl"拼音），如图 2-3-22 所示。按空格键后，都可以输入"吃饭了"。

图 2-3-22 输入"cfl"拼音后的输入栏

注 意

这里的声母的首字母简拼的作用和模糊音中的"z，s，c"相同。但是，这属于两回事，即使没有选择设置里的模糊音，也可以输入"cfl"拼音来获得"吃饭了"。

（2）拼音串输入栏窗口内拼音的修改方法如下：

◎ 按【←】和【→】键，可以移动插入点；

◎ 按【Home】键，可以将插入点移动到拼音串的首部。

◎ 按【End】键，可以将插入点移动到拼音串的尾部。

◎ 按退格键，可以删除插入点之前的字母。

◎ 按【Delete】键，可以删除插入点之后的字母。

◎ 按【Esc】键，可以取消整个拼音串。

输入串编辑功能增强：在候选项编辑功能开启的情况下，按【shift+左右方向键（←、→）】，拼音串输入栏窗口内选中的拼音串（背景为蓝色）增加或减少一个字的拼音，如图2-3-23所示。

图 2-3-23 选中光标移过的拼音串

（3）候选翻页：当输入一个拼音串的时候，候选窗口内会列出候选字词。在默认设置下，候选字词翻页的操作方法如下：

◎ 按【=】键、【.】键、【Page Down】键或【]】键，可以向后翻页。

◎ 按【-】键、【,】键、【Page Up】键或【[】键，可以向前翻页。

（4）活动候选字词操作：活动候选是指候选窗口内选中的候选字词，一般它用深颜色或红颜色（皮肤换成极简皮肤或默认皮肤）显示，它默认是第一个候选字词。皮肤换成极简皮肤后的输入栏内第一个候选字词，如图2-3-24所示。

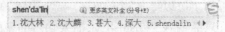

图 2-3-24 皮肤换成极简皮肤后的输入栏内第一个候选字词

把其他候选字词输入的方法如下：

◎ 单击选中需要输入的字或词，即可输入相应的字词。

◎ 根据候选字词的编号，按相应的数字键，输入相应的候选字词。

◎ 按空格键，可以选择输入第一个候选字词。

（5）英文输入：输入法默认是按下【Shift】键进行英文/中文输入状态的切换。单击状态栏上面的"切换中英文"按钮也可以切换。

另外，搜狗拼音输入法也支持回车输入英文和V模式输入英文。使用方法如下。

◎ 回车输入英文：输入英文，直接按【Enter】键即可。

◎ V模式输入英文：先输入"V"，然后再输入要输入的英文，可以包含@+*/-等符号，然后按空格键即可。

（6）快速输入英文字母和数字混合内容：输入英文字母和小键盘数字。

【例2.17】输入当前日期。输入"rq"拼音，如图2-3-25所示。按【2】键后，即可输入当前日期"2012年10月12日"。

图 2-3-25　输入"rq"拼音后的输入栏窗口

【例 2.18】输入当前日期和时间。输入"sj"拼音，如图 2-3-26 所示。按【2】键后，即可输入当前日期和时间"2012 年 10 月 12 日 20:35:4"。

图 2-3-26　输入"sj"拼音后的输入栏窗口

【例 2.19】输入当前日期和星期。输入"xq"拼音，如图 2-3-27 所示。按【2】键后，即可输入当前日期和星期"2012 年 10 月 22 日　星期五"。如果按【3】键，可以只输出"星期五"。

图 2-3-27　输入"xq"拼音后的输入栏窗口

3. 快速输入人名与网址及拆分输入

（1）快速输入人名：搜狗拼音输入法可以利用人名智能组词模式快速输入人名。输入一个人名的拼音，如果在拼音串输入栏内有带"N"标记的候选出现，这就是人名智能组词给出的其中一个人名。如果要选择相同拼音的其他人名，可以按【,】键，进入人名组词模式，再选择候选中需要的人名。再按【2】键，可以退出人名组词模式状态，回到原状态。

【例 2.20】要输入"冯锦玲"，输入"fengjinling"拼音，输入栏窗口如图 2-3-28 所示。单击拼音串输入栏内的"更多人名"文字或者按【;】+【R】键，进入人名模式，输入栏如图 2-3-29 所示，再按【3】数字键，即可输入"冯锦玲"。

图 2-3-28　输入栏　　　　　　　　　　**图 2-3-29　进入人名模式**

（2）快速输入网址：搜狗拼音输入法特别为网络设计了多种方便的网址输入模式，让用户能够在中文输入状态下就可以输入几乎所有的网址。目前规则如下：

输入以"www."、"http:"、"ftp:"、"telnet:""mailto:"等开头英文字母时，搜狗拼音输入法自动识别进入到英文输入状态，后面可继续输入网址剩余部分。

输入邮箱时，可以输入前缀不含数字的邮箱，例如"leilei@sogou.com"。

【例 2.21】输入"www.sogou.com"网址。输入"www"英文字母后，拼音串输入栏如图 2-3-30 所示；再输入"."小数点，拼音串输入栏如图 2-3-31 所示。接着按【2】键，输入"www.sogou.com"网址。

图 2-3-30　输入"www"英文字母　　　**图 2-3-31　输入"."小数点**

在输入"."小数点后，单击"更多网页、邮箱"链接文字，效果如图 2-3-32 所示。可以选择更多网址。

图 2-3-32　单击"更多网页、邮箱"链接文字后效果

【例 2.22】输入"http://cn.yahoo.com.cn"网址。输入"http"，拼音串输入栏如图 2-3-33 所示；再输入"："，如图 2-3-34 所示。接着输入"//yahoo.com.cn"，如图 2-3-35 所示。按空格键，即可输入"http:// yahoo.com.cn"网址。

图 2-3-33　输入"http"英文字母

图 2-3-34　输入"："冒号　　　　　　图 2-3-35　接着输入"//cn.yahoo.com.cn"

单击拼音串输入栏内的"搜索：http://..."文字，可以弹出搜狗网页，搜寻出的第一个就是"中国雅虎首页"网页选项，单击"中国雅虎首页"链接文字，即可弹出相应的"中国雅虎首页"网页。

（3）拆分输入：对于类似于"垚""怒""犇""蠡""嫑""靐"等一些字，这些字看似简单但是又很复杂，知道组成这个文字的部分，却不知道这个文字的读音，只能通过笔画输入，可是笔画输入又较为烦琐，所以搜狗拼音输入法为您提供便捷的拆分输入，化繁为简，生僻的汉字可以很容易地输出。其方法是：直接输入生僻字的组成部分的拼音即可。

【例 2.23】输入"垚"字。因为"垚"字由三个"士"字组成，所以输入"shishishi"拼音，如图 2-3-36 所示，按【6】数字键，即可输入"垚"字。

【例 2.24】输入"犇"字。因为"犇"字由三个"牛"字组成，所以输入"niuniuniu"拼音，如图 2-3-37 所示，按【6】数字键，即可输入"犇"字。

图 2-3-36　输入"haoxin"（怒）　　　图 2-3-37　输入"niuniuniu"（犇）

4. 有关快速输入的方法

（1）自定义短语：自定义短语是通过特定字符串来输入自定义好的文本，可以先输入拼音字符串（例如，"zdy"），再将鼠标指针移到拼音字符串之上，会在拼音字符串之上出现"添加短语"命令，单击该命令，弹出"搜狗拼音输入法-添加自定义短语"对话框，如图 2-3-38 所示。利用该对话框即可定义短语。以后，输入特定字符串后，按空格键，即可输出与输入的特定字符串相对应的自定义短语。

在"搜狗拼音输入法-添加自定义短语"对话框内"缩写"文本框内已经有输入拼音字（例如，"zdy"），再在下边的列表框内输入字词短语（例如，"自己定义一个短语，供以后使用。"），如图 2-3-38 所示。然后，单击该对话框内的"确定添加"按钮，即可将设置的短语保存并添加，同时关闭"搜狗拼音输入法-添加自定义短语"对话框。如果要添加其他短语，可以单击"搜狗拼音输入法-添加自定义短语"对话框内的"确认并添加下一个"按钮。

【例 2.25】自定义一个短语"自己定义一个短语，供以后使用。"，与它相应的拼音字是"zdy"。输入"zdy"拼音字，再将鼠标指针移到"zdy"拼音字之上，这时会在"zdy"拼音字之上显示加框的"添加短语"命令，如图 2-3-39 所示。

再输入"zdy"拼音字，此时的输入栏窗口如图 2-3-40 所示（还没有弹出下边的菜单），可以看到已经定义好"自己定义一个短语，供以后使用"，按空格键，即可输入此短语。

图 2-3-38　"搜狗拼音输入法
-添加自定义短语"对话框

图 2-3-39　在"zdy"拼音字之上显示"添加短语"命令

图 2-3-40　输入 "zdyn" 拼音字后的输入栏窗口

　　将鼠标指针移到"自己定义一个短语，供以后使用。"短语之上，会在短语的下边显示一个菜单，如图 2-3-41 所示。单击"删除短语"命令，删除该短语。单击"编辑短语"命令，弹出"搜狗拼音输入法-编辑短语"对话框，它与图 2-3-38 基本一样，利用该对话框可以重新编辑短语。

　　（2）设置固定首字：搜狗拼音输入法可以把某一拼音下的某一个候选字词固定在第一位，即固定首字功能。输入拼音，找到要固定在首位的候选字词，将鼠标指针移到候选字词之上，即有固定首位的菜单出现，如图 2-3-42 所示。单击"固定首位"命令，即可看到该候选字词已经移到了首位。

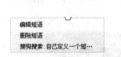

图 2-3-41　短语下边显示的菜单

图 2-3-42　　固定首位的菜单

　　【例 2.26】将"固定"词固定到首位。输入"guding"拼音，此时的输入栏窗口如图 2-3-43 所示（还没有弹出下边的菜单），将鼠标指针移到"固定"候选词之上，弹出固定首位的菜单，如图 2-3-42 所示。单击"固定首位"命令，即可看到该候选字词已经移到了首位，如图 2-3-43 所示。再输入"guding"拼音，"固定"候选词还在首位。

　　如果再多次输入"古鼎"词后，则"固定"候选词会自动移到第二位，如图 2-3-44 所示。

图 2-3-43　候选字词已经固定到了首位

图 2-3-44　"古鼎"候选词移到第 2 位

　　（3）快速搜索关键字和网页：搜狗拼音输入法在输入栏提供了"搜狗搜索"命令，候选项菜单也提供了搜索命令，输入要搜索的关键字，按【↓】和【↑】光标键，选择要搜索的字词之后，单击"搜狗搜索"按钮或单击搜索命令，搜狗将立即为您提供搜索结果。如果输入的关键字与网站有关，则会在输入栏上显示相应的网址，单击该网址或按";"分号键，可以弹出相应的网页。

　　【例 2.27】快速搜索"固定"关键字。输入"guding"拼音，此时的输入栏窗口如图 2-3-34 所示，将鼠标指针移到"固定"关键字之上，弹出其菜单，单击该菜单内的"搜狗搜索：固定"命令，即可弹出"Sogou 搜狗"网页，同时给出了搜索"固定"关键字的结果，如图 2-3-45 所示。

图 2-3-45 "Sogou 搜狗"网页搜索"固定"关键字的结果

【**例 2.28**】快速搜索"yahoo"关键字和相应的网站。输入"yahoo"拼音，再将鼠标指针移到输入栏窗口内"yahoo"拼音之上，此时在"yahoo"拼音下边出现菜单，输入栏窗口如图 2-3-46 所示，单击"搜狗搜索：yahoo"命令，即可打开"Sogou 搜狗"网页，同时给出了搜索"yahoo"关键字的结果，如图 2-3-47 所示。

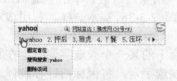

图 2-3-46 输入"yahoo"拼音
后的输入栏窗口

图 2-3-47 "Sogou 搜狗"网站搜索
"yahoo"关键字的结果

单击输入栏窗口内的"网站直达：雅虎网"中的链接字，即可打开相应的中国雅虎网页，如图 2-3-48 所示。

图 2-3-48 中国雅虎网页

【**例 2.29**】快速搜索"北京奥运"关键字和相应的网站。输入"beijingaoyun"拼音，再将鼠标指针移到输入栏窗口内"beijingaoyun"拼音之上，此时在"beijingaoyun"拼音下边出现"搜狗搜索：北京奥运"命令，输入栏窗口如图 2-3-49 所示。

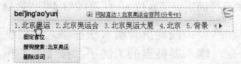

图 2-3-49 输入"beijingaoyun"（北京奥运）拼音后的输入栏窗口

单击"搜狗搜索：北京奥运"命令，即可打开"Sogou 搜狗"网页，同时给出了搜索"北京奥运"关键字的结果。单击输入栏窗口内的"网站直达：北京奥运会官网"链接字，即可弹出相应的北网站。

（4）快速输入表情以及其他特殊符号：搜狗拼音输入法提供了丰富的类似于 o(∩_∩)o… 这样的表情符号、特殊符号和字符画，不仅在候选上可以选择，还可以单击输入栏窗口上方的提示文字，进入表情及符号输入专用面板，随意选择自己喜欢的表情、符号、字符画。

【例 2.30】输入"^_^"表情符号。输入"haha"拼音，输入栏窗口如图 2-3-50 所示，按【4】数字键，即可输入"^_^"表情符号。

【例 2.31】输入"♡"符号。输入"hongtao"拼音，输入栏窗口如图 2-3-51 所示，按【5】数字键，即可输入"♡"符号。

图 2-3-50　输入"haha"拼音的输入栏窗口　　图 2-3-51　输入"hongtao"拼音的输入栏窗口

【例 2.32】输入图 2-3-52 所示的图案。输入"meigui"拼音，输入栏窗口如图 2-3-53 所示。

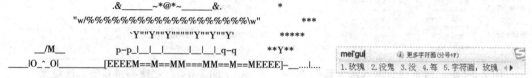

图 2-3-52　输入相应字符的输入栏窗口　　图 2-3-53　输入"meigui"拼音的输入栏窗口

单击输入栏窗口内的"6.更多字符画"命令，弹出"搜狗拼音输入法快捷输入"对话框，如图 2-3-54 所示。单击列表框内的某个图案，即可在光标处添加该图案。

5. 搜狗拼音输入法属性设置

单击搜狗拼音输入法状态栏内的"菜单"按钮 ，弹出搜狗拼音输入法的快捷菜单，单击该菜单内的"设置属性"命令，弹出"搜狗拼音输入法设置"对话框，如图 2-3-55 所示。可以看到该对话框内左边一列是属性设置的类型按钮名称，单击不同的按钮，其右边的内容会相应改变。

（1）常用设置：单击"常用"按钮后的"搜狗拼音输入法设置"（常用）对话框，如图 2-3-55 所示。利用该对话框可以设置输入的风格，状态栏的初始状态和特殊习惯（包括设置全拼还是双拼等）等。

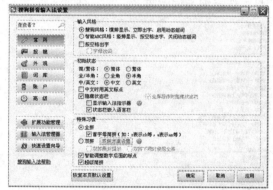

图 2-3-54　"搜狗拼音输入法快捷输入"对话框　图 2-3-55　"搜狗拼音输入法设置"（常用）对话框

（2）按键设置：单击"按键"按钮后的"搜狗拼音输入法设置"（按键）对话框，如图 2-3-56 所示。利用该对话框可以设置中英文切换键、候选字词的翻页键、快捷选候选字词、快捷删候选字词、选二三候选字词等，以及搜狗拼音输入法系统菜单的快捷键和其他快捷键设置。

（3）外观设置：单击"外观"按钮后的"搜狗拼音输入法设置"（外观）对话框，如图 2-3-57 所示。利用该对话框可以设置显示输入法状态栏是横排还是竖排模式、输入栏候选窗口内的候选字词个数、内皮肤外观（修改包括皮肤，显示样式，候选字体颜色、大小）等。注意：应保证连通互联网。单击"更多皮肤"链接文字，可以弹出相应的网页，下载更多的皮肤文件。

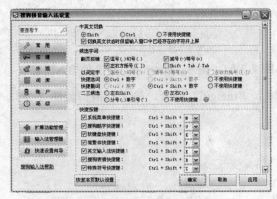 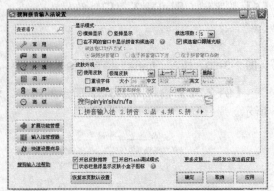

图 2-3-56 "搜狗拼音输入法设置" 　　　图 2-3-57 "搜狗拼音输入法设置"
（按键）对话框 　　　　　　　　　　（外观）对话框

另外，在互联网连通的情况下。单击搜狗拼音输入法状态栏内的"菜单"按钮，弹出搜狗拼音输入法菜单，单击该菜单内的"更换皮肤"命令，弹出"更换皮肤"次级菜单，如图 2-3-58 所示。将鼠标指针移到"默认皮肤"与"更多皮肤"之间的任意一个命令或者第二栏皮肤命令之上，即会显示相应的更换皮肤后的搜狗拼音输入法的输入栏窗口形状。单击"更换皮肤"菜单中的相应皮肤命令，即可给搜狗拼音输入法更换状态栏皮肤外表。单击该菜单内的"皮肤设置"命令，可以弹出图 2-3-57 所示的"搜狗拼音输入法设置"（外观）对话框。单击其他一些命令，可以打开相应的网站，进行皮肤更换。

（4）词库设置：单击"词库"按钮后的"搜狗拼音输入法设置"（词库）对话框，如图 2-3-59 所示。利用该对话框可以进行用户词库管理，例如，是否进行词库操作的选择，是否启用细胞词库，是否启用细胞词库自动更新、进行细胞词库自动更新、查看细胞词库信息、选择细胞词库等。

 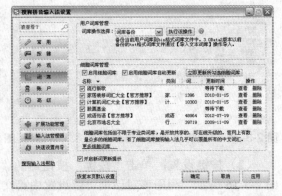

图 2-3-58 "更换皮肤"菜单 　　　　图 2-3-59 "搜狗拼音输入法设置"（词库）对话框

（5）账户设置：单击"账户"按钮后的"搜狗拼音输入法设置"（账户）对话框，如图 2-3-60 所示。单击"账号登录"选项组内的"登录输入法账号"按钮，会弹出"搜狗输入法用户登录"面板，如图 2-3-61 所示，用来输入登录邮箱和密码。再单击"登录"按钮，即可完成搜狗输入法用户登录。也可以单击"使用 QQ 账号登录"图标按钮🐧登录，或单击其他图标按钮，以不同账号登录。单击"注册账号"按钮，弹出搜狗输入法注册网页进行注册。要进行注册或登录操作应保证连通互联网。

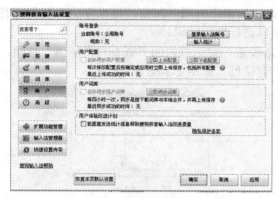

图 2-3-60　"搜狗拼音输入法设置"
（账户）对话框

图 2-3-61　"搜狗拼音输入法
用户登录"对话框

单击"输入统计"按钮，弹出"搜狗拼音输入法-输入统计"对话框，如图 2-3-62 所示。该对话框用曲线图形给出了最近一段日期内的打字速度，以及当前打字速度和历史最快打字速度。

（6）高级设置：单击"高级"按钮后，弹出"搜狗拼音输入法设置"（高级）对话框，如图 2-3-63 所示。利用该对话框可以进行智能输入设置和高级模式设置，可以确定如何升级等。

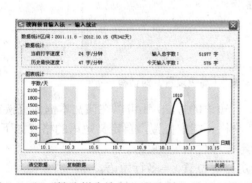

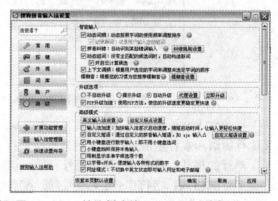

图 2-3-62　"搜狗拼音输入法设置-输入统计"对话框　图 2-3-63　"搜狗拼音输入法设置"（高级）对话框

单击"智能输入"选项组内的"纠错规则设置"按钮，弹出"搜狗拼音输入法-纠错规则设置"对话框，如图 2-3-64 所示，用户可以确定要纠错哪些规则。单击"模糊音设置"按钮，弹出"搜狗拼音输入法-模糊音设置"对话框（见图 2-3-12），用户可以确定要哪些模糊音。

单击"高级模式"选项组"自定义短语设置"按钮，弹出"搜狗拼音输入法-自定义短语设置"对话框，如图 2-3-65 所示。在该对话框内的列表框中列出了用户自定义的短语和与之相对应的缩写拼音，以及排列的位置。

◎　如果选中某一个短语，再单击"删除高亮"按钮，即可删除选中的短语；单击"全启用"按钮，即可将列

图 2-3-64　"纠错规则设置"对话框

表框中的所有短语左边的复选框选中并启用这些短语；单击"全禁用"按钮，即可取消列表框中的所有短语左边的复选框的选中，不启用全部短语。

　　◎　选中列表框中短语左边的复选框，可在选中复选框和取消选中复选框之间切换。

　　◎　选中列表框中的一个短语，再单击"编辑已有项"按钮，可以弹出"搜狗拼音输入法-短语编辑"对话框，利用该对话框可以进行短语编辑。

　　◎　单击"搜狗拼音输入法-自定义短语设置"对话框内的"查看自带短语"按钮，可以弹出"搜狗拼音输入法-系统默认短语"对话框，如图 2-3-66 所示。

　　图 2-3-65　"自定义短语设置"对话框　　　　图 2-3-66　"系统默认短语"对话框

　　◎　单击"搜狗拼音输入法-自定义短语设置"对话框内的"直接编辑配置文件"按钮，弹出"编辑自定义短语文件"对话框，单击"确定"按钮，关闭该对话框，同时弹出"记事本"软件，并在记事本内打开"Phrases.ini"文本文件（自定义短语文件名为 phrases.ini，存放在用户文件夹的根目录下），如图 2-3-67 所示。

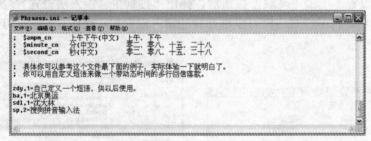

　　图 2-3-67　"搜狗拼音输入法设置"（高级设置）对话框

　　在该文本文件内介绍了自定义单行短语和多行短语的方法，还可以在该文本框内直接定义单行短语和多行短语。自定义短语支持多行、空格、指定位置，自定义短语的格式如下。

　　单行的格式：字符串+英文逗号+数字（指定排序位置）=短语。

　　多行的格式：字符串+英文逗号+数字（指定排序位置）=多行短语。

　　【例 2.33】定义一个短语"11010419471107082X"，它的拼音字符串是"sfz"。弹出"搜狗拼音输入法-自定义短语设置"对话框，单击该对话框内的"直接编辑配置文件"按钮，弹出"编辑自定义短语文件"对话框，单击"确定"按钮，关闭该对话框，同时弹出"记事本"软件，并在记事本内打开"Phrases.ini"文本文件。在"Phrases.ini"文本文件内新的一行输入"sfz,1=11010419471107082X"。然后保存该文本文件，回到"搜狗拼音输入法-自定义短语设置"对话框，单击该对话框内的"确定"按钮，完成短语"11010419471107082X"的定义。

　　以后，输入"sfz"后，此时输入栏窗口如图 2-3-68 所示，按空格键，即可输入"11010419471107082X"。

　　【例 2.34】定义一个短语"shendalin2002@yahoo.com.cn"，它的拼音字符串是"eml"。弹出"搜狗拼音输入法-自定义短语设置"对话框，单击该对话框内的"直接编辑配置文件"

按钮，弹出"记事本"软件，并打开"Phrases.ini"文本文件，在该文件内最后边一行输入
"eml,1=shendalin2002@yahoo.com.cn"，保存该文件。然后，输入"eml"后，此时输入栏
窗口如图 2-3-69 所示，按空格键，即可输入"shendalin2002@yahoo.com.cn"。

图 2-3-68　输入"sfz"后的输入栏窗口　　　**图 2-3-69　输入"eml"后的输入栏窗口**

　　单击图 2-3-63 所示"搜狗拼音输入法设置"（高级）对话框内的"自定义标点设置"
按钮，可以弹出"搜狗拼音输入法-自定义标点"对话框，如图 2-3-70 所示。单击该对话
框中"中文半角"列内的字符，会出现一个下拉列表框，用来选择中文字符，从而更改中
文半角字符。

　　单击图 2-3-63 所示"搜狗拼音输入法设置"（高级）对话框内的"英文输入法设置"
按钮，弹出"搜狗拼音输入法-英文输入法设置"对话框，如图 2-3-71 所示。利用该对话
框可以进行一些英文输入的设置。

图 2-3-70　"搜狗拼音输入法
-自定义标点"对话框

图 2-3-71　"搜狗拼音输入法设置
-英文输入法设置"对话框

2.3.3　"表情&符号"和特效输入

1. "表情&符号"输入

　　单击搜狗拼音输入法状态栏内的"菜单"按钮，弹出搜狗拼音输入法的快捷菜单，
单击该菜单内的"表情&符号"命令，弹出"表情&符号"菜单如图 2-3-72 所示。该菜单
内有四个命令，不管单击哪个命令，都可以弹出"搜狗拼音输入法快捷输入"面板，只是
选中的功能不一样。例如，单击"搜狗表情"命令，即可弹出"搜狗拼音输入法快捷输入"
（搜狗表情）面板，如图 2-3-73 所示。

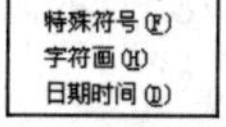

图 2-3-72　"表情&符号"菜单 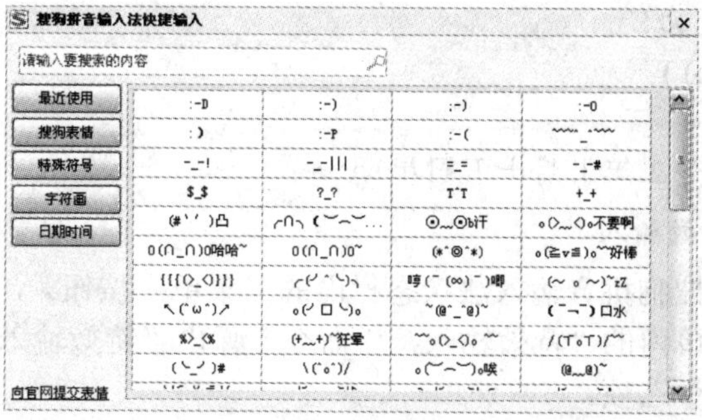　　　**图 2-3-73　"搜狗拼音输入法快捷输入"（搜狗表情）面板**

　　单击"特殊符号"命令或单击"搜狗拼音输入法快捷输入"面板内的"特殊符号"按
钮，可弹出"搜狗拼音输入法快捷输入"（特殊符号）面板，如图 2-3-74 所示。

单击"字符画"命令或单击"搜狗拼音输入法快捷输入"面板内的"字符画"按钮，可弹出"搜狗拼音输入法快捷输入"（字符画）面板，如图 2-3-75 所示。

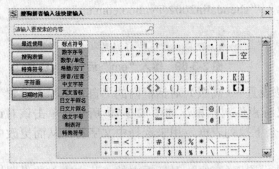

图 2-3-74 "搜狗拼音输入法快捷输入"
（特殊符号）面板

图 2-3-75 "搜狗拼音输入法快捷输入"
（字符画）面板

单击"日期时间"命令或单击"搜狗拼音输入法快捷输入"面板内的"日期时间"按钮，弹出"搜狗拼音输入法快捷输入"（日期时间）面板，如图 2-3-76 所示。

单击"最近使用"命令者单击"搜狗拼音输入法快捷输入"面板内的"最近使用"按钮，弹出"搜狗拼音输入法快捷输入"（最近使用）面板，如图 2-3-77 所示。

图 2-3-76 "搜狗拼音输入法快捷输入"
（日期时间）面板

图 2-3-77 "搜狗拼音输入法快捷输入"
（最近使用）面板

下面是利用"搜狗拼音输入法快捷输入"面板输入的各种字符：

O(∩_∩)O 哈哈～　　　〖 〗Ⅰ ⅡⅢⅣⅤⅥⅦⅧⅨⅩ

```
  ︵︵︵
{/ o  o/}
 ( (oo) )
```

二〇一二年十月十五日星期一

2. 特效输入

单击搜狗拼音输入法状态栏内的"菜单"按钮，弹出搜狗拼音输入法的快捷菜单，单击该菜单内的"特效输入符"命令，弹出"特效输入"菜单如图 2-3-78 所示。该菜单内有两个命令选项。

单击选中"火星文"命令选项后，再输入文字，即可输入"火星文"文字。例如，输入"火星文"，即可获得如下文字：

燒曡荢

单击"彩虹字"命令选项后，再输入文字，即可输入"彩虹字"文字。例如，输入"彩虹字"，单击"彩虹字"下面的箭头，可以弹出一个"彩虹字类型"面板，如图 2-3-78 所示，单击其中一种类型图案，即可设置相应的彩虹字。输入的两种彩虹字如图 2-3-79 所示。

图 2-3-78 "彩虹字"输入状态

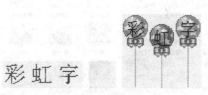

图 2-3-79 输入的两种"彩虹字"文字

2.3.4 扩展功能

单击搜狗拼音输入法状态栏内的"菜单"按钮，弹出搜狗拼音输入法的快捷菜单，单击该菜单内的"扩展功能"命令，弹出"扩展功能"菜单。可以看到扩展功能有五项，"鼠标手势"功能在前面"搜狗拼音输入法 V6.2 的安装"中已经介绍过，默认选中"图片表情组件"命令选项，如果单击该命令选项，可以取消选中"图片表情组件"命令选项，取消图片表情组件功能。其他功能简介如下。

1. 快捷键设置

单击"扩展功能"菜单内的"快捷键设置"菜单，弹出"搜狗拼音输入法设置"（快捷键设置）对话框，如图 2-3-80 所示。利用该对话框可以设置各种快捷键。

单击"快速设置向导"按钮，弹出"搜狗拼音输入法 个性化设置向导"对话框（见图 2-3-10）。以后的操作参看 2.3.2 的内容。单击"输入法管理器"按钮，可以弹出"搜狗输入法-输入法管理器"对话框，如图 2-3-81 所示。该对话框用来调整输入法的先后次序，设置默认输入法，添加软键盘和输入法等。

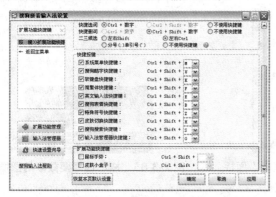

图 2-3-80 "搜狗拼音输入法设置"
（快捷键设置）对话框

图 2-3-81 "搜狗输入法-输入法
管理器"对话框

2. 皮肤小盒子

单击"扩展功能"菜单内的"皮肤小盒子"菜单，弹出"搜狗输入法皮肤小盒子"面板，如图 2-3-82 所示。将鼠标移到皮肤类型图标之上，会显示该皮肤的状态栏形状，例如，将鼠标指针移到"功夫小熊"皮肤图标之上，会显示该皮肤的状态栏形状，如图 2-3-83 所示。

单击"更多"链接文字，弹出相应的搜狗输入法网页，利用该网页可以添加更多的皮肤。在文本框内输入皮肤的名称，再单击 按钮，即可查找相应的皮肤。

图 2-3-82 "搜狗输入法皮肤小盒子"面板

图 2-3-83 "功夫小熊"皮肤的状态栏

3．扩展功能管理

单击"扩展功能"菜单内的"扩展功能管理"菜单，弹出"搜狗输入法扩展功能管理"对话框，如图 2-3-84 所示。单击"安装"按钮，即可安装相应的功能，安装完后，"使用"按钮变为有效，"安装"按钮变为"卸载"按钮。单击"卸载"按钮，即可卸载相应的功能。单击"禁用"按钮，可以禁用相应的功能。单击"快捷键"链接文字，可以设置相应的快捷键。单击"使用"按钮，可以开始使用截屏。拖动出一个矩形，选择要截取的图像内容，效果如图 2-3-85 所示。单击 图标按钮，即可将选择的图像保存到剪贴板，单击 图标按钮，可以将选择的图像以文件保存。单击 图标按钮，可以弹出"画图"软件并打开截取的图像，以利于加工处理。单击 图标按钮，可以取消本次截取。

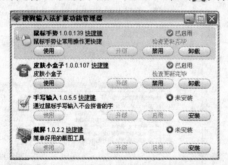

图 2-3-84 "搜狗输入法扩展功能管理器"面板

图 2-3-85 拖动选择要截取的图像

思考与练习2-3

1．下载搜狗拼音输入法 V6.2，安装搜狗拼音输入法 V6.2，并进行设置。

2．使用搜狗拼音输入法自造短语"硬件和软件"、"图像处理和矢量图绘制"和"世界遗产在中国"，将您的名字、身份证号码、手机号码、家庭地址自造为短语。

3．使用搜狗拼音输入法，修改搜狗拼音输入法状态栏样式。

4．使用搜狗拼音输入法，在记事本内录入以下内容。

谷歌拼音有以下几大特色。

◎ 智能组句：选词准确率高，能聪明地理解您的意图，短句长句都合适。

◎ 流行词汇：整合互联网上的流行词汇、热门搜索一网打尽，词组丰富强大。

◎ 网络同步：将您使用习惯和个人字典同步在谷歌账号，一个跟你走的输入法。

◎ 智能纠错：自动修正常见的输入错误，人性化的功能大大提高拼写速度。

◎ 一键搜索：输入的同时轻击一键即可快捷搜索。输入法结合搜索框一举两得。

◎ 英文提示：打英文时只需输入前几个字母，输入法自动提示您可能要找的单词。

5. 使用搜狗拼音输入法，在记事本内录入以下内容：

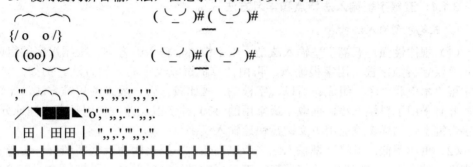

第3章 五笔字型输入法

五笔字型输入法是一种适合专职文字录入人员和非专职文字录入人员共同使用的汉字输入法，是一种高效率的汉字输入法。

3.1 五笔字型输入法特点、学习方法和打字软件

3.1.1 五笔字型输入法特点和学习方法

1. 五笔字型输入法特点

（1）规律性强：五笔字型输入法是采用字根拼形输入的方案，根据汉字的组成特点，把一个汉字拆成字根，用字根输入，再由计算机拼成汉字的一种方法。例如，"李"字是由字根"木"和"子"组成。所以，字根输入法比较符合一般人的思维方法，比较容易接受，并且采用了科学方法，抽取了最常用的 130 种字根，并按使用频率合理地分布在 25 个字母键上，这样，就能用英文键盘快速输入汉字。

（2）重码率低：五笔字型输入法之所以高效，主要是因为五笔字型有一套严谨的方法和规则，使得它的"字"同"编码"有着良好的唯一对应关系。平均每输入 10 000 汉字，才有 1～2 个字需要挑选，因此，五笔字型输入法输入效率高。

五笔字型输入法的重码率很低，几乎是一码一字，所以，一旦熟练掌握，汉字文章的输入速度将比外文文章的输入速度快得多。

（3）输入效率高：用五笔字型既能输入单字，还能输入词汇，无论多复杂的汉字最多只击四个键。字与词汇之间，不要任何换挡或附加操作，既符合汉字构词的特点，又能大幅度提高输入速度。经过标准指法训练，一般使用五笔字型录入，每分钟可输入 100 个左右的汉字。

五笔字型字根组合的"相容性"使重码大幅度减少，键位字根安排的"规律性"使得相对容易。五笔字型具有通用性，已经成为国内占主导地位的汉字输入技术。

2. 学习方法

五笔字型输入法只是提供了一个科学的输入方法，要将其变成一种技能，还需要通过大量的刻苦练习。在学习五笔字型输入法时，主要要过以下几关。

（1）熟练英文指法：手指的合理分工是提高输入速度的关键。学习一开始，就要按要求同时使用十个手指，千万不要只用一个手指输入。指法的熟练是没有捷径可走的，只有通过大量的练习才能过这一关。

（2）熟记字根：由于五笔字型采用英文键盘，原来的键名都是英文名。现在，五笔字型汉字输入法要给每一个键定义一个中文名字，就像学习英文打字时要记住各键的英文字母一样，中文键名也必须记住。

除了键名外，每一个键还代表一个以上的字根，130 个字根要分布在 25 个键上。虽然字根的分布有一定的规律，但是还是要花工夫记住，而真正掌握，还必须通过大量的练习。

（3）掌握拆字方法：汉字是由字根组成的，见到一个汉字后如何迅速地拆成五笔字型输入法所规定的字根是提高汉字输入速度的关键一步。在掌握一般的拆分原则后，要着重掌握一些难拆的字的拆分方法。

学习五笔字型输入法不需要高深的理论基础，对学员来说不会感到困难和艰深。所以，

本教材不讲过多的理论，而是配备了大量的练习，学员通过大量的刻苦练习，以达到理想的效果。这也是掌握五笔字型输入法的关键点。

3.1.2　常用打字练习软件简介

练习打字的目的就是要通过反复练习，熟悉并记住主键盘上每个字母键的位置，以便将来能在不看键盘的情况下，快速地按指法要求进行文字录入。

目前流行的用于键盘指法和中文五笔字型输入法练习的软件很多，一般使用起来都比较方便，操作方法也比较简单，而且大多数这样的软件都可以在网上免费下载。下面提供两种简单易学的键盘指法和中文五笔字型输入法练习软件的名称、下载网址和软件特点。用户可以选择一种适合自己的练习软件，从相应网址下载并安装，通过该打字练习软件，反复练习，依次完成熟练英文指法、熟记字根、并最终掌握五笔字型拆字方法。

1. "圆圆打字高手"软件

"圆圆打字高手"软件是一款与金山打字通类似的打字练习及测试软件，但其界面可与金山打字通媲美，其功能也不逊色于金山打字通。该软件提供了各个手指都能得到锻炼的科学指法练习，提供了中文打字、英文打字，还专门针对五笔字型学习者，提供了五笔字型 86 版及五笔字型 98 版打法即时查询，提供了字根 86 版及 98 版对照打字，提供了五笔一级简码练习，五笔二级简码 86 版和 98 版练习，五笔三级简码 86 版及 98 版练习（三级简码都是由系统的字库随机提供），在帮助中还提供了五笔 86 版及 98 版的字和词的打法查询，是一款五笔字型输入法学习者不可多得的好软件。

2. "打字先锋"软件

"打字先锋"软件是一款功能丰富、精巧的打字练习绿色软件，自带输入法，适用于各级五笔字型输入法学习者。用"打字先锋"软件也可以练习英文字符、字根、单字、词组、文章。

（1）基本功能。"打字先锋"软件功能介绍如下：

◎ 自带多种输入法，包括五笔 86 版、五笔 98 版、形母码、神笔数码、大众形音等，用户也可以选用 Windows 系统输入法。

◎ 丰富的练习功能：包括字符、字根、单字、词组、文章等自由练习，每类又有细分，如单字包括各级简码、常用字、难拆字、百家姓等。用户自定义练习方式：定时、定量、自由。各练习中随时显示字数、时间、速度、正确率等统计信息。

◎ 具备编辑功能：它实际上内置了五笔字型输入法的记事本。

◎ 方便的查询功能：鼠标指针停留到练习内容上方片刻可显示所指汉字的编码提示，随时按【F1】键显示字根键位图。

◎ 界面简洁美观、操作方便；绿色软件，无须安装。

◎ 升级版本的新增功能：字符练习分类更细；练习内容成段显示，而不是以往的只显示一行；背景音乐可播放主程序目录下的整个 song 目录下所有音乐文件，几乎支持所有类型的音乐文件，而且随机循环播放；修正了词组练习时只打一个字就自动填充空格的 bug；实现用户自定制背景音乐的功能；自动检测最新版本。

（2）界面介绍。"打字先锋"软件安装启动后，界面如图 3-1-1 所示。用户可以根据自己的练习需求，选择使用该界面的工具栏按钮，完成分类练习。工具栏上的分类练习按钮，如图 3-1-2 所示。

（3）目前，"打字先锋"软件最高版本是"打字先锋（轻松五笔）V4.6"软件。

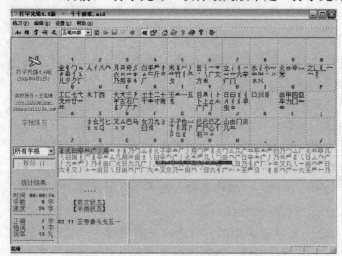

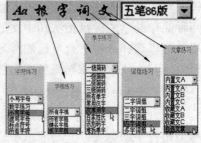

图 3-1-1　"打字先锋"软件界面　　　图 3-1-2　"打字先锋"分类练习按钮

3. "金山打字通"软件

"金山打字通"（TypeEasy）是金山公司推出的两款教育系列软件之一，是一款功能齐全、数据丰富、界面友好的、集打字练习和测试于一体的打字软件。使用它可以循序渐进地突破盲打障碍，短时间运指如飞，完全摆脱枯燥学习，联网对战打字游戏，易错键常用词重点训练，纠正南方音模糊音，不背字根照学五笔，提供五笔反差工具，配有数字键，同声录入等 12 项职业训练。金山打字通有多个版本，分别是金山打字通 2003、金山打字通 2006……金山打字通 2009，直到目前最高版本为金山打字通 2012。

金山打字主要由英文打字、拼音打字、五笔打字、打字游戏等六部分组成。所有练习用的词汇和文章都分专业和通用两种，用户可根据需要进行选择。英文打字由键位记忆到文章练习，逐步让用户盲打并提高打字速度。五笔打字分 86 和 98 两个版本的编码，从字根、简码到多字词组逐层逐级地练习。拼音打字特别加入异形难辨字练习、连音词练习，方言模糊音纠正练习，以及 HSK（汉语水平考试）字词的练习。这些练习给初学汉语或者汉语拼音水平不高的用户提供了极大的方便，同时也非常适合中小学生及外国留学生的汉语教学工作。金山打字的基本功能如下。

（1）打字练习方式多样：为用户提供了英文、拼音和五笔打字三项基本的练习。

（2）测试方式合理：包括学前测试、速度测试两大方面。在速度测试方面又根据用户需求，分为屏幕对照、书本对照、同声录入三种方式。

（3）打字教程更专业：专业的打字教程做成形象生动的 Flash 形式，使您能以最快的速度学会打字。

（4）打字游戏设计构思巧妙：为用户提供了五款游戏，让用户在妙趣横生的游戏中无形地提高用户对键盘的熟悉程度和文章盲打的水平。

4. 指法练习

"指法练习"软件的特点如下。目前最高版本是"指法练习 XP5.60"。

（1）本程序为全新 XP 界面的指法练习软件。

（2）首款支持五笔字型简码、全码及全拼提示，同时适用于用五笔打字和拼音打字的用户；可用于普通话学习。

（3）新增全拼和五笔字型的互查功能；在字典中可连续输入文字，或采用复制/粘贴的方式实现拼音和五笔编码的查询。

（4）实现闪电查询，输入速度有多快，则提示速度就有多快。

（5）可自选外部文章进行练习。

（6）每种练习都可设置对照打字或覆盖打字效果。

（7）设有 20min 测试。便于用来做打字比赛。

（8）在帮助中有五笔学习的全部资料。

思考与练习3-1

1．登录相关网站，下载"打字先锋"软件，解压缩该文件后，将该软件安装到本机。

2．使用"打字先锋"软件练习英文指法。

3．登录相关网站，下载"指法练习 XP 5.60"软件，解压缩该文件后，将该软件安装到本机。

4．使用"指法练习 XP 5.60"软件练习英文指法。

3.2 汉字构成和汉字编码

计算机的键盘只有 26 个字母键，而汉字却有成千上万之多。因此，要想解决汉字输入这个大难题，就必须首先解决字"多"的问题，把它由"多"变"少"。

3.2.1 汉字结构、笔画和字根

1. 汉字结构

汉字结构由笔画、字根和成字三个层次组成。

（1）笔画。按某个笔画书写时的运笔方向来做分类的依据，五笔字型将众多的笔画分为五类，分别是：横、竖、撇、捺、折。

（2）字根。不同的笔画复合、连接、交叉又会形成一些相对不变的结构，比如汉字中的大多数偏旁、部首就是这样。这些结构经常用来组成完整的汉字，它们已经成为组字的固定成分。五笔字型称它们为"字根"。

（3）成字。由笔画、字根拼合就可以得到完整的汉字。

2. 汉字笔画

笔画是书写汉字时，一次写成的一个连续不断的线段。两笔写成者不叫笔画，如："十、口"，只能叫笔画结构。一个连贯的笔画，不能断成几段来处理。如：把"申"分解为"丨、田、丨"是不对的。经科学归纳，汉字的基本笔画有表 3-2-1 所示的五种。这五种笔画分别以 1、2、3、4、5 作为代号，见表 3-2-1。

表 3-2-1 汉字笔画

代 号	笔 画 名 称	笔 画 走 向	笔 画 及 其 变 形
1	横	左→右	一、╯
2	竖	上→下	丨、亅
3	撇	右上→左下	丿、╱
4	捺	左上→右下	丶、丶
5	折	带转折	乙、乛、乚、𠃌、㇅、𠃍、𠃊

（1）横：在"横"这种笔画内还把"提"也包括进去了。也就是说把从左到右和从左下到右上的笔画包括在"横"中，这和实际写汉字时是统一的。例如"玩"字偏旁是"王"字，"王"字旁的最后一"横"是"提"，所以习惯上就把"提"和"横"放在同一类中了。

（2）竖：在"竖"这种笔画内，还包括了竖左钩。它是把从上到下的笔画都包括在"竖"笔画中。可以仔细看一下自己写的字，很多有左钩的字，左钩就不写了，而用竖来代替，所以把这两种笔画归为同一类。例如，"刑"字中的竖笔带钩可知，竖笔向左带钩应属于竖。

（3）撇：把走向从右上到左下的笔画归为一类，称为"撇"。例如，由"材"字的"才"字可知，点笔笔画应属于捺。

（4）捺：把走向从左上到右下的笔画归为一类，称为"捺"，它包括了"捺"和"点"。把点包括进去，主要考虑点的走向是从左上到右下，其次，在习惯上也经常把捺缩小为点。例如"木"字，最后一笔是捺，但是在作为偏旁时，最后一笔就成了点，如"标"字，所以把点和捺归为同一类。

（5）折：一切带转折、拐弯的笔画（除了竖左钩外）都归结为"折"。

根据以上分析，可以试着拆写，把一个字拆成这五种笔画，并用代号表示，例如：王（1121）、西（125351）、戈（11543）、车（1512）。

但是如果把一个汉字全部拆成笔画，就失去了汉字作为拼形文字的直观性，而且显得十分冗长。例如，"戆"字由25个笔画组成，这对于编码和输入都是有困难的。因此，笔画只是作为"五笔字型"分析的一个基础。

3. 汉字字根

分析了汉字的基本笔画，一个汉字一般可以拆成几部分，这每一部分称之为字根。与笔画一样，我们也可以给字根下一个较明确的定义。字根是由若干笔画单独或者经过交叉连接而成的，在组成汉字时它是相对不变的结构。例如"李"字中的"木"，就是一个字根。汉字由字根构成。用字根可以像搭积木那样，组合出全部汉字。要在26个字母键上，安放字根，字根的数目就不能太多。选取字根的基本条件有以下两条。首先是特别有用的字根，这些字根能够组成很多的汉字，例如："王土大木工，目日口田山"等；其次是这些字根虽组不成多少汉字，但组成的字特别常用，例如："白"（组成"的"。这个"的"是全部汉字中最常用的一个）、"西"（组成"要"）等。

按照传统的做法，可以把字典中的部首称为字根，但是这样选的结果，绝大多数字根都是查字典时的偏旁部首，如：王、土、大、木、工、目、日、口、田、山、禾、白、月、人、金、言、立、水、火、之、已、子、又、纟等。相反，为了减少字根的数量，一些常见的偏旁部首，因为组成汉字的能力不强或者可以方便地拆成几个字根，便不再被选为字根。这对计算机输入来说，显然是不合适的。当然也可以选用一些不是部首的结构作为字根，或者自己造一些字根。但是如果与传统习惯不一致，就很难在计算机输入中进行推广。为了使所选取的方案符合习惯，又适合于计算机的输入要求，字根的选取不能太多，但也不能太少（例如只有五种笔画）。

例如"足"在字典中是一个部首，但是在组字时，"足"出现的频率不高，而"口"和"龰"出现的频率很高，或者说"口"和"龰"的组字能力比"足"的组字能力强得多。因此选"口"和"龰"为字根，而不选"足"为字根。

根据这样的指导思想和经过几年的实践和筛选，五笔字型汉字输入的研制者，确定了选取字根的基本原则，把那些组字能力很强（即组字频度高），而且在日常汉语文字中出现次数多（实用频度高）的组字部分，抽取出来作为基本字根，优选出130种基本字根。在这130个基本字根中有一类字根可以独立成为一个汉字，例如"王"、"木"、"工"等，称之为成字根。又有一类字根是不能独立成汉字的，必须组合成汉字，例如“纟”、“氵”等等，称为非成字根。

为了便于编码和输入，把这 130 种基本字根按它们的起笔笔画代号分为五大区，即横区、竖区、撇区、捺区和折区。同时，考虑到键位设计的需要，又把每个区分成五个位，因此，对应于键盘上的每个键就有一个区位号，例如 25 就表示二区五位的键。这样再把 130 个字根按规则分配在 25 个英文字母键上。

五笔字型汉字输入法所优选采用的 130 种基本字根的分区：

◎ 一区，横起笔类，27 种，分王（11）、土（12）、大（13）、木（14）、工（15）五个位；

◎ 二区，竖起笔类，23 种，分目（21）、日（22）、口（23）、田（24）、山（25）五个位；

◎ 三区，撇起笔类，29 种，分禾（31）、白（32）、月（33）、人（34）、金（35）五个位；

◎ 四区，捺起笔类，23 种，分言（41）、立（42）、水（43）、火（44）、之（45）五个位；

◎ 五区，折起笔类，28 种，分已（51）、子（52）、女（53）、子（54）、纟（55）五个位。

以上 25 种基本字根中除了“水”以外，它们的首笔代号就是他们所在区的区号，水是从“氵”演变过来的，而“氵”的首笔是点，所以水在四区也是合理的。

在五笔字型汉字输入法中，只有这 130 种基本字根才能称为字根，只有这 130 种字根才能参加编码。或者说，一个汉字一定要拆成这 130 种字根中的一种才能输入计算机。

3.2.2　五笔字型字根总表

1. 汉字字根分配

前面已经学过了四个关于汉字的重要数字：3、5、25、125。其中，3 代表汉字有三个层次：笔画、字根、汉字。5 代表汉字有五种笔画：横、竖、撇、捺、折。25 代表用五笔字型输入汉字，只用 5×5=25 键。125 代表五笔字型选用的字根共有 125 种（其中复笔字根 120 种，单笔画五种）。

五笔字型字根键盘是依据以下“形码设计三原理”设计完成的。

（1）相容性：使其字根组合产生的重码最少，重码率要在万分之二以内。

（2）规律性：使其键位或字根的排列井然有序，让使用者好学易记。

（3）协调性：使双手操作击键时“顺手”，充分发挥各手指功能，使之效率最高。

五笔字型的字根键盘的键位代码，可用区位号（11～55）来表示，也可以用对应的英文字母来表示。五笔字型用了 25 个字母键，其中【z】键是万能学习键。(现在新的五笔输入软件都重新定义了【z】键的作用)，25 个字根键位各与一个英文字母对号入座之后，区位号和字母的作用就完全相同了。五笔字型键盘分区如图 3-2-1 所示。

由图 3-2-1 可以看出，这是一个井然有序的码元键盘，五笔字型键盘设计和字根排列的规律性如下。字根的第一个笔画的代号与其所在的区号一致，“禾、白、月、人、金”的首笔为撇，撇的代号为 3，故它们都在三区。一般来说，字根的第二个笔画代号与其所在的位号一致，如“土、白、门”的第二笔为竖，竖的代号为 2，故它们的位号都为二。单笔画“一、丨、丿、㇏、乙”都在第一位，两个单笔画的复合笔画“二、刂、⺀、冫、巜”都在第二位，三个单笔画复合起来的码元“三、川、彡、氵、巛”，其位号都是三。

3区（撇起笔字根）←					→ 4区（点起笔字根）				
金 35Q	人 34W	月 33E	白 32R	禾 31T	言 41Y	立 42U	水 43I	火 44O	之 45P
1区（横起笔字根）←					→ 2区（竖起笔字根）				
工 15A	木 14S	大 13D	土 12F	王 11G	目 21H	日 22J	口 23K	田 24L	: ;
	5区（折起笔字根）←								
	纟 55X	又 54C	女 53V	子 52B	已 51N	山 25M	< ,	> .	? /

图 3-2-1　五笔字型键盘分区

2. 五笔字型键盘设计

五笔字型优选了 125 种（共 201 个）基本字根，按照其起笔代号，并考虑键位设计需要，分成五个大区，分别是横、竖、撇、捺、折。每个区又分为五个位，命名为区号位号，以 11～55 共 25 个代码表示。其中横为一区，竖为二区，撇为三区，捺为四区，折为五区。五笔字型键盘设计如图 3-2-2 所示。

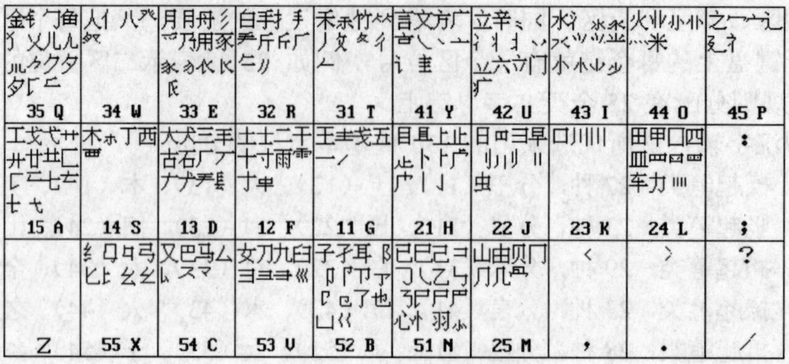

金钅勹鱼 勹乂儿儿 ク夕夕 **35 Q**	人亻八癶 㐅 **34 W**	月月舟彡 用家 永犭⺀ **33 E**	白手扌手 丿攵攵 **32 R**	禾禾竹 丿攵攵 **31 T**	言文方广 主 **41 Y**	立辛丷 六门疒 **42 U**	水氺 小业 **43 I**	火业⺌ 灬米 **44 O**	之宀冖 廴辶 **45 P**
工戈弋艹 廾廿世匚 匸七弋 **15 A**	木丁西 覀 **14 S**	大犬三羊 古石厂丆 广長 **13 D**	土士二干 十寸雨 干丰 **12 F**	王丰戋五 一丶 **11 G**	目且上止 卜卜广 广丨 **21 H**	日曰早 刂刂刂 虫 **22 J**	口川刂 **23 K**	田甲口四 皿四罒 车力皿 **24 L**	山由贝门 几凡 **25 M**
纟口乙弓 匕匕幺纟 **55 X**	又巴马厶 ㅋㅋㅌ **54 C**	女刀九臼 ヨヨヨ **53 V**	子孑耳 卩卩丫 孓了 **52 B**	已巳己 丁乙己 心忄羽 **51 N**	山由贝门 几凡 **25 M**	＜ ， 	＞ 。 	？ ／ 	

图 3-2-2　五笔字型键盘设计

3. **助记词**

为了记忆这些基本字根，五笔字型提供了相应的助记词。每句助记词的第一个字是该键的键名字。键名字共 25 个，应注意记忆。

11 G：王旁青头戋五一。

12 F：土士二干十寸雨。

13 D：大犬三羊古石厂。（"羊"指羊字底"⺶"）

14 S：木丁西。

15 A：工戈草头右框七。（"右框"即"匚"）

21 H：目具上止卜虎皮。（"具上"指具字的上部"且"）

22 J：日早两竖与虫依。

23 K：口与川，字根稀。

24 L：田甲方框四车力。（"方框"即"囗"）

25 M：山由贝，下框几。

31 T：禾竹一撇双人立，反文条头共三一。（"双人立"即"彳"，"条头"即"夂"）

32 R：白手看头三二斤。

33 E：月彡（衫）乃用家衣底。（"家衣底"即"豕、⾐"）

34 W：人和八，三四里。（"人"和"八"在 34 里边）

35 Q：金勹缺点无尾鱼，犬旁留叉儿一点夕，氏无七。（"勹缺点"指"勹"，"无尾鱼"指"鱼"，"犬旁留叉儿"指"犭乂儿儿"，"氏无七"指"𠂊"）

41 Y：言文方广在四一，高头一捺谁人去。（"高头"为"⺊亠"，"谁人去"为"讠"和"主"）

42 U：立辛两点六门疒。

43 I：水旁兴头小倒立。（指"氵丷⺌业"）

44 O：火业头，四点米。（"业头"即"业"）

45 P：之字军盖建道底，摘礻（示）衤（衣）。（为"之、宀、冖、廴、辶"，摘除"礻衤"的点为"礻"）

51 N：已半巳满不出己，左框折尸心和羽。（"左框"即"⺕"）

52 M：子耳了也框向上。（"框向上"即"凵"）

53 V：女刀九臼山朝西。（"山朝西"即"彐"）

54 C：又巴马，丢矢矣，（"矣"去"矢"为"厶"）

55 X（慈）母无心弓和匕，幼无力。（"母无心"即"ㄠ"，"幼无力"为"幺"）

助记词只是用来帮助记忆基本字根的一种方法，并没有包含全部的字根（如某些字根的变形）。五笔字型的基本字根必须按照图 3-2-2 中的内容、键位进行熟练记忆。

【例 3.1】几个汉字字根分解见表 3-2-2。

表 3-2-2　汉字的字根分解

汉 字	字　　根	汉 字	字　　根	汉 字	字　　根
地	土、也	艺	艹、乙	泰	三、人、水
志	士、心	甘	艹、二	汉	氵、又
云	二、厶	共	廿、八	光	小、儿
协	十、力、八	区	匚、乂	李	木、子
雷	雨、田	东	七、小	孙	子、小
达	大、辶	代	亻、弋	取	耳、又

3.2.3　字根表内的汉字编码

1. 键名字

各个键上的第一个字根，即"助记词"中打头的那个字根，称之为"键名"。键名字的输入方法非常简单，只要把要输入的键名字所在的键连续敲四下就可以得到这个汉字了。例如：GGGG 是"王"；KKKK 是"口"。如此，把每一个键都连击四下，即可输入 25 个作为键名的汉字，键名字及区位见表 3-2-3。

表 3-2-3　键名字及区位

键　　名　　字					区　　位	键　　名　　字					区　　位
王	土	大	木	工	（一区）	言	立	水	火	之	（四区）
目	日	口	田	山	（二区）	已	子	女	又	纟	（五区）
禾	白	月	人	金	（三区）	—	—	—	—	—	—

"键名"都是一些组字频度较高，且形体上又有一定代表性的字根，当需要输入"键名"汉字时，只要把所在的键位连击四次就可以了。

2. 成字字根

字根总表之中，键名以外，自身成为汉字的字根，谓之"成字字根"，简称"成字根"。除键名外，成字根一共有 102 个（其中"氵、亻、勹、刂"在"国标集"中规定为汉字）。成字字根见表 3-2-4。

表 3-2-4　成字字根

分　区	成字字根
1 区	一五戋，士二干十寸雨，犬三古石厂，丁西，戈弋廿七
2 区	卜上止刂，刂早虫，川，甲口四皿力，由贝门几
3 区	竹夂攵彳亻，手扌斤，彡乃用豕，亻八，钅勹儿夕
4 区	讠文方广丶，辛六疒门丬，氵小，灬米，辶廴宀
5 区	巳已己心忄羽乙，子耳卩阝了也凵，刀九臼彐，厶巴马幺弓匕

成字字根的输入一般要分四步：首先输入汉字（成字字根）所在的键，称"报户口"；再输入汉字的第一笔笔画（单笔画都在相应区的一位键上）；再输入汉字的第二笔笔画；

最后输入汉字的末笔笔画。总的来说，成字字根输入方法就是报户口、第一笔、第二笔、末笔四次击键。如："文"是 YYGY，"方"是 YYGN。这样的输入方法，可以把它写成一个公式：报户口＋首笔＋次笔＋末笔（不足四码，加击空格键）。

3．五个单笔画

许多人都不太注意，五种单笔画一、|、丿、丶、乙，在国家标准中都是作为"汉字"来对待的。在五笔字型中规定五个单笔画的输入方法是连续输入两次其所在的键，再输入两个 L，如："丿"是"TTLL"。

思考与练习3-2

1．填空题

（1）汉字的结构由_____、_____和_____三个层次组成。

（2）五笔字型将众多的笔画分为_____、_____、_____、_____和_____五类。

（3）成字字根的输入一般要分_____、_____、_____和_____。简单说，成字字根输入方法就是_____、_____、_____和_____四次击键。

（4）五笔字型中的"键名"是_____。

（5）键名字的输入方法是_____。

2．操作题

（1）将表 3-2-5 中的汉字的字根分解出来。

表 3-2-5　汉字的字根分解

汉 字	字 根	汉 字	字 根	汉 字	字 根
突		睛		阶	
丰		具		却	
故		叔		仓	
矿		肯		他	
厌		走		她	
页		贞		分	
树		赴		杂	
可		巾		毁	
要		明		寻	
功		冒		启	
划		朝		眉	
紧		泗		想	
师		罗		翻	
齐		增		巢	
刘		轮		对	
蚊		边		经	
叫		峰		肥	
带		黄		妈	
顺		财		云	
思		同		线	

续表

汉　字	字　根	汉　字	字　根	汉　字	字　根
鸭		风		乡	
国		设		张	
必		和		此	
行		余		顷	
放		笔		幼	
条		兵		北	
的		服		交	
攀		且		商	
打		般		间	
看		奶		病	
新		角		冰	
流		家		军	
岁		毅		空	
信		会		村	
齐		分		导	
芳		器		记	
庆		交		艺	
育		光		部	
及		秋		辞	
谁		杰		芝	
太		粉		这	

（2）使用"打字先锋"练习软件，进行字根练习。

3.3　拆分汉字

将"五笔字型"对各种汉字进行编码输入的规则画成一张逻辑图，就形成了如图 3-3-1 所示的五笔字型汉字编码流程图。

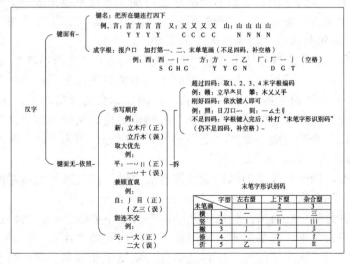

图 3-3-1　五笔字型汉字编码流程图

3.3.1　汉字字根间的关系和拆分原则

1. 汉字字根间的关系

在组成汉字的方式中，字根与字根间的结构关系一般有以下四种。

（1）单：字根本身就是一个独立的汉字的情况称作"单"。"单"的情况可以分为两种：一种是每个键位的中文键名，即键名字（最后一个键名"纟"视为一个汉字），这种键名只有25个（比如"王、土、大"等）；另一种是每个键位上除键名以外的那些独立成字的字根，称为"成字字根"，大约共有60余个（比如"文、方、九"等），这里还包括五种基本笔画"一、丨、丿、丶、乙"。

（2）散：当几个字根共同组成一个汉字时，字根与字根之间保持了一定的距离，它们既不相连又不相交，称作"散"的结构。例如"汉、字、培、训、明"等字。"散"的情况是最易拆分的一种结构。

（3）连：单笔画与某一字根相连或带点的结构称作"连"，"连"是指两个字根刚刚挨上。这时要注意的是带点的结构，这些"点"与其他基本字根并不一定紧挨着，它们之间可能贴紧也可能有一点距离，但在五笔字型中规定为"连"。例如"且、于、玉、刃、下"。

（4）交：两个或两个以上的字根交叉、套叠的情况称作"交"。例如"申、必、农、果"。

经常有一个汉字在组成时同时出现了上述多种结构的情况，例如"夷"字中的"一"与"弓"是散的关系，而"一、弓"与"人"又都是交的关系。这就是混合的结构。

2. 汉字拆分原则

一个汉字在输入之前首先要对它进行拆分，将其分解为基本字根。在拆分汉字时，大部分汉字按照书写顺序就可以进行拆分，书写顺序也是汉字拆分的基本拆分原则。

既然要将汉字拆分为"基本字根"，那么上面所讲的四种结构中"单"的情况就已经不属于拆分之列。除"单"的情况外，把其余几种情况所构成的汉字称为"合体字"。所谓的拆分汉字实质上只是对合体字的拆分。

五笔字型中汉字的拆分原则是"取大优先、兼顾直观、能连不交、能散不连"十六个字。"散"的结构最好拆分，较难拆分的是"连、交"以及混合的结构。

（1）取大优先。所谓"大"是指在字根中包含的笔画多而言的。包含笔画多的字根就称"大"于包含笔画少的字根。如果一个字根上再加一笔就不能构成一个字根，这时得到的这个字根就叫"最大字根"。如："奉"拆分为"三、人、二、丨"，"夫"拆分为"二、人"。拆分汉字时首先要执行"取大优先"的原则。

（2）兼顾直观。是保证拆分结果比较直观。它往往要和"能散不连"的原则联合使用，是较难掌握的拆分原则。使用这一原则，有时不得不暂时违反书写顺序或与"取大优先"的原则产生矛盾。如："自"拆分为"丿、目"，"国"拆分为"囗、王、丶"。

（3）能连不交。有些汉字既可以按"连"的结构对待，又可以按"交"的方式处理，此时就应该按"连"来拆分而不要按"交"的关系来拆分。因为"连"的结构比"交"简单。如："天"拆分为"一、大"。

（4）能散不连。当一个汉字的结构既能被看成"散"的关系又能被看成"连"的关系时，应该按"散"的关系处理。如："午"拆分为"丿、一、十"。

一个汉字在拆分时可能有多种拆法，在不同的拆法中要按"单、散、连、交"这样一个从易到难的顺序去考虑，先易后难。所以能"散"就不要"连"。

总而言之，对于"连"的结构，应将其拆分为单笔画和基本字根；对于"交"的结构及混合型结构，应按书写顺序拆分成几个最大的字根。要注意，拆分时不能将笔画割断，比如"里"字只能拆分成"日、土"而不能拆分成"田、土",因为后者把"土"字的一竖切成了两段,不符合书写习惯,就产生了错误的编码。

3.3.2　键外字输入、汉字字形和末笔识别码

1. 键外字输入

凡是"字根总表"上没有的汉字,即"表外字"或"键外字",都可以认为是"由字根拼合而成的",故称其为"合体字"。由图 3-3-1 的编码流程上看,可以将合体字分为二到四个字根的情况进行输入。

(1)两字根汉字输入:先按笔画顺序输入该汉字的两个字根,再输入它的末笔字型交叉识别码,最后输入空格键。例如"明"的输入是"JEG"加空格。

(2)三字根汉字输入:先按笔画顺序输入该汉字的三个字根,再输入它的末笔字型交叉识别码。例如"根"的输入是"SVEY"。

(3)四字根汉字输入:由于四字根汉字只有四个字根,而在五笔字型中每个汉字又只能输入四个键的编码,所以要输入四字根汉字时,只需按笔画顺序输入它的四个字根。例如"照"的输入是"JVKO"。

(4)多字根汉字输入:多字根汉字是指由多于四个的字根组成的汉字。输入多字根汉字时,按书写顺序输入该字的第一字根、第二字根、第三字根和最后一个字根。例如"厨"的输入是"DGKF"。

2. 汉字字形

汉字是一种平面文字,同样几个字根,同样的顺序,摆放的位置不同,就是不同的字。可见,字根的位置关系,也是汉字的一种很有用的特征信息。根据构成汉字的各个字根之间的位置关系,可以把成千上万的方块汉字分为左右形、上下形和杂合形。

(1)左右形汉字。左右形也包括左中右形。如果一个汉字可以很自然地被纵向划分为左、右两部分或左、中、右三部分,就称这个汉字是左右形汉字,并规定字型代码为"1"。例如"汉、拆、结、构"和"街、树、彬、渐"都属于左右形汉字(1 形字)。

(2)上下形汉字。上下形也包括上中下形。如果一个汉字可以很自然地被横向划分为上、下两部分或上、中、下三部分,就称这个汉字是上下形汉字,并规定字形代码为"2"。例如"型、家、导、杂"和"意、黄、美、器"都属于上下形汉字(2 形字)。

(3)杂合形汉字。如果组成一个汉字的各成分之间没有明显简单的左右或上下关系,就称这个汉字是杂合形汉字,并规定字形代码为"3"。杂合形汉字中相当多的是内外形结构。例如"飞、废、同、国、边、承、凶、区、乖、乘"都属于杂合形汉字(3 形字)。

根据各种字形拥有汉字的多少,按顺序命以数字代号。汉字字形及代号见表 3-3-1。

表 3-3-1　汉字字形

字形代号	字 形	图 示	字 例	特　征
1	左右	〖图示〗	汉湘结封	字根之间可有间距,总体左右排列
2	上下	〖图示〗	字莫花华	字根之间可有间距,总体上下排列
3	杂合	〖图示〗	困这司乘 本年天中	字根之间虽有间距,但不分上下左右浑然一体不分块

由表 3-3-1 可知,1 型字,即指"左右形"汉字,其代号为 1;2 形字,即指"上下形"汉字,其代号为 2;3 形字,即指"杂合形"汉字,其代号为 3。

在汉字的字形中杂合形是最不易区分的一种字形,关于杂合形还有一些具体的特殊

规定。

◎ 单笔画与字根相连的汉字规定为杂合形。如：“自、尺”。

◎ 带点的汉字结构归为杂合形。如：“术、太、斗”。

◎ 含两字根且两字根相交的汉字归为杂合形。如：“东、电、本”。

◎ 带“走之”的汉字为杂合形。如：“边、远、这”。

◎ 内外形汉字为杂合形。如：“母、因、廊”。

3. 末笔识别码

汉字有许多笔画，汉字的最后一个笔画称为它的“末笔”。任何一个汉字总能归为某一类字形中，它就有了一个字形代号。以末笔代号为十位数字（横、竖、撇、捺、折分别代号为 1、2、3、4、5）、以字形代号（1、2、3）为个位数字，就可以得到一个两位数字的代码，这个代码就称为汉字的“末笔字形交叉识别码”。

例如“码”字的末笔是横，代号为 1，字形是左右型，代号也为 1，所以它的末笔字形交叉识别码为 11，即为 1 区 1 位的 G 键；“村”字的末笔字形交叉识别码是 41（Y 键）、“杜”字的末笔字形交叉识别码是 11（G 键）等。

输入时，由于编码相同，对于不易区分或不能区分的汉字来说，末笔字型交叉识别码就起到了区分的作用，从而极大地减少了重码出现的可能性。如：“村”字和“杜”字，两个字的编码都是 SF（木字旁是 S，土和寸都是 F），由于“村”字的末笔字形交叉识别码是 41，而“杜”字是 11，对于“村”字就应该输入 SFY，而“杜”字应该输入 SFG。

五笔字型输入法对一些汉字的末笔做了一些规定。

（1）凡最后两笔为撇和点的汉字，规定末笔为“撇”。如“我、成、俄”。

（2）凡最后两笔为撇和折的字，规定末笔为折，如“仇、化、努”。

（3）凡包围型的汉字，末笔以被包围部分的末笔为准。如“国”末笔为点；“回”末笔为横；“园”末笔为折。

（4）带“走之”的汉字，末笔以“走之”内部的末笔为准。如“连”末笔为竖；“远”末笔为折；“运”末笔为点等。

另外，习惯上经常把末笔字形交叉识别码简称为“识别码”。

【例 3.2】下面是利用汉字的拆分原则和方法，对汉字进行拆分，见表 3-3-2。在拆分过程中，注意基本的拆分原则——截长补短。

表 3-3-2 汉字拆分

汉字	拆分	汉字	拆分	汉字	拆分	汉字	拆分	汉字	拆分
售	wykf	授	repc	绶	xepc	瘦	uvhc	书	nnhy
殳	mcu	抒	rcbh	纾	xcbh	叔	hicy	枢	saqy
姝	vriy	倏	whtd	殊	gqri	梳	sycq	淑	ihic
菽	ahic	疏	nhyq	舒	wfkb	摅	rhan	毹	wgen
输	lwgj	蔬	anhq	秫	tsyy	孰	ybvy	赎	mfnd
塾	ybvf	熟	ybvo	暑	jftj	黍	twiu	署	lftj
鼠	vnun	蜀	lqju	薯	alfj	曙	jlfj	术	syi
戍	dynt	束	gkii	沭	isyy	述	sypi	树	scfy
竖	jcuf	恕	vknu	庶	yaoi	数	ovty	腧	ewgj
墅	jfcf	漱	igkw	澍	ifkf	刷	nmhj	唰	knmj
耍	dmjv	衰	ykge	摔	ryxf	甩	env	帅	jmhh

续表

汉字	拆 分	汉字	拆 分	汉字	拆 分	汉字	拆 分	汉字	拆 分
蜂	jyxf	闩	ugd	拴	Rwgg	栓	swgg	涮	inmj
双	ccy	霜	fshf	嫱	vfsh	爽	dqqq	谁	ywyg
氵	iyyg	水	iiii	税	tukq	睡	htgf	吮	kcqn
顺	kdmy	舜	epqh	瞬	heph	说	yukq	妁	vqyy
烁	oqiy	朔	ubte	铄	qqiy	硕	ddmy	嘣	kube
掤	rube	蒴	aube	嗽	kgkw	槊	ubts	厶	cny
彡	xxxx	丝	xxgf	司	ngkd	私	tcy	呰	kxxg

思考与练习3-3

1．根据汉字的字根，写出汉字所对应的编码（用字母表示）。

吖 哀 唉 癌 嗳 蔼 艾 隘 谙 埯 铵 按 昂 盎 坳 廒 袄
奥 巴 邑 疤 跛 碑 备 罢 苯 白 班 颁 搬 坂 钣 伴 榜 膀 孢
弁 辨 蚕 朝 怵 崔 诶 恬 殿 鏖 侧 琛 椽 蠡 鼎 敦 愕 访 绑
焯 蛾 惨 抻 绌 啐 莙 殷 顶 苊 底 簟 腙 飞 俘 绋 斧 伽 矸
刍 蚕 怵 绌 崒 蒽 臣 鼎 恚 芨 存 箸 抵 刁 妃 觚 俯 伛 钆
促 谠 惦 莙 殿 藏 鼎 敦 愕 腭 篝 腚 董 眇 非 奉 罘 脯 噶
蛋 钿 耵 锻 扼 苊 房 访 逢 绂 拊 斧 伽 矸 钐 甘 绀 垧 拱
疗 叮 锻 扼 枋 锋 佛 绂 逄 斧 侉 矸 钆 坩 绀 堨 拱 崮
煅 厄 扼 枋 蜂 绂 绋 讽 俘 觚 俯 伛 啡 奉 氟 罘 脯 噶 钤
厄 梵 枋 锋 佛 绂 逄 斧 俯 伛 唪 氟 佛 茯 腑 滏 讣 贼 呡
梵 峰 苄 蜂 绂 缝 拊 斧 佛 茯 氟 罘 脯 噶 钤 绀 埂 拱 崮
峰 苄 甫 腹 疳 覆 澉 搁 舣 股 龟 涮 胛 胫 坷 雁 枵 农
苄 甫 腹 疳 哥 蚣 诂 妫 河 愡 珈 毵 烤 蒌 玛 喱

冗 沙 姗 蛸 娠 屎 授 数 宋 叟 通 腿 楠 腽 辋 煨 蜗 羹
牺 籼 宪 睚 耶 揶 曳 迤 巇 卣 冤 悻 燥 揸 卓

2．使用"打字先锋"练习软件，进行单字练习。

3.4 简码和词组

在中文里有不少汉字经常被使用，称为"常用字"。为了进一步提高常用字的录入速度，五笔字型规定了"简码"的输入方法。在常用的句子中词语比单字的使用率要高得多，掌握词语的输入方法，能有效地提高汉字输入速度。不论是几个字组成的词语，输入时只击四键。

3.4.1 简码输入

为了减少击键次数，提高输入速度，一些常用的字，除按其全码可以输入外，多数都可以只取其前边的一至三个字根，再加空格键，就可以完成这个汉字的输入，即只取其全码的最前边的一个、二个或三个字根输入，形成所谓一、二、三级简码。

1．一级简码字

五笔字型的每个键位都对应一个一级简码字，共 25 个。一级简码键位与汉字对照见表 3-4-1。

表 3-4-1　一级简码键位与汉字对照表

键　位	字	键　位	字	键　位	字	键　位	字	键　位	字
11	一	12	地	13	在	14	要	15	工
21	上	22	是	23	中	24	国	25	同
31	和	32	的	33	有	34	人	35	我
41	主	42	产	43	不	44	为	45	这
51	民	52	了	53	发	54	以	55	经

当需要输入这些一级简码汉字时，只要输入该字所在的键，再输入空格键，就可以完成这个汉字的输入。例如"中"字应按 23 所对应的【K】键，再按空格键。

2．二级和三级简码字

二级简码字是指每个字只输入前两个字根所对应的键，再加击空格键就可以完成汉字的输入。例如"明"是二级简码字，只要输入"JE"，再按空格键就完成"明"字的输入。

三级简码字是指每个字只输入前三个字根所对应的键，再加击空格键就可以完成汉字的输入。例如"根"是三级简码字，只要顺序输入"SVE"，再按空格键就输入了"根"字。

【例 3.3】对两级简码进行编码，见表 3-4-2。

表 3-4-2　对两级简码进行五笔字型编码

字	五笔字型编码	字	编　码	字	编　码
东	ai	世	an	芝	ap
或	ak	区	aq	取	bc
牙	ah	匠	ar	子	bb
贡	am	攻	at	承	bd
共	aw	允	cq	切	av
劝	cl	隐	bq	双	cc

续表

字	五笔字型编码	字	编　码	字	编　码
台	ck	艰	Cv	戏	ca
观	cm	难	cw	对	cf

3.4.2　词组输入

1982 年底，五笔字型首创了汉字的词语依形编码、字码词码体例一致、不需换挡的实用化词语输入法。不管多长的词语，一律取四码。而且单字和词语可以混合输入，不用换挡或其他附加操作，谓之"字词兼容"。

（1）两字词的输入。由两个单字组成的词语称做两字词。输入两字词时，顺序输入每个单字的前两个字根。例如 "规则"是"FWMJ"。

（2）三字词的输入。由三个单字组成的词语称做三字词。输入三字词时应先顺序输入第一个字、第二个字各自的第一个字根，再输入第三个字的前两个字根。例如"计算机"是"YTSM"。

（3）四字词的输入。对于四个字组成的词语，需要顺序输入每个字的第一个字根。例如"社会主义"是"PWYY"。

（4）多字词的输入。多于四个单字组成的词语叫做多字词，应当逐次输入它的第一、第二、第三个字的第一字根以及最末一个字的第一字根。例如"中华人民共和国"是"KWWL"。

【例 3.4】对两字词和三字词进行编码，见表 3-4-3。

表 3-4-3　对两字词和三字词进行五笔字型编码

词　组	编码	词　组	编码	词　组	编码
风险	mqbw	风行	mqtf	风雨	mqfg
风云	mqfc	风韵	mquj	风灾	mqpo
枫叶	smkf	封闭	ffuf	封存	ffdh
封底	fyq	封建	ffvf	封面	ffdm
封锁	ffqi	疯狂	umqt	蜂蜜	jtpn
缝纫	xtxv	缝隙	xtbi	讽刺	ymgm
凤凰	mcmr	奉承	dwbd	绝对值	xcwf
军分区	pwaq	军乐队	pqbw	军事家	pgpe
军衔制	ptrm	军政府	pgyw	咖啡因	kkld
抗菌素	ragx	靠得住	ttwy	科教片	tfth
勘误表	ayge	看样子	rsbb	开幕词	gayn
可能性	scnt	可靠性	stnt	科学院	tibp

【例 3.5】对四字词和多字词进行编码，见表 3-4-4。

表 3-4-4　对四字词和多字词进行编码

词　组	编码	词　组	编码	词　组	编码
平易近人	gjrw	萍水相逢	aist	迫不及待	rget
迫在眉睫	rdnh	破釜沉舟	dwit	铺张浪费	qxix

续表

词 组	编码	词 组	编码	词 组	编码
欺人之谈	awpy	齐心协力	Ynfl	其貌不扬	aegr
其实不然	apgq	奇形怪状	dgnu	棋逢对手	stcr
旗鼓相当	yfsi	旗开得胜	ygte	旗帜鲜明	ymqj
企业管理	wotg	岂有此理	mdhg	国务院总理	ltbg
起死回生	fglt	气急败坏	rqmf	发展中国家	nnkp
发明家分会	njpw	杞人忧天	swng	集体所有制	wwrr
更上一层楼	ghgs	中国人民	klwn	疾风知劲草	umta

 思考与练习3-4

1. 二级简码输入练习。

式 节 芭 基 菜 革 七 牙 东 划 或 功 贡 世 芝 区 匠
苛 攻 燕 切 共 药 芳 陈 子 取 承 阴 际 卫 耻 孙 阳 职
阵 出 也 耿 辽 隐 孤 阿 降 限 队 陛 防 戏 邓 双 参
能 对 骊 骡 台 劝 观 马 驼 联 骤 矣 达 难 驻 左 顾
友 大 胡 夺 三 丰 砂 百 右 允 成 灰 克 艰 克 寺 厅 帮
磁 肆 春 龙 太 肛 服 肥 须 历 且 膛 肿 胆 原 肋 二 甩
爱 胸 遥 采 用 胶 妥 脸 无 朋 地 支 坂 城 末 肌 开 直
示 进 吉 协 南 志 赤 过 须 及 才 增 夫 雪 贞 玖 屯
到 天 表 于 五 下 不 理 事 垢 与 来 珠 列 法 卢 平
妻 珍 互 玉 虎 皮 睡 肯 睦 画 步 旧 占 卤 涨 汪 眯
瞎 餐 睁 盯 睡 瞳 眼 具 光 睛 池 汉 尖 当 晚 注 小
水 浊 澡 渐 时 量 淡 昌 此 泊 少 洋 显 肖 虽 蝗 虹
最 紧 晨 蛤 昆 景 早 晃 吧 眩 遇 电 羿 中 朵 吕 果
昨 暗 归 史 听 呆 呀 啊 哪 顺 叶 呈 轨 吵 忆 轩 另
员 叫 喧 加 男 同 思 啼 罗 只 吸 力 团 风 因 粘 罚 车
四 辊 财 骨 怪 边 则 斩 册 哟 岂 较 惭 办 宽 几 曲
邮 凤 加 凡 敢 愉 由 梢 怀 收 悄 慢 迪 灶 贩 客 屡 赠
内 巍 央 必 恨 迷 居 导 煤 籽 烃 类 避 糎 宁 忆 炒 忱
懈 怕 灿 断 炎 审 尼 心 灯 烽 料 娄 粗 宾 贠 粘 字 烛
炽 烟 定 寂 宵 色 炮 宫 军 官 灾 之 粉 宛 后 宽 实 害
家 守 它 社 氏 匀 然 角 宙 钱 外 乐 旬 名 持 包 安
空 它 多 铁 钉 搂 争 欠 针 找 报 反 拓 扔 失 年 炎
锭 多 扣 押 抽 村 相 近 换 久 打 手 拉 扫 批 棕 械 朱
提 扣 枯 极 检 村 长 档 查 折 楞 机 杨 杰 构 秒 林 李
权 样 要 枝 管 楷 条 相 季 可 秀 行 生 处 得 各 务 格
秘 秋 站 冰 妈 称 曾 笔 科 知 答 第 入 并 冯 关 前 向
闻 六 毁 好 妇 间 奶 商 决 委 旭 交 辩 亲 产 闪 北
九 嫌 妇 妇 妨 代 他 姨 姑 估 普 仍 如 舅 妒 刀 妆 婚
杂
仙
佃

亿　伙　你　伯　休　作　们　分　从　化　信　红　弛　经　项　级　结　线
引　纱　旨　强　细　纲　纪　继　综　刘　约　绵　为　张　高　记　变　这
离　充　庆　衣　计　主　让　就　刘　训　为　高　记　变　这　义　诉　订
放　说　良　认　率　方

2. 词组输入练习。

写出这些词组所对应的五笔字型编码（用字母表示）。

工艺	节奏	茅坑	藏匿	散布	甘苦	七月	雅观	东欧	萌芽	勤劳	功臣
英勇	蔬菜	劳苦	警戒	匠心	苛刻	蓬莱	菩萨	切削	苍茫	蕴藏	匾额
陈列	子弟	取胜	堕落	阴险	陵墓	隔膜	耻辱	孙子	阳台	职工	阵阵
出勤	子了	耿直	院子	隐匿	孤苦	阿飞	降落	陪葬	限期	险阻	防范
颈项	预期	骏马	参观	能耐	对子	怠工	劝阻	观察	鞍马	背驼	聚欢
牢取	骄阳	艰苦	难友	骗子	勇击	顾及	雄厚	磊落	有功	夺取	古董
在世	耕耘	厚薄	右派	奋勇	左右	尤其	灰尘	达成	确切	原子	奇才
邦联	磁场	试行	春节	袭击	耐劳	腊月	服气	肥胖	须知	月台	膨胀
助工	胆小	肿瘤	胁迫	股东	矿工	胸膛	遥感	采取	用功	脱节	妥协
脸色	奚落	及其	截取	地心	爱动	震荡	考勤	干劲	起草	示范	埋藏
露出	雷达	击落	专著	赤心	过期	无期	不甘	增大	零顾	坟墓	形式
顿时	致散	天际	青碧	玩耍	环节	正式	妻子	惠顾	散事	班子	剌耳
与其	来时	殉职	上阵	末期	玫瑰	战功	贞节	珍藏	毒草	瞎话	荣耀
皮革	瞬睡	歧路	具有	步子	卓越	平功	治丧	嘱瞩	眯缝	污蔑	虚荣
盯梢	眠眠	眼花	溃沧	渐进	江苏	池塘	淡雅	潦学	汲取	激荡	瞻仰
渺茫	消除	柔面	陷惑	沸腾	革沿	漏洞	最大	艰苦	散换	时暗	浅薄
浩荡	滚动	温柔	蛊惑	遇息	流落	暴露	著明	艰苦	明了	藏哨	淋师
早期	晃荡	当日	叩拜	叹息	电荷	显著	叶子	台巴	星期	卡恐	归功
昆明	旷工	哄骗	叫苦	喀嚓	顺当	吸取	呆子	巴吃	中东	惟思	喝彩
串联	别动	勋爵	罪孽	胃口	唤起	听取	四月	苦加	哪田	索恐	叱咤
喧电	羁押	轻蔑	力求	较大	罢工	国营	累月	工罚	典范	邮政	辖区
鸭子	暂且	困苦	周期	帷幕	轨道	输出	薪新	款居	岂能	贮藏	峻峭
岩石	干坏	周期	同内	赃款	赐予	迥然	惨遭	删屏	慰问	情节	风险
贩子	败垒	赔款	幕刷	限局	民警	屈辱	改期	居断	唯一	屁股	收藏
恍惚	壁类	惭愧	精洗	爆破	屡次	怕死	灿烂	寄予	火葬	迷惑	心甘
煤矿	类型	粗浅	精巧	粉碎	炽烈	烟草	字节	牢骚	农艺	完工	炮台
灯塔	炸药	粒子	数落	寥落	炉子	宽大	转宛	解散	宁夏	客观	定期
寂静	寓于	宫殿	工礼	昏黄	宛区	之声	危忽	钉予	针对	鲁莽	初期
安静	窝工	他们	节负	包工	迎面	沟通	而技	后期	儿子	镜子	外勤
乐队	象限	名著	荷幕	返工	镂空	金子	打破	牢骚	看出	抄袭	银幕
锻炼	枭雄	描摹	功气	近期	掩蔽	授予	枝节	解散	脚式	招样	揭幕
操劳	舞台	缺陷	鹏飞	梭子	鬼子	拆散	棉花	寄予	相隔	桃子	推荐
指出	护卫	模式	杨柳	杰出	枯萎	极其	稀薄	牢解	格式	样式	查获
可敬	枷锁	机警	长期	季节	榨取	结构	教工	行期	戒区	根秒	根基
松散	楷模	核对	压往	并联	私了	短期	竣工	牧草	惩子	延期	表陋
得到	各项	血压	往昔	躲藏	求乞	管教	关节	前期	条子	笔直	疲劳
委派	签到	第七			逆境				闭幕	美慕	美慕

冰雹　章节　部落　兽医　疫苗　决不　普通　旁通　效劳　新式　疾苦　立功
兼职　冷藏　弟子　辛苦　毁坏　好感　既而　姑且　恳切　建成　姨娘　录取
剿灭　如期　姻缘　妃子　灵巧　巡警　婚礼　杂志　君臣　嫡派　女工　妨碍
供职　创举　公式　做工　俘获　佳节　使节　悠远　倘若　但愿　保卫　侧面
假期　伙同　低落　伯伯　何苦　任期　伴奏　分工　人工　化工　停工　练功
经营　默认　缓期　贯通　母爱　引擎　费劲　强攻　细节　纳粹　纪元　继承
缩小　大约　缴获　疑惑　弹药　绿荫　给予　幽雅　编码　谋划　离散　育苗
庞大　衣服　计划　评功　让步　规范　课堂　识破　为期　调节　雇工　变革
膏药　底子　诉苦　磨难　施工　谦逊　庸碌　论著　玄虚　方式

工艺品　基础上　东城区　甚至于　工具书　医学院　世界观　工业品　工农业
基本上　工程师　共产党　甘肃省　工作者　苏维埃　了不起　出发点　辽宁省
阿拉伯　陕西省　出版社　取决于　联合国　马克思　通用性　参考书　对不起
邓小平　对得起　台北市　通讯社　原子能　丰台区　太原市　有助于　大无畏
太平洋　有没有　大跃进　大幅度　研究员　大多数　大西洋　有利于　有效期
大体上　有纪律　有文化　爱劳动　用不着　爱科学　爱人民　教研室　十二月
老一辈　革命家　南昌市　老中青　专业化　南宁市　走后门　吉林省　专利法
无产者　无线电　教育部　下基层　现阶段　不能不　一辈子　不胜举　平均数
来不了　青少年　一览表　一口气　两回事　事实上　一把抓　不可不　不得了
副总理　一刀切　责任感　一方面　上海市　此之外　目的地　江苏省　沈阳市
小朋友　河南省　水平线　海淀区　水电站　党中央　省军区　江西省　少先队
河北省　消费品　洗衣机　电子学　日用品　电影院　电器化　暴风雪　电视台
照相机　电冰箱　晶体管　中联部　中青年　中小学　唯心论　中宣部　唯物论
中关村　中纪委　贵州省　轻工业　国防部　黑龙江　团支部　办事员　四川省
国内外　国民党　转折点　思想上　国务院　办公厅　国庆节　内蒙古　同志们
财政部　邮电局　购买力　几年来　山西省　崇文区　局限性　必需品　怪不得
司法部　发电机　必然性　情报所　尽可能　收音机　收录机　司令员　书记处
炊事员　数目字　数据库　实际上　突破口　实用性　宣武区　之所以　安徽省
农产品　福建省　农作物　福州市　多功能　多面手　负责制　多少年　银川市
印刷体　铁饭碗　多年来　外交部　独创性　多方面　手工业　所有制　看起来
看不起　扫描仪　打电话　拦路虎　年轻人　手风琴　气象台　近年来　看样子
招待所　拉关系　反作用　按计划　本世纪　可能性　西城区　要不然　想当然
机器人　林业部　西安市　本报讯　机械化　可行性　西半球　杭州市　千百万
奥运会　翻一番　毛主席　委员长　秘书长　自然界　重要性　乘务员　生产力
条件下　毛织品　各方面　总工会　交通部　亲爱的　背地里　并不是　着眼点
交流电　新时期　立足点　半边天　半导体　商业部　兼容性　装饰品　前提下
北冰洋　新华社　新颖性　单方面　那时候　好容易　那么些　全世界　公有制
合肥市　优越性　代表团　分水岭　代办处　人民币　公安部　偶然性　人生观
大使馆　介绍信　体育场　绝对化　强有力　编者按　废品率　编辑部　幼儿园
纪律性　纪念碑　组织上　统计表　广东省　座右铭　说服力　主动性　没法说
文汇报　说明书　记忆力　错误率　试金石　摩托车　这么些　畜产品　文化宫
设计院

落落大方　戒骄戒躁　藏龙卧虎　若无其事　惹是生非　蒙混过关　苦口婆心
切实可行　或多或少　七手八脚　基本国策　共产党员　勤俭节约　薄弱环节

孤陋寡闻　阳奉阴违　耳目一新　随时随地　聚精会神　取之不尽　随机应变
出租汽车　了如指掌　连绵不断　出谋划策　能工巧匠　马马虎虎　参考消息
欢天喜地　能上能下　对内搞活　通情达理　难解难分　欢欣鼓舞　通俗读物
能文能武　百花齐放　破除迷信　奋勇当先　兢兢业业　万事大吉　有目共睹
大显身手　三中全会　大力开展　大同小异　克己奉公　丰富多采　顾名思义
百年大计　有根有据　有条有理　矿产资源　大公无私　南斯拉夫　胸有成竹
腾云驾雾　脚踏实地　脑力劳动　服务态度　妥善处理　无足轻重　喜出望外
干劲冲天　运用自如　直截了当　无理取闹　违法乱纪　埋头苦干　专业对口
无穷无尽　截然不同　朝气蓬勃　无可奉告　无微不至　来龙去脉　封建主义
十全十美　超级大国　献计献策　不甘落后　不了了之　歪风邪气　不求甚解
不正之风　一目了然　开源节流　平易近人　一国两制　不管不顾　一心一意
不断发展　不寒而栗　玩忽职守　天气预报　互相帮助　上层建筑　不着边际
来人来函　不约而同　不言而喻　目瞪口呆　目中无人　港澳同胞　具体地说
举世闻名　汗马功劳　满面春风　深圳四通　满不在乎　海关总署　光明磊落
赏罚分明　小心翼翼　滚瓜烂熟　海枯石烂　兴利除弊　坚固耐用　党纪国法
兴高采烈　显而易见　时至今日　明目张胆　时时刻刻　电化教育　坚定不移
日久天长　坚持不懈　归根到底　明知故犯　明辨是非　顺水推舟　坚强不屈
电话号码　口若悬河　跑马观花　别有天地　另一方面　哈尔滨市　口是心非
踏踏实实　中国政府　中央军委　忠心耿耿　听之任之　默默无闻　另行通知
轻工业部　四通集团　轻而易举　因地制宜　力不从心　边缘科学　加以解决
国家利益　连锁反应　力所能及　国务委员　因人而异　同心协力　国计民生
同甘共苦　岂有此理　风雨同舟　财政危机　由此可见　以理服人　山穷水尽
见多识广　同等学力　见义勇为　层出不穷　情有可原　以权谋私　发明创造
心中有数　屡见不鲜　惊心动魄　心安理得　发扬光大　燃眉之急　以身作则
民意测验　恰如其分　炎黄子孙　数不胜数　糊里糊涂　家用电器　精神焕发
精打细算　业务联系　断章取义　宏观世界　视而不见　安全生产　完整无缺
冠冕堂皇　家喻户晓　农田水利　襟怀坦白　突然袭击　名副其实　家庭出身
多劳多得　杀鸡取卵　留有余地　名胜古迹　急起直追　昏头昏脑　贸易协定
狭路相逢　狂风暴雨　触类旁通　狼狈不堪　打成一片　反过来说　迎刃而解
争分夺秒　铺张浪费　解放军报　按劳取酬　手忙脚乱　热火朝天　拥政爱民
按部就班　热泪盈眶　按时完成　近几年来　抛头露面　所作所为　年富力强
气象万千　措手不及　拉丁美洲　挺身而出　根深蒂固　酌情处理　后继有人
瓜熟蒂落　核工业部　相对而言　标点符号　西方国家　各式各样　相提并论
可想而知　横行霸道　标新立异　相比之下　稀里糊涂　智力开发　秘而不宣
千真万确　和平共处　自上而下　积少成多　适可而止　各行其是　先见之明
各尽所能　待业青年　行之有效　千锤百炼　旁若无人　新陈代谢　千头万绪
自始至终　先人后己　身经百战　千变万化　闻风而动　问心无愧　交通工具
准确无误　逆水行舟　美中不足　前因后果　辛辛苦苦　善始善终　养精蓄锐
亲密无间　总后勤部　资本主义　疲惫不堪　灵丹妙药　如饥似渴　半途而废
半夜三更　妙趣横生　好事多磨　如此而已　人工合成　保卫祖国　妙手回春
灵机一动　姗姗来迟　始终如一　好高骛远　贪污受贿　似是而非　从难从严
八面玲珑　使用价值　人才济济　化整为零　　　　　　　　　　　　食品工业

全力以赴	分崩离析	人尽其才	从容不迫	你争我夺	众所周知	人杰地灵
货币流通	分道扬镳	仅供参考	体育运动	绝大多数	综上所述	经济核算
引以为戒	贯彻执行	引人注目	继续革命	为期不远	望而生畏	应用科学
旗鼓相当	说不过去	高瞻远瞩	方兴未艾	文明礼貌	齐心协力	言之有理
为所欲为	主要原因	高等院校	齐头并进	诸如此类	讨价还价	这就是说

常务委员会　　发展中国家　　航天工业部　　据不完全统计　　全党全军和全国

人民代表大会　　中国共产党　　中国特色的　　中华人民共和国　　中央办公厅

中央电视台　　中央各部委　　中央人民广播电台　　中央委员会　　中央政治局

3．使用"打字先锋"练习软件，进行词组练习。

3.5　常用五笔字型输入法

3.5.1　万能五笔输入法

万能五笔输入法是集百家之长，自成特色的一种流行的五笔输入法，从某种意义来说，万能五笔已远远超出了输入法的范畴。它集成了通用的五笔、拼音、英语、笔画、拼音+ 笔画、英译中等多元编码、成为一个集学习和使用为一体，功能强大而又使用方便的输入软件。万能输入法自开发到现在，已经非常完善，万能五笔的口号是"你会五笔打五笔；会拼音打拼音；会英语打英语；五笔拼音英语都不会，就打五个简单的笔画；还有拼音+笔画等等。你想到什么就打什么，无须任何手工转换，轻轻松松，随心所欲，一看就懂，一学就会，一生享用。"

1．万能五笔输入法状态栏

万能五笔输入法界面主要包含功能按钮、编码区、功能提示区、网络导航、造词、万能搜索、分号选2上屏提示、编码提示、汉字预选区、旅游资讯入口、翻页等，如图 3-5-1 所示，用户可在此完成对所有汉字的输入编码、输出汉字词等工作。

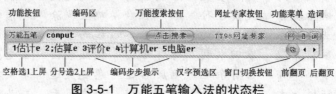

图 3-5-1　万能五笔输入法的状态栏

（1）功能按钮：单击该按钮可弹出万能五笔功能设置菜单，如图 3-5-2 所示，在功能菜单内可设置各种不同的功能。

（2）编码区：是用户输入汉字编码的显示区。

（3）功能提示区：每次启动将会有一种不同的功能提示，可以使用户对该软件的功能有进一步的认识。

（4）万能搜索按钮：是当前最方便最快速的一种搜索工具，无须输入网址或字词，只要在屏幕上能看到的，用鼠标选中一点"万能搜索"就可以了。

（5）网址专家按钮：通过单击该按钮，可以访问 TT98 网址专家，该网址专家是从宛如海洋的互联网信息中精挑出优秀的网址，能帮用户快速准确找出相关的信息，是用户上网的好帮手。

（6）造词按钮：是屏幕取字造词功能的按钮。

（7）分号上屏：按"分号"键，可选第二个字词显示在屏幕上的功能，在输入框凡是第二个字词都可以使用分号"；"键，直接使该字词显示在屏幕上，代替传统的选数字 2

的方法，无须移动正常指法位，又可减少手指频繁移动的疲劳。

（8）窗口切换按钮：如果用户觉得默认的窗口不是很适合，就可以通过切换窗口按钮快速切换成其他类型的窗口。

（9）汉字预选区：该区域对应编码的汉字、词组以及具有提示编码字词的显示区。

（10）编码提示：每个字词后有字符的均为编码提示字词，用户可以参照编码确定所需字词。

图 3-5-2　万能五笔输入法的功能菜单

2．万能五笔输入法操作

万能五笔输入法最大特点是智能程度高，输入速度快。虽然在万能五笔多元输入法中是五笔字型、拼音、英文、笔画等多种输入方式并存，但是它们却互不冲突而是相互补充。当用户在输入汉字时，万能五笔输入法可随时在各种输入法间自动变换，而无须用户做任何的手工切换，用户想到什么就输入什么，无论是五笔编码还是拼音或者其他。例如，你输入的是五笔编码那么万能五笔输入法所显示的就是五笔的选字，相反如果你输入的是拼音那么万能五笔输入法所显示的就是拼音的选字。

（1）五笔字型输入。按传统的五笔字型 86 版正常输入即可，如图 3-5-3 所示，是输入"舞"的五笔字型编码。

图 3-5-3　输入"舞"的五笔字型编码后状态栏效果

（2）拼音输入。按正常输入即可，无须做任何切换。有词组输词组，有简码输简码，以便更好地提高录入效率。

① 单字全拼输入：例如，电（dian）；脑（nao）；软（ruan）；件（jian）。

② 双字词（两个汉字拼音组合）：例如，中国（zg、zhongguo）；电脑（diannao）；文件（wenjian）；编辑（bianji）。注：所有二字词均可用两字的拼音首字母简拼或混合随意输入。

③ 三字词（1+2+3 声母）：例如，计算机（jsj）；办公室（bgs）。

④ 四字词（1+2+3+4 声母）：例如，共产党员（gcdy）；以身作则（yszz）；万能五笔（wnwb）。

⑤ 多字词（前 3 末 1 声母）：例如，中华人民共和国（zhrg）。中国人民解放军（zgrj）。

⑥ 26 个一级高频字，见表 3-5-1。

表 3-5-1　一级高频字

一 a	不 b	出 c	的 d	二 e	发 f	个 g	和 h	我 i	就 j	可 k	了 l	民 m
年 n	日 o	平 p	七 q	人 r	是 s	他 t	你 u	上 v	为 w	小 x	月 y	在 z

⑦ 当字符"L"和字符"N"，与"U"组合时，"U"用"V"表示。

（3）英文输入。与其他输入法不同的是万能五笔多元输入法还提供英语输入功能，如果用户英语水平高，可用英语输入，这在某种程度上提高输入效率，因为中文有的词组在英语中一个单词就可以表示，还可以帮助用户学习和运用英语。对于广大的计算机用户来说，常有一些在屏幕出现的英语单词，不懂它的中文意思，使用这种功能可以输入兼学习一举两得。

① 直接输入英文。

【例 3.6】 直接输入英文单词"dance"（含义：跳舞），出现该英文单词的中文含义，如图 3-5-4 所示。无须做任何的手工切换，直接利用万能五笔输入英文单词，就可以方便地看到它的中文意思，既可输入又可学习。

图 3-5-4　输入"dance"英文单词后状态栏效果

② 指定输入。万能五笔输入法的最大特点就是多元，包含五笔、拼音、英语、笔画、拼音加笔画等。在同一窗口无须切换直接输入，但在重码的时候就是五笔字型优先排居第一位，英语输入排于次位，后面是其他联想的词组，大大减少了重码的数量。

【例 3.7】 输入"del"，先显示五笔字型编码"飝"，其次显示英文单词含义"删除"，后面是其他联想的词组，如图 3-5-5 所示。

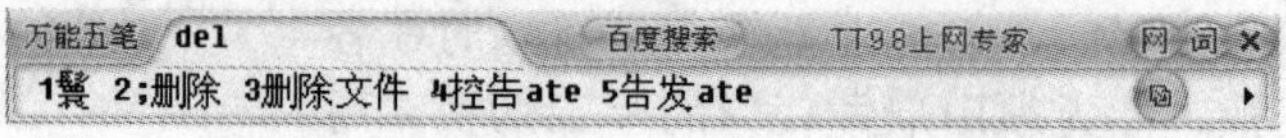

图 3-5-5　输入"del"后状态栏的效果

（4）五笔五键简易笔画输入。当遇到一些用拼音、五笔或英语不会输入的字，万能五笔输入法提供了笔画输入功能。这种原始的方法，能绝对保证你在整个输入系统里一定能输入你所需的汉字。它为整个系统的完整性提供了一个不可缺少的组成部分。对初学者和老年人有极大的帮助，3min 学会计算机打字，五个单笔画打遍天下汉字。五种笔画编码助记表，见表 3-5-2。

表 3-5-2　笔画编码助记表

笔　画	横（一）	竖（丨）	撇（丿）	捺（丶）	折（乙）
编　码	H	I	P	N	V
助　记	横音	象形	撇音	捺音	象形

输入取码方法：按书写笔画顺序（前四笔＋末一笔）共五笔输入，不足五笔+"O"键输入，所有带转折弯钩的笔画全部打为"折"。表 3-5-3 列出了 20 个示例汉字的笔画和其笔画编码。

表 3-5-3　示例汉字的笔画和其笔画编码表

汉　字	笔　画	笔画编码	汉　字	笔　画	笔画编码
三	一一一	HHHO	用	丿乙一一丨	PVHHI
中	丨乙一丨	IVHIO	人	丿丶	PNO
分	丿丶乙丿	PNVPO	电	丨乙一一乙	IVHHV
国	丨乙一一一	IVHHH	彳	丿丿丨	PPIO
钟	丿一一一丨	PHHHI	脑	丿乙一一丨	PVHHI
舞	丿一一丨丨	PHHII	凸	一丨一乙	IHIVH
学	丶丶丿一	NNPNH	打	一乙一一乙	HVHHV
藏	一丨丨丶	HIIHN	凹	丨乙丨乙	IVIVH
会	丿丶一一丶	PNHHN	字	丶丶乙乙一	NNVVH
繁	丿一乙乙丶	PHVVN	兜	丨乙丨乙乙	IVIVV

（5）拼音加笔画输入。这种方法主要是针对一些拼音重码特别多的单字输入，它有助于减少单字重码，最大限度地避免了烦琐的翻页查找。在输入时，先输入该字的全拼音，再输入该字首笔与末笔的编码，五种笔画编码表（见表 3-5-2）。

输入方法：拼音＋（该字的首笔画＋末笔画编码）输入，即可减少拼音的重码，提高效率。

【例 3.8】要输入"即"，使用拼音直接输入【ji】，排行在第六位，要选"6"才上屏，如图 3-5-6 所示。如果使用拼音+笔画输入：即【jivi】，输入后直接上屏。

图 3-5-6　输入"ji"后状态栏的效果

【例 3.9】要输入"基"，使用拼音直接输入：基【ji】，不在首页，要翻页而且排行在第 0 位，要选"0"才上屏。如果使用拼音+笔画输入：基【jihh】，输入后空格上屏，无须翻页选字。

（6）中译英输入。如果基于英语作为编码输入的概念可以这样理解，这种方法适用于输入很多常用的词组与短语（如苹果：apple，学生：student，银行：bank，帮助：help，计算机：computer，办公室：office 等），而且可用这种方法输入很多特定的专业词组（如显示目录：dir，电话：tel，传真：fax 等）。一般情况下，用户最好有英语就尽量输英语，因为英语是基于词组短语输入的，这有助于最大限度地提高汉字输入的效率。

万能五笔输入法是集拼音、英语、五笔、笔画于一体的大集合，不仅可以同时提供多种汉字编码输入方式，还可以把它作为一本非常好的英语辞典、同时又是一本拼音字典或笔画字典。对计算机用户来说，常有一些在屏幕上出现的英语单词，不懂它的中文意思时，用户就可直接利用万能输入法输入那个英语单词，这时就可以方便地看到它的中文意思，该功能省却了用户翻阅辞典的麻烦，既可输入汉字又可作英中双向辞典。

在英译中（输入英文显示中文）的状态时万能五笔的功能按钮显示为"万能五笔"，在中译英（输入中文显示英文）的状态时万能五笔的功能按钮显示为"中译英"，如图 3-5-7 所示。"英译中"和"中译英"的转换方法，如下所述。

① 使用功能菜单方法：把鼠标指针移到万能五笔的功能按钮时，鼠标指针会变成一个手形，然后单击弹出功能菜单，再"√"上"中译英输出"即可。

② 使用组合键：按【Alt+F5】组合键来切换，按一次显示"中译英"，再按一次显示"万能五笔"。

【例 3.10】要输入中文"运动"英文单词，方法如下所述：按【Alt+F5】组合键，将输入法切换到中译英输出"，使用"五笔字型输入法"或"拼音输入法"输入"跳舞"，按一下空格键，则"dance"单词显示在屏上。

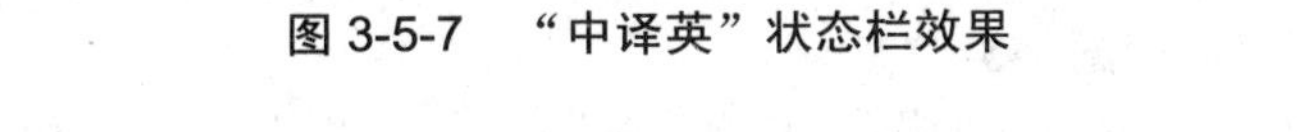

图 3-5-7　"中译英"状态栏效果

3. 造词功能

在日新月异的世界里，现有的词库很难满足用户需求，万能五笔输入法为用户提供了以下几种造词方法：

（1）屏幕取字造词。对于屏幕上已经存在的词，可单击该词组，拖动鼠标指针选中直至完全覆盖（选中），再松开鼠标并击一下万能五笔窗口右侧的"词"标志，弹出造词窗口，再输入编码。（一次最多可达 25 个字词）

【例 3.11】要在文章中取"自由翱翔"来屏幕取字造词，操作方法如下所述。

① 先选中"自由翱翔"，然后单击造词按钮。

② 弹出图 3-5-8 所示的"生成自定义词组"对话框，用户可根据自己所需的编码而选上要生成什么编码，如果在编码后加入单引号，那重码的机会就相对少，当然用户也可自己编。

③ 在下次输入时，直接输入以上的编码，就会有"自由翱翔"可选。如果已显示可击空格键使其上屏，则不用完全编码输入也可。

（2）自动造词。用户使用空格或【Enter】键可以进入自造词此项功能，直接在输入编码框中进行造词，具体操作步骤如下所述。

图 3-5-8 "生成自定义词组"对话框

【例 3.12】要在文章中取"万能五笔输入法"自动造词，操作方法如下所述。

① 输入五个汉字的拼音编码，如输入"wannengwubishurufa"，按一下空格，显示"万能 wubishurufa"，按空格或【1】选中"万能"，如图 3-5-9 所示；显示"万能无比 shurufa"，"五笔"为第四个编码，按【4】选中，如图 3-5-10 所示；显示"万能五笔 shurufa"，"输入"为第一个编码，按空格或【1】选中"输入"；显示"万能五笔输入 fa"，"法"为第一个编码，按空格或【1】选中"法"，则词组"万能五笔输入法"上屏，且造词完成。

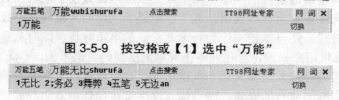

图 3-5-9 按空格或【1】选中"万能"

图 3-5-10 按【4】选中"五笔"

② 在下次输入时，直接输入"wannengwubishurufa"，就会有"万能五笔输入法"可选。如果已显示可击空格使其上屏，则不用完全编码输入也可。

（3）手工造词。用户可以按【Ctrl+～】组合键，然后直接输入想要造的词组，输完后再按【Ctrl+～】组合键，自动弹出造词窗口，输入您想要输入的编码即可完成一次造词。

【例 3.13】要对"中国铁道出版社"手工造词，操作方法如下所述。

① 按【Ctrl+～】组合键，在屏幕上输入要造的词组，输入"中国铁道出版社"，如图 3-5-11 所示。

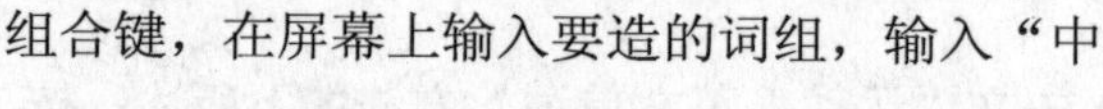

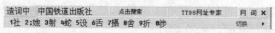

图 3-5-11 造词状态栏

② 当"中国铁道出版社"显示在屏幕上后，再按一次【Ctrl+～】组合键，自动弹出生成自定义词组窗口，如图 3-5-12 所示。

③ 选择想要输入的编码，如果不需要的编码可去掉"√"，这可随心所欲指定生成其所需的编码。再单击"OK"按钮即可完成一次造词。

④ 在下次输入时，直接输入以上的编码时，就会有"中国铁道出版社"可选。当然如果已显示可击空格键使其上屏，则不用完全编码输入也可。

（4）删除自造词。用户可以删除自己不再需要的自造词，具体操作方法如下所述。

① 使用功能菜单方法：进入功能菜单中"自造词管理"中的子菜单"自造词删除

及排序"选项,单击启动后,弹出图 3-5-13 所示的对话框。在对话框左边的"自定义词组"选中要删除的词组,再单击"→"按钮,被选中的词组就会自动进入右边的"需要删除的词组"的框中,然后单击"OK"按钮即可完成删除的操作。

② 组合键法:先输入该编码,当其在汉字候选区中出现时,按【Shift】+其对应的数字键"直接删除。

图 3-5-12　"生成自定义词组"对话框

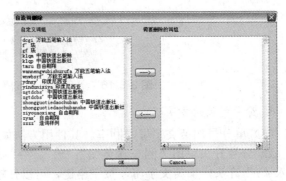

图 3-5-13　"自造词删除"对话框

【例 3.14】输入已造过的"中国铁道出版社"词组,编码为"zgtdcbs"时,显示在当前第 1 位,没有重码,按【Shift+1】组合键则可直接删除,如图 3-5-14 所示。

图 3-5-14　按【Shift+1】组合键直接删除"中国铁道出版社"词组

(5)备份自造词库。

长期使用万能五笔输入法,一定会发觉其造词功能非常灵活方便,将自己常用的词组、句子进行自造词(用五笔编码或自定编码),从而为工作带来方便,加快输入速度,这些词句自动保存在万能五笔的自造词管理的词库中。因此,如果需要重装电脑操作系统,或者升级万能五笔输入法的版本,就得把你的自造词进行导出备份。待重装完成后,再把备份的自造词导入万能五笔的词库中恢复使用,通过万能五笔的"自造词管理的导出、导入"的简单操作即可。

导出词库进行备份自造词,使用万能五笔的功能菜单中的设置就非常简单方便,轻轻松松地将所造词组进行词库导出备份。其步骤如下:

① 单击万能五笔的功能按钮,弹出功能菜单。

② 在功能菜单中,单击"自造词管理"→"导出词库(备份自造词)"的命令。

③ 弹出"自选词(词库)导出"对话框,如图 3-5-15 所示。

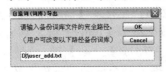

图 3-5-15　"自造词(词库)导出"对话框

④ 可以随意导出到位置,例如导出到 D 盘,则可输入 D:\user_add.txt 。

(6)还原自造词库。升级万能五笔的新版本,或重装 Windows 完成后,再把备份的自造词导入万能五笔的词库中恢复使用。其步骤如下。

① 在主菜单中,单击"自造词管理"再选择上次导出备份的是什么版本,然后再单击相对应的选项即可。例如,上次导出的备份是万能五笔 2003 版,那么则可选择"导入

2003 版词库"的选项。

② 单击此选项会弹出词库导入窗口，如图 3-5-16 所示，按提示输入，根据自己存放的实际路径，存放在 D 盘则输入 D:\user_add.txt，单击"ok"按钮则可导入 2003 版的词库正常使用。

图 3-5-16　"自造词（词库）导入"对话框

4. 分号的使用方法

（1）单分号加英文字母，回车。其使用方法如下：

◎ 分号开头可用"回车输英文"：输入";"开头，加英文字母按【Enter】键；或者输入";"开头，加英文字母，按空格键，可以使输入的英文直接上屏。

◎ 如果只是输入少数的英文字母，可以先输入打一个分号（；）再输入字母，再按空格或【Enter】键可直接输入英文。

【例 3.15】要输入万能五笔的网址 www.wnwb.com。

操作方法如下，输入以下内容："；www.wnwb.com "，然后按空格或【Enter】键直接显示在屏上内容为"www.wnwb.com"，如图 3-5-17 所示。

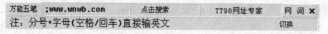

图 3-5-17　单分号+字母或标点的状态栏

（2）单分号选字。使用单分号选第二个字词上屏，可在输入框选第二个字词可用上屏，代替传统的选数字 2 的方法，无须移动正常指法位，又可减少手指移动的疲劳。

（3）双分号输出大写数字。输入两个分号，后面再输入数字，后面输入不同的控制符，然后按空格或【Enter】键，可输出不同的大写数字。（注：使用万能五笔外挂版）

◎ 数字后加控制符 s，输出为数字。

◎ 数字后加控制符 h，输出为汉字。

◎ 数字后加控制符 d，输出为大写。

◎ 数字后加控制符 j，输出大写金额。

【例 3.16】双分号输出大写数字示例。

◎ 输入："；；1234.3s"，然后按空格或【Enter】键，则显示"1234 点 3"。

◎ 输入："；；1230.3h"，然后按空格或【Enter】键，则显示"一二三〇点三"。

◎ 输入："；；1230.3d"，按空格或【Enter】键，则显示"壹贰叁零点叁"。

◎ 输入："；；120.32j"，按空格或【Enter】键，则显示"壹佰贰拾元叁角贰分"。

（4）双分号输出不同数据。输入两个分号后再输入数字，后面输入不同的控制符，然后按空格或【Enter】键，可以输出不同的各种数据效果。（注：使用万能五笔外挂版）

◎ 数字后加控制符 js，输出为数字。

◎ 数字后加控制符 jh，输出为汉字。

◎ 数字后加控制符 jd，输出为大写。

【例 3.17】双分号输出不同数据示例。

◎ 输入："；；1234.3js"，然后按空格或【Enter】键，则屏幕上显示内容为："1 千 2

百 3 十 4 点 3"。

◎ 输入："；；1230.3jh"，然后按空格或【Enter】键，则屏幕上显示内容为："一千二百三十点三"。

◎ 输入："；；1230.3jd"，然后按空格或【Enter】键，则屏幕上显示内容为："壹仟贰佰叁拾点叁"。

（5）双分号输出年月日时分秒。输入两个分号，后面输入数字及多个小数点，后面输入不同的控制符，然后按空格或【Enter】键，可以输出年月日时分秒效果。（注：使用万能五笔外挂版）

◎ 数字后加控制符 s，输出为数字。

◎ 数字后加控制符 h，输出为汉字。

◎ 数字后加控制符 d，输出为大写。

【例 3.18】双分号输出不同数据示例。

◎ 输入："；；2008.11.26.04.s"，然后按空格或【Enter】键，则显示内容为："2008 年 11 月 26 日 04 时"。

◎ 输入："；；2008.9.26.5.8.8.h"，然后按空格或【Enter】键，则显示内容为："二〇〇八年九月二十六日五时八分八秒"。

◎ 输入："；；2008.11.26.05.28.28.d"，然后按空格或【Enter】键，则屏幕上显示内容为："贰零零捌年拾壹月贰拾陆日零伍时贰拾捌分贰拾捌秒"。

（6）输出系统日期时间。输入两个分号，后面输入 "date"；或者输入两个分号，后面输入 "time"，然后按空格或【Enter】键，可以输出系统日期和系统时间。（注：使用万能五笔外挂版）

【例 3.19】输出系统日期时间示例。

◎ 输入："；；date"，再输入空格，则显示当天日期 "2009/02/03　Tue"。

◎ 输入："；；time"，再输入空格，则显示当前时间 "Tue Feb 03 15:29:52 2009　"。

（7）转换输出全角数字、字符。

◎ 输入三个分号，后面加数字或者字母，然后按空格或【Enter】键，可以转换输出大写全角数字、字符。

◎ 输入三个分号，后面加数字或者字母，后面再加上一个分号，然后按空格或【Enter】键，可以转换输出全角数字、字符。

【例 3.20】转换输出全角数字、字符示例。

◎ 输入："；；；123abc"，然后按空格或【Enter】键，则显示 "１２３ＡＢＣ"。

◎ 输入："；；；123abc;"，按空格或【Enter】键，则显示 "１２３ａｂｃ"。

3.5.2　搜狗五笔输入法

搜狗五笔输入法是当前互联网新一代的五笔输入法，是搜狐公司继搜狗拼音输入法以后，推出的一款针对五笔用户的输入法产品，并且承诺永久免费。搜狗五笔输入法在继承传统五笔输入法优势的基础上，融合了搜狗五笔输入法在高级设置、易用性设计等特点，将网络账户、皮肤等功能引入至五笔输入法，使得搜狗五笔输入法在输入流畅度及产品外观上到达了完美的结合。

搜狗五笔输入法与传统输入法不同的是，不仅支持随身词库——超前的网络同步功能，并且兼容目前强大的搜狗五笔输入法的所有皮肤，值得一提的是，五笔+拼音、纯五笔、纯拼音多种模式的可选，使得输入适合更多人群。

1. 切换到搜狗五笔输入法

将鼠标指针移到要输入的地方，单击此处，使系统进入到输入状态，然后按照下边的一种方法可以切换到搜狗五笔输入法。

◎ 按【Ctrl+Shift】组合键，切换输入法，直到弹出搜狗五笔输入法状态栏。

◎ 单击"语言栏"　　　　内的　按钮，弹出"语言栏"菜单，如图 3-5-18 所示，单击"搜狗五笔输入法"命令，即可弹出搜狗五笔输入法状态栏。

◎ 如果搜狗五笔输入法被设置为默认输入法，则按【Ctrl+空格】组合键，也可以弹出搜狗五笔输入法状态栏。为了方便、高效，可以把不用的输入法删除，只保留一个最常用的输入法。

◎ 搜狗五笔输入法的状态栏与搜狗拼音输入法的状态栏类似，用于输入法的控制操作，使用方法参照 2.3 节，单击相应的按钮，可修改输入法状态设置，拖动状态栏可以移动状态栏。单击"菜单"按钮，可以弹出图 3-5-19 所示的功能菜单。

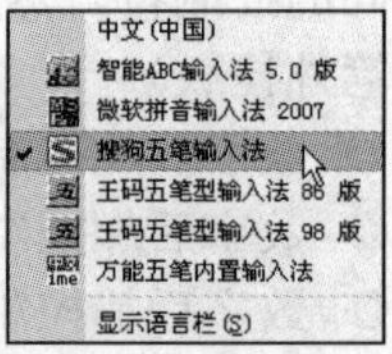

图 3-5-18 "语言栏"菜单

2. 设置属性

（1）选择输入模式。为了满足不同用户的需求，搜狗五笔输入法提供了三种输入模式。其设置方法如下所述。单击状态栏上的"菜单"按钮，可以弹出图 3-5-19 所示的功能菜单，选择一种输入模式。或者单击如图 3-5-19 所示的功能菜单中的"设置属性"命令，弹出图 3-5-20 所示的"搜狗五笔输入法设置"对话框。在"常规"选项卡中，选择一种输入模式。

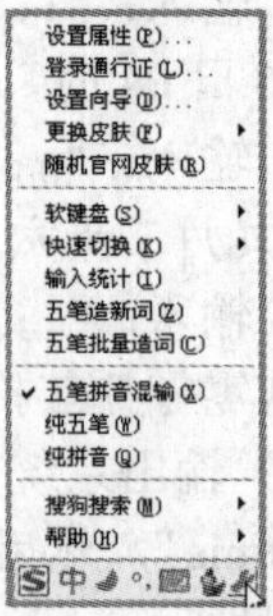

◎ 五笔拼音混输：该输入法是默认的模式，输入法既可以识别五笔编码，也可以识别拼音。适合对五笔不熟练的初学者使用。

图 3-5-19 功能菜单

◎ 纯五笔：此模式下输入法只识别五笔编码，重码较少，适合五笔熟练者使用。

◎ 纯拼音：此模式下输入法只识别拼音，适合临时需要拼音输入的用户。

（2）设置输入法习惯模式。在图 3-5-20 所示的"搜狗五笔输入法设置"对话框中选择"习惯"选项卡，对每一种输入模式进行设置，如图 3-5-21 所示。

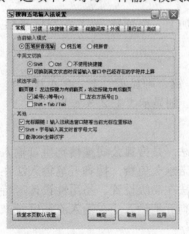

图 3-5-20 "搜狗五笔输入法设置"对话框　　图 3-5-21 "设置属性"对话框（"习惯"选项卡）

◎ 五笔拼音混合输入的设置：勾选"拼音提示五笔编码"复选框，表示在输入拼音时，候选项中提示该字词的五笔编码；勾选"编码逐渐提示"复选框，表示在每输入一个字符时都给出相应字词的五笔编码；勾选"四码唯一时自动上屏"复选框，表示当输入的四个编码只有一个候选项时自动上屏；勾选"混输词频调整"复选框，表示选择五笔拼音混输模式下的调频方式。

◎ 纯五笔输入的设置：勾选"编码逐键提示"复选框，表示每输入一个编码都对候选字的完整编码进行提示；勾选"四码为一时自动上屏"复选框，表示当输入一个全码，且没有重码时，该字自动上屏，不需再按空格；勾选"空码时取消输入"复选框，表示当输入一个空码时，取消输入；勾选"单字输入模式"复选框，表示候选项中只列出单字；勾选"五笔词频调整"复选框，表示纯五笔输入模式下的调频方式。

◎ 纯拼音输入的设置：可以调整纯拼音模式下的词频方式。

（3）修改候选词的个数。在图 3-5-20 所示的"搜狗五笔输入法设置"对话框中选择"外观"选项卡，可以修改候选词的个数，如图 3-5-22 所示，选择范围是三至九个。输入法默认的是五个候选词，五笔的重码率本身很低，且搜狗五笔对候选项的排序进行了特殊的优化。推荐选用默认的五个候选词。如果候选词太多会造成查找时的困难，导致输入效率下降。

（4）设置输入框外观。在图 3-5-20 所示的"搜狗五笔输入法设置"对话框中选择"外观"选项卡，利用该对话框可以设置显示模式、皮肤外观（修改包括皮肤，显示样式，候选字体颜色、大小等）等，如图 3-5-23 所示。

另外，在互联网连通的情况下，单击搜狗五笔输入法状态栏内的"菜单"按钮，弹出它的菜单，单击"更换皮肤"命令，弹出"更换皮肤"菜单，如图 3-5-23 所示。

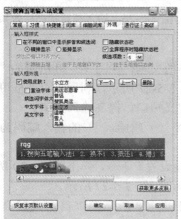

图 3-5-22　"设置属性"对话框（"外观"选项卡）

图 3-5-23　"更换皮肤"菜单

将鼠标指针移到其中的一个命令之上，即会显示相应的更换皮肤后的搜狗五笔输入法的输入栏窗口，如图 3-5-24 所示。单击"更换皮肤"菜单的次级命令，即可给搜狗五笔输入法更换状态栏皮肤外表。单击该菜单内的"皮肤设置"命令，可以弹出图 3-5-22 所示的"搜狗五笔输入法设置"（外观设置）对话框。单击其他一些命令，可以打开相应的网站，进行皮肤更换。

图 3-5-24　"鸟巢"皮肤外观

3．中英文切换输入

◎ 搜狗五笔输入法默认是按下【Shift】键就可以切换到英文输入状态，再按【Shift】键就会返回中文状态。

◎ 单击状态栏上面的"中"字图标也可以中英文切换。

◎ 使用【Enter】键输入英文，在输入较短的英文时使用能省去切换到英文状态下的麻烦。具体操作步骤如下：输入英文，直接按【Enter】键即可。

◎ V 模式输入英文：先输入"V"，然后再输入需要输入的英文，可以包含@+*/-等符号，然后按空格键即可。

4. 网址输入模式

在中文输入状态下就可以输入几乎所有的网址。如果在输入网址或邮箱的过程中，遇到四码自动上屏，四码自动取消以及四码截止上屏的情况，则使打字相关功能优先，网址以及邮箱功能不生效。具体规则如下所述：

◎ 输入以 www.，http:，ftp:，telnet:，mailto:等开头时，自动识别进入到英文输入状态，后面可以输入例如 www.sogou.com，ftp://sogou.com 类型的网址，如图 3-5-25 所示。

◎ 输入非 www.开头的网址时，要转换到英文输入法，直接输，因为句号被当作默认的翻页键。

◎ 输入邮箱时，可以输入前缀不含数字的邮箱，例如 aicheng0926@sogou.com，如图 3-5-26 所示。

图 3-5-25　输入 www.开头的网址　　　　图 3-5-26　输入邮箱状态栏效果

5. 自定义短语

自定义短语是通过特定字符串来输入自定义好的文本，在图 3-5-20 所示的"搜狗五笔输入法设置"对话框中选中"高级"选项卡，如图 3-5-27 所示，利用该对话框可以进行添加、删除、修改自定义短语，设置自己常用的自定义短语，提高输入效率。

【例 3.21】自定义短语"(* __*)　嘻嘻。。。(^__^)哈哈。。。"的输入编码为"xxhh"。具体操作步骤如下所述：

（1）单击"状态栏"上的菜单按钮，单击"属性设置"命令，弹出图 3-5-20 所示的"搜狗五笔输入法设置"对话框，选中"高级"选项卡，如图 3-5-27 所示。

（2）单击"自定义短语设置"按钮，弹出图 3-5-28 所示的"自定义短语设置"对话框。

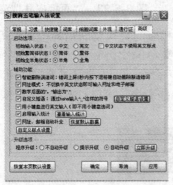　

图 3-5-27　"设置属性"对话框（"高级"选项卡）　　图 3-5-28　"自定义短语设置"对话框

（3）单击"添加新定义"按钮，弹出图 3-5-29 所示的"添加自定义短语"对话框，在"缩写"文本框输入短语的编码为"xxhh"，在"短语"文本框输入短语的内容："(* __*)嘻嘻。。。(^__^)哈哈。。。"，单击"确定添加"按钮。

（4）返回到图 3-5-30 所示的"自定义短语设置"对话框，短语"（*＿*）嘻嘻。。。（^＿^）哈哈。。。"被添加进来。

图 3-5-29　"添加自定义短语"对话框

图 3-5-30　"自定义短语设置"对话框

3.5.3　98 版五笔字型

98 版的五笔字型是在 86 版的基础上，对字根进行了调整，使 98 版的编码方案更合理，但 86 版更通用。98 版五笔字型的字根图和助记词如图 3-5-31 所示。

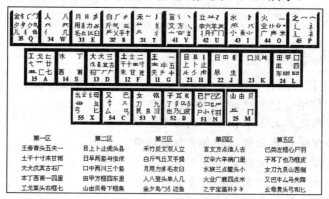

图 3-5-31　98 版五笔字型字根图和助记词

在 98 版五笔字型中，字根分配有规律，更方便记忆。

在 98 版五笔字型中，除了五个单笔画外，还有 150 个主字根，90 个辅助字根，它们也基本遵照 86 版的基本规律分配键位。但是 98 版五笔字型又对 86 版五笔字型的部分字根进行了调整和增删。由于 98 版五笔字型与 86 版五笔字型在字根上有些变化，因此它们的助记词也是不同的。

汉字笔画之间的结构形态，即构形关系，共有三种：

◎　相分离：如"八、小、三"，以及"旦、札、只"的最后一笔；

◎　相连接：如"刀、人、几"，以及"广、里、夫"的最后一笔；

◎　相交叉：如"十、九、又"，以及"于、中、事"的最后一笔。

笔画之间的三种构形关系，是汉字图形中具有直观易辨、非常有用的特征信息。在汉字形码中，当仅仅提取笔画结构信息还不足以区分汉字的字形时，就有必要在编码中使用这种"构形信息"。

图 3-5-32 是 98 版五笔字型的编码流程，其中的码元就是我们已经和熟悉的字根。从编码流程中分析，98 版五笔字型还是将汉字分解为键面汉字和合体汉字。

对键面汉字的拆分规则中出现了一个新的名词："补码码元"。参与编码时，要编两个码的码元叫"补码码元"，也叫双码码元。98 版五笔字型中的补码码元共有以下三个：犭、礻、衤。分别对应编码"qttt"、"pyyy"、"puyy"，其他的键面汉字没有变化。

合体汉字还是按照书写顺序、取大优先、兼顾直观、能连不交、能散不连的原则，取编码时也和 86 版编码方案相同。

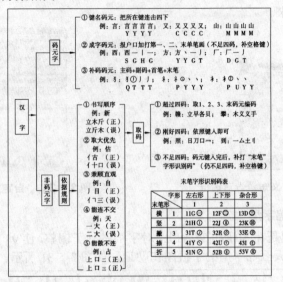

图 3-5-32　98 版五笔字型的编码流程

思考与练习3-5

1. 登录万能五笔官方网站（www.wnwb.com）下载最新版本，解压缩后安装万能五笔输入法，使用该输入法输入"将进酒"。

君不见黄河之水天上来，奔流到海不复回。

君不见高堂明镜悲白发，朝如青丝暮成雪。

人生得意须尽欢，莫使金樽空对月。

天生我材必有用，千金散尽还复来。

烹羊宰牛且为乐，会须一饮三百杯。

岑夫子，丹丘生，将进酒，杯莫停。

与君歌一曲，请君为我倾耳听。

钟鼓馔玉不足贵，但愿长醉不复醒。

古来圣贤皆寂寞，惟有饮者留其名。

陈王昔时宴平乐，斗酒十千恣欢谑。

主人何为言少钱，径须沽取对君酌。

五花马，千金裘，呼儿将出换美酒，与尔同销万古愁。

2. 登录搜狗五笔官方网站（www.sogou.com）下载最新版本，解压缩后安装搜狗五笔输入法，使用该输入法输入"钗头凤"。

钗 头 凤

红酥手，黄滕酒。满城春色宫墙柳。

东风恶。欢情薄。一怀愁绪，几年离索。

错错错。

春如旧，人空瘦。泪痕红浥鲛绡透。

桃花落，闲池阁。山盟虽在，锦书难托。

莫莫莫。

3. 使用"打字先锋"练习软件，练习输入下面的内容"佳人"。

佳　人

绝代有佳人，幽居在空谷。自云良家子，零落依草木。
关中昔丧乱，兄弟遭杀戮。官高何足论，不得收骨肉。
世情恶衰歇，万事随转烛。夫婿轻薄儿，新人美如玉。
合昏尚知时，鸳鸯不独宿。但见新人笑，那闻旧人哭。
在山泉水清，出山泉水浊。侍婢卖珠回，牵萝补茅屋。
摘花不插发，采柏动盈掬。天寒翠袖薄，日暮倚修竹。

第4章 文字输入和编辑

使用 Microsoft Word 2010（以下简称 Word 2010）可以方便地进行文本编辑、图片处理、制作表格等。本章通过 4 个案例，介绍了 Word 2010 的界面、文档基本操作、文本基本操作、文字和段落的格式设置、自动编号和项目符号列表等。

4.1 【案例1】编辑"圆明园"文档

4.1.1 案例效果和操作

该案例是使用 Word 2010 创建一个名为"圆明园"的 Word 文档，在其中输入文本（包括汉字、标点和特殊字符等），组成一篇介绍圆明园的纯文字文章，如图 4-1-1 所示。再将该文档以名称"【案例1】圆明园.docx"保存到硬盘中。Word 2010 最基本也是最重要的功能就是文字编辑。通过本案例，可以了解 Word 2010 工作界面，掌握文档的基本操作、输入和编辑文字、保存和打开 Word 文档等。具体操作方法如下。

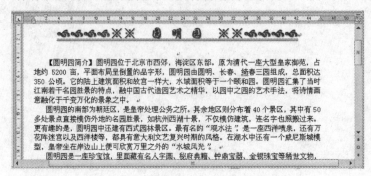

图 4-1-1 "【案例1】圆明园"文档

1. 了解 Word 2010 界面

启动 Word 2010 后，其工作界面如图 4-1-2 所示。Word 2010 的工作界面主要由快速访问工具栏、功能区、标题栏、状态栏及文档编辑区等部分组成。

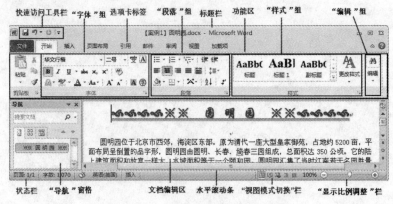

图 4-1-2 Word 2010 的工作界面

（1）快速访问工具栏：它包含一组独立于当前所显示的选项卡的命令，即最常用操作的快捷按钮。在默认状态下，"快速访问工具栏"中包含三个快捷按钮，分别为"保存"、"撤销"和"恢复"按钮。可以向"快速访问工具栏"添加命令按钮，方法有以下三种：

◎　单击"快速访问工具栏"右侧按钮，弹出"自定义快速访问工具栏"菜单，如图 4-1-3 所示。单击选择要添加的命令，即可将该命令添加到"快速访问工具栏"。

◎　在功能区中，单击相应的选项卡或组，以显示要添加到快速访问工具栏的命令，再右击该命令按钮，弹出它的"命令"菜单，单击该菜单内的"添加到快速访问工具栏"命令，即可将该命令添加到"快速访问工具栏"内。

◎　右击选项卡或组的名称或空白处，弹出它的"命令"菜单，单击该菜单内的"自定义快速访问工具栏"命令，弹出"Word 选项"对话框，如图 4-1-4 所示。

在该对话框中左边列表框内选中一个命令名称，再单击"添加"按钮，将选中的命令添加到右边的列表框内。选中右边的列表框内的命令，单击"删除"按钮，可以删除选中的命令。单击"确定"按钮，关闭该对话框，即可将该命令添加到自定义快速访问工具栏内。

图 4-1-3　快捷菜单　　　　　　　图 4-1-4　"Word 选项"对话框

（2）标题栏：它位于窗口的顶端，如图 4-1-5 所示。其中，中间用来显示当前文档编辑区内显示的文档名称，最右端有三个按钮，分别用来使窗口最小化、使窗口最大化（或使窗口还原成初始状态）和关闭窗口。最左端是 Word 图标，还有快速访问工具栏。

图 4-1-5　标题栏

◎　控制菜单：右击标题栏或 Word 图标，弹出它的菜单，利用该菜单可以对窗口进行还原、移动、大小、最小化、最大化和关闭等操作。

◎　文档名称：文档名称在标题栏的中间，表示当前正在编辑的文档名称。

◎　窗口控制按钮：窗口控制按钮位于标题栏的右边，共有三个，从左到右分别为"最小化"按钮 -、"最大化"按钮 □ 和"关闭"按钮 ✕。单击"最小化"按钮，窗口会缩小成为 Windows 任务栏上的一个按钮；单击"最大化"按钮，窗口会放大到整个屏幕，此时该按钮也会变成"向下还原"按钮 □；单击"向下还原"按钮，窗口会变回原来的大小，此时按钮也会变成"最大化"按钮；单击"关闭"按钮，窗口会被关闭。

◎　双击标题栏也可以在"最大化"和"向下还原"之间切换，调整窗口的大小。

（3）功能区：在 Word 2010 中，Word 2003 中原有的"菜单栏"和"工具栏"被设计为一个包含各种按钮和命令的带形区域，称为"功能区"，将最常用的命令集中在"功能区"，单击顶部的选项卡，可以看到"功能区"中各任务的常用命令。Microsoft 推出这样经过重大改进的界面是为了满足 Office 用户的需求，能帮助用户快速找到完成某一任务所需的命令，这些命令被组织在"组"中，"组"集中在"选项卡"。相关名词介绍如下：

◎ 选项卡：在功能区的顶部，每个选项卡都与一种类型的活动相关，都代表着在特定的程序中执行的一组核心任务。单击选项卡的标签，可以切换选项卡。

◎ 组：显示在选项卡上，是相关命令的集合。

◎ 命令：按组来排列，可以是按钮、菜单或者是可供输入信息的框。

◎ "对话框启动器"按钮：即某些组中右下方按钮，单击该按钮，可以弹出相关的对话框或窗格，提供与该组相关的更多选项。

◎ 功能区主要包含"开始""插入""页面布局""引用""邮件""审阅""视图"和"加载项"八个基本选项卡。"开始""插入""页面布局"等选项卡分别如图 4-1-6、图 4-1-7、图 4-1-8、图 4-1-9、图 4-1-10、图 4-1-11、图 4-1-12 和图 4-1-13 所示。

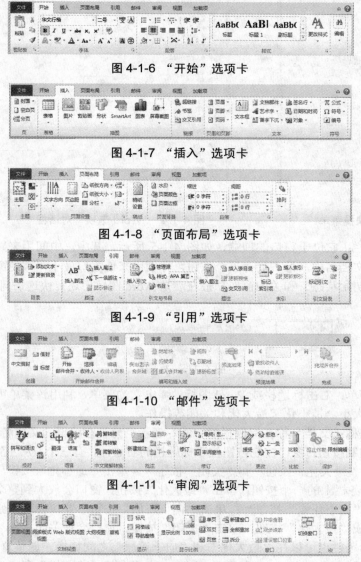

图 4-1-6 "开始"选项卡

图 4-1-7 "插入"选项卡

图 4-1-8 "页面布局"选项卡

图 4-1-9 "引用"选项卡

图 4-1-10 "邮件"选项卡

图 4-1-11 "审阅"选项卡

图 4-1-12 "视图"选项卡

图 4-1-13　"加载项"选项卡

在功能区内，有的命令按钮右侧有一个下拉箭头，单击它可以看到相似功能的下拉菜单，当将鼠标指针移到按钮或命令之上时，会显示相应的提示说明，包括快捷键。

（4）状态栏：它位于 Word 窗口的底部，显示了当前文档的信息，如当前显示的文档是第几页、第几节和当前文档的字数等（见图 4-1-2）。拖动状态栏右边的"显示比例调整"栏中的滑块或单击"缩小"或"放大"按钮，可以直观地改变文档编辑区的大小。右击状态栏，弹出它的快捷菜单，即"自定义状态栏"菜单，如图 4-1-14 所示，利用该菜单可以设定状态栏显示的内容，自定义状态栏的工作状态。在状态栏右侧有"视图快捷方式"，如图 4-1-15 所示。按下某个按钮就会使文档切换到相应的视图状态。文档常用的视图是"页面"视图。

图 4-1-14　自定义状态栏

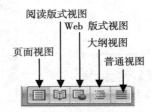

图 4-1-15　视图快捷方式

（5）"文档"窗口：文档编辑区 Word 2010 的编辑窗口，可以在此进行文档的输入、编辑、修改、排版、浏览等操作。文档编辑区由滚动条、标尺、视图按钮和文本区域等组成，如图 4-1-16 所示。单击"视图"标签，切换到"视图"选项卡，选中"显示"组内的"标尺"复选框，即可在"文档"窗口内显示上标尺和左标尺。

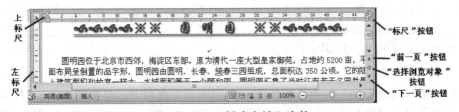

图 4-1-16　"新建文档"窗格

◎ 滚动条：滚动条有位于文本区下方的"水平滚动条"，位于文本区右边的"垂直滚动条"。使用滚动条可以使文本内容在窗口中滚动，以便显示区域外被挡住的文本内容。在"垂直滚动条"内还有"前一页"、"下一页"和"选择浏览对象"三个按钮，如图 4-1-16 所示。单击"前一页"按钮，可以翻页到前一页文档；单击"下一页"按钮，可以翻页到下一页文档；单击"选择浏览对象"按钮，可以弹出一个面板，如图 4-1-17 所示，该面板内有 12 个图标，将鼠标指针移到不同的图标，在上边会显示相应的文字，用来说明单击该图标后的作用。

◎ 标尺：标尺位于文本区的上方和左边，上方的标尺称为"水平标尺"，左边的标尺称为"垂直标尺"。使用标尺可以定位文本中的文本、段落、表格和图片等内容。

◎ 文本区：其中可以输入、导入和编辑文本、表格和图片等内容。打开文档后，文档内容就显示在文本区内，用户对文档进行的各种编辑操作都在这里进行。

此外，文档中的段落标记不仅标记一段内容的结束，而且它还保存这个段落样式的所有内容，包括文本的所有格式设置。

2. 创建新文档的几种方法

（1）单击桌面上的"开始"按钮→"所有程序"→"Microsoft Office"→"Microsoft Office Word 2010"命令，或者双击 Word 2010 快捷方式图标，启动 Word 2010。工作界面内会自动创建一个名为"文档 1"的空白文档。

（2）单击"文件"标签，切换到"文件"选项卡，单击左边的"新建"选项，此时"文件"选项卡如图 4-1-18 所示。

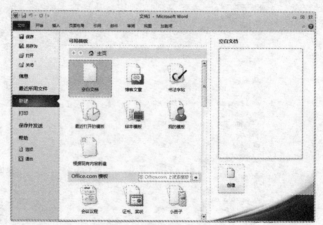

图 4-1-17 "选择浏览对象"面板　　　　　图 4-1-18 "文件"选项卡

单击选中"可用模板"栏内的"空白文档"选项，单击"创建"按钮，即可新建一个空白文档。

（3）如果"快速访问工具栏"内添加了"新建"命令，则单击"快速访问工具栏"内的"新建"按钮，也可以新建一个空白文档。

（4）按【Ctrl+N】组合键，即可新建一个空白文档。

不论使用以上哪种方法新建的文档，其名称均为"文档××"（其中"××"为序号），而且会打开一个新的 Word 2010 界面。

3. 页面设置

（1）单击"页面布局"标签，切换到"页面布局"选项卡。单击"页面设置"组内右下角的"对话框启动器"按钮，弹出"页面设置"对话框，单击选中"纸张"标签，切换到"纸张"选项卡，如图 4-1-19 所示。在"纸张大小"下拉列表框内选择"A4"选项，设置 Word 文档大小为"A4"纸大小。

（2）切换到"页边距"选项卡，在"上"、"下"、"左"和"右"数值框内输入 2 厘米，在"装订线"数值框内输入 0 厘米，在"装订线"下拉列表框中选择"左"选项，其他设置如图 4-1-20 所示。

（3）切换到"版式"选项卡，在"页眉"和"页脚"数值框内分别输入 1.5 厘米和 1.75 厘米，其他设置如图 4-1-21 所示。

图 4-1-19 "页面设置"
（纸张）对话框

图 4-1-20 "页面设置"
（页边距）对话框

图 4-1-21 "页面设置"
（版式）对话框

（4）切换到"文档网格"选项卡，选中"指定行和字符网格"单选按钮，在"每行"和"每页"数值框内输入 39，其他设置如图 4-1-22 所示。

然后，单击"确定"按钮，关闭"页面设置"对话框，完成页面设置。

4．输入标题文字

（1）单击"开始"标签，切换到"开始"选项卡。在光标处输入作文的题目"圆 明 园"，再拖动选中"圆 明 园"文字，在"字体"组内的"字体"下拉列表框中选择"华文行楷"选项，设置选中的文字字体为华文行楷；再在"字号"下拉列表框中选择"二号"选项，设置选中的文字字号为二号；单击"字体"组内的"加粗"按钮 **B**，设置

图 4-1-22 "文档网格"选项卡

选中的文字加粗；单击"段落"组内的"居中"按钮，使选中的文字居中；效果如图 4-1-23 所示。

图 4-1-23 设置"圆 明 园"文字的字体和字号等

（2）单击"圆 明 园"文字的左边，将光标移动到"圆 明 园"文字的左边，单击"插入"标签，切换到"插入"选项卡。单击"符号"组内的"符号"按钮，弹出"符号"菜单，单击该菜单内的"其他符号"命令，弹出"符号"对话框。单击"符号"标签，切换到"符号"选项卡，如图 4-1-24 所示。在"子集"下拉列表框内选中"广义标点"选项，再单击选中列表框内的"※"符号，单击"插入"按钮，在"圆 明 园"文字左边插入一

个"※"符号。

（3）两次按空格键，在"※"符号与"圆 明 园"文字之间插入两个空格。拖动选中"※"符号，按住【Ctrl】键，拖动选中"※"符号，复制"※"符号，再在"圆 明 园"文字右边复制两个空格和两个"※"符号。

（4）将光标移动到"※※"符号的左边，弹出"符号"（符号）对话框，在"字体"下拉列表框中选择"Wingdings"选项，单击选中"✎"字符，如图 4-1-25 所示。四次单击"插入"按钮，在"※※"符号的左边插入四个"✎"字符。

（5）将光标移动到右边"※※"符号的右边，四次单击"插入"按钮，在右边"※※"符号的右边插入四个"✎"字符。再单击"取消"对话框，关闭该对话框。

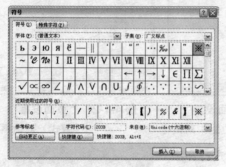

图 4-1-24 "符号"（符号）对话框

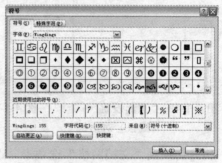

图 4-1-25 "符号"（符号）对话框

（6）拖动选中第一行的所有字符和文字，单击"开始"标签，切换到"开始"选项卡。单击"字体颜色"按钮，弹出它的"字体颜色"面板，如图 4-1-26 所示。单击该面板内的蓝色色块，设置选中的所有字符和文字为蓝色。

（7）单击"字体"组中的"对话框启动器"按钮，弹出"字体"对话框，选中"字体"选项卡，如图 4-1-27 所示。单击"字体颜色"下拉列表框按钮，也可以弹出图 4-1-26 所示的"字体颜色"面板，来设置选中字符和文字的颜色；在"下画线类型"下拉列表框中选择"双下画线"选项"＝＝＝＝"；单击"下画线颜色"下拉列表框按钮，弹出"下画线颜色"面板，设置双下画线的颜色为蓝色；在"着重号"下拉列表框内选择"无"选项，如图 4-1-27 所示。

（8）单击"高级"标签，切换到"高级"选项卡，如图 4-1-28 所示。利用该对话框可以调整文字宽度、字间距、文字的上下位置等，此处采用默认设置。单击"确定"按钮，关闭"字体"对话框，第一行标题文字效果如图 4-1-29 所示。

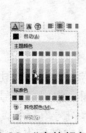

图 4-1-26 "字体颜色"面板

图 4-1-27 "字体"选项卡

图 4-1-28 "高级"选项卡

图 4-1-29　标题文字效果

5．输入段落文字

（1）单击第一行标题文字的最右边，将光标定位在第一行标题文字的最右边，按【Enter】键，使光标移到下一行居中的位置。输入关于圆明园的第一段文字。不需要设置任何文本格式，使用默认值即可。注意："【"和"】"字符可以通过图 4-1-19 所示的"符号"对话框的"符号"选项卡来输入，也可以通过中文输入法的软键盘（特殊符号）来输入。

当输入的文本超过一行的长度时，这些文本就会自动换行。如果按【Enter】键，会另起一段，并产生段落标记。文档中的段落标记不仅标记一段内容的结束，而且它还保存这个段落样式的所有内容，包括文本和段落的所有设置。

（2）拖动选中输入的段落文字。在"开始"选项卡内"字体"组中的"字体"下拉列表框内选择"宋体"选项，在"字号"下拉列表框内选择"四号"选项，设置以后输入的文字的字号为宋体、四号字。单击按下"段落"组中的"左对齐"按钮▤。

（3）单击选中"视图"选项卡中"显示"组内的"标尺"复选框，显示标尺。使光标定位在第二行最左边位置。再拖动水平标尺左上角的滑块，使它移到"2"处。按住【Alt】键同时拖动滑块可以细微调整滑块的位置，如图 4-1-30 所示。

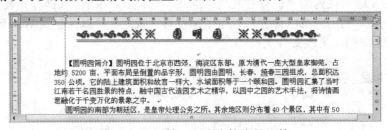

图 4-1-30　第一段文字格式的调整

（4）再输入下面的各段文字，每输入完一段文字，按一次【Enter】键，开始输入新的一段内容。这些文字的字体为宋体、字号为四号字、颜色为黑色。

（5）如果在上述文档编辑过程中，出现错误操作，可以单击"快速访问工具栏"中的"撤销"按钮，撤销前一次的操作。则将文档还原到执行该操作之前的状态。如果想恢复刚才的"撤销"操作，可以单击"快速访问工具栏"中的"恢复"按钮。

（6）在输入文字时，对于相同的文字可以进行复制，以加快输入速度。方法是：按住 Ctrl 键，拖动选中要复制的文字，将选中的文字拖动复制到目标处。

6．保存文档

当完成对一个 Word 文档的编辑后，需要将文档保存起来。为避免不必要的损失，要养成经常存盘的习惯。保存文档的操作方法有以下几种：

（1）单击"文件"标签，切换到"文件"选项卡，如图 4-1-31 所示。单击左边一栏内的"另存为"选项，弹出"另存为"对话框，如图 4-1-32 所示。在"保存位置"下拉列表框中选择"WORD2010 实例"文件夹，在"保存位置"下拉列表框中选择"Word 文档"选项，在"文件名"文本框中输入"【案例 1】圆明园"文字，如图 4-1-32 所示。单击"确定"按钮，关闭"另存为"对话框，将 Word 文档以名称"【案例 1】圆明园.docx"保存在"WORD2010 实例"文件夹内。

在"保存位置"下拉列表框中，如果选择"Word97-2003 文档"选项，则以 Word 97 和 Word 2003 格式保存，扩展名为".doc"。

图 4-1-31 "文件"选项卡　　　　　　图 4-1-32 "另存为"对话框

（2）保存已经保存过的文档：已保存过的文档进行修改后，需要再次保存，修改的内容才会被计算机保存并覆盖原有内容。单击"文件"选项卡内左边一栏中的"保存"选项，单击"快速访问工具栏"中的"保存"按钮 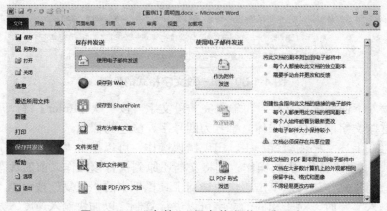 或者使用【Ctrl+S】组合键，都可以将修改后的文档保存。如果文档是第一次保存，则会弹出"另存为"对话框，接着的操作与上边介绍的一样。

（3）单击左边一栏内的"保存并发送"选项，切换到"文件"（保存并发送）选项卡，如图 4-1-33 所示。利用它可以保存后以电子邮件形式发送，可以保存到 Web 等，还可以创建 PDF 或 XPS 文档、更改文件类型等。

图 4-1-33 "文件"（保存并发送）选项卡

7. 关闭文档和关闭 Word 2010 界面

（1）单击"文件"选项卡内左边栏中的"关闭"选项，关闭当前文档，不关闭 Word 2010 界面。

（2）单击 Word 2010 标题栏中的"关闭"按钮，关闭当前文档和 Word 2010 界面。在关闭 Word 2010 界面时，如果没有保存过修改后的文档，系统会弹出一个提示框，提示是否保存文档，单击"保存"按钮，即可保存文档，再关闭 Word 2010 界面。

（3）按【Alt+F4】快捷键，可以关闭当前文档，同时关闭 Word 2010 界面。

（4）单击"文件"选项卡左边栏内"退出"选项，关闭文档和 Word 2010 界面。

8. 打开文档

打开已经保存的文档有多种方法，下面介绍常用的四种：

（1）在硬盘或者软盘中找到要打开的 Word 文档，双击该文档的图标，就可以打开文档。如果 Word 2010 没有启动，系统会自动启动 Word 2010 并打开文档。

（2）单击"文件"选项卡内左边栏中的"打开"选项，或者单击"快速访问工具栏"中的"打开"按钮，都可以弹出"打开"对话框，如图 4-1-34 所示。利用该对话框可以打开指定的文档。

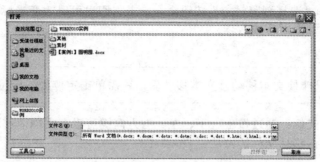

图 4-1-34　"打开"对话框

（3）如果要打开多个连续的文档，可以在"打开"对话框的列表中，单击第一个要打开的文档名，然后按住【Shift】键，再单击最后一个文档名，选中这两个文档以及它们之间的所有文档；如果要打开多个不连续的文档，可以按住【Ctrl】键，然后依次单击要打开的文档名，选中这些文档。按住【Ctrl】键，单击已选中的文档名，可取消该选中文档。最后单击"打开"按钮，即可打开选中的多个文档。

（4）在 Word 2010 中，用户最近打开过的 Word 文档名称会保存在"文件"（最近所用文件）选项卡。单击"文件"选项卡内左边栏中的"最近使用文档"选项，切换到"文件"（最近使用文档）选项卡，如图 4-1-35 所示。单击所需文档的名称，就可以打开相应的 Word 文档。

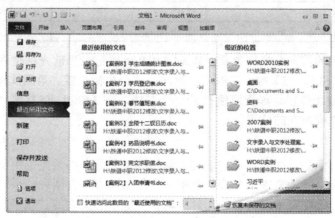

图 4-1-35　"文件"（最近使用文档）选项卡

"文件"（最近所用文件）选项卡内除了列出最近打开过的文档名称，还列出了最近使用过的文件夹。

4.1.2　相关知识——Word 2010 基本操作

1. 光标定位

光标是指在文本区中，一个黑色闪烁的竖线，用来指示当前输入文本的位置，也就是新文本的显示位置。定位光标的方法很多，常用的有以下三种。

（1）鼠标定位光标：移动鼠标指针到文档中需要定位光标的位置，然后单击。

如果文本内容较长，只能在文本区内显示部分内容，可以借助滚动条的帮助将需要显示的文本移动到当前文本区内。单击垂直滚动条顶部箭头 ▲ 或底部箭头 ▼，可以上移或下移一行文本；单击垂直滚动条的滑槽，可以上移或下移一屏文本；拖动垂直滚动条的滑块可以快速上移或下移文本。在如图 4-1-16 所示的"垂直滚动条"内还有"前一页"按钮 ▲、"下一页"按钮 ▼ 和"选择浏览对象"按钮 ⊙，单击它们也可以改变光标定位的位置。操作水平滚动条，可使文本左移或右移。

💡 **注 意**

> 使用滚动条只能使文本移动，文本移动后，还需单击定位处，定位光标。

（2）键盘定位光标：通过按上、下、左、右方向键可以在文档内移动光标。常用的使用键盘按键和快捷键移动光标的方法见表 4-1-1。

表 4-1-1　键盘定位光标

按　键	功　能	按　键	功　能
←	左移一个字符	Ctrl+←	左移一个单词
→	右移一个字符	Ctrl+→	右移一个单词
↑	上移一行	Ctrl+↑	上移一个段落
↓	下移一行	Ctrl+↓	下移一个段落
Home	移到行首	Ctrl+Home	文档文本的起始处
End	移到行尾	Ctrl+End	文档文本的结尾处
PageUp	上移一屏	Ctrl+PageUp	上一页的顶部
PageDown	下移一屏	Ctrl+PageDown	下一页的底部
Tab	后移一个单元	Alt+Ctrl+PageUp	窗口的顶端
Shift+Tab	前移一个单元	Alt+Ctrl+pageDown	窗口的底端

（3）返回文档的前一个光标位置：Word 2010 可以记录当前光标位置和之前的三个光标位置。连续按【Shift+F5】键，可以依次返回前三个光标位置。第四次按【Shift+F5】键，会返回光标当前最新位置。如果刚刚打开一个文档，按【Shift+F5】键，可将光标移至上次保存该文档时光标所在的位置。

2．选中文本

在进行复制、删除、移动或剪切等文本编辑操作之前，必须先选中文本，即将需要编辑的文本反白显示与其他文本区分开。选中文本的操作方法有两种：

（1）使用鼠标选中文本：将鼠标指针移动到要选中的文本的首端，然后拖动鼠标到要选中的文本的末端，即可选中所需的文本。

如果要选中一行文本，可以将鼠标指针移动到选择区，所谓选择区是指正文文本右边的空白区。在该区域中，鼠标指针变成 ⤺ 形状。此时单击鼠标左键可以选中当前行、双击鼠标左键可以选中当前段，三击鼠标左键可以选中当前整个文档文本。

鼠标选中文本的常用操作方法见表 4-1-2。

表 4-1-2　鼠标选中文本的常用操作方法

选中对象	操　作	选中对象	操　作
任意字符	拖动要选中的字符	字或单词	双击该字或单词
一行字符	单击该行左侧的选择区	多行	在左侧选择区中拖动鼠标

续表

选中对象	操　　作	选中对象	操　　作
段落	双击段落左侧的选择区或者三次单击段落中的任何位置	整个文档	三次单击选择区
连续字符	在字符的开始处单击，然后按住【Shift】键单击结束位置	矩形区域	按住【Alt】键并拖动鼠标

（2）使用键盘选中文本：将光标移动到要选中文本的左边，然后按【Shift+→】键就可以向右选中一个字符，按住【Shift】键连续按【→】键可以选中多个字符。表 4-1-3 列出用键盘选中文本的常用操作。注意：所有选中文本的起始端都是光标所在位置。

表 4-1-3　键盘选中文本的常用操作

按　　键	功　　能	按　　键	功　　能
Shift+→	向右选中一个字符	Ctrl+Shift+→	选中到单词结尾
Shift+←	向左选中一个字符	Ctrl+Shift+←	选中到单词开始
Shift+↓	向下选中一行字符	Ctrl+Shift+↓	选中到段落结尾
Shift+↑	向上选中一行字符	Ctrl+Shift+↑	选中到段落开始
Shift+Home	选中到行首	Ctrl+Shift+Home	选中到文档开始
Shift+End	选中到行尾	Ctrl+Shift+End	选中到文档结尾
Shift+PageUp	选中到屏首	Ctrl+A	选中整个文档
Shift+PageDown	选中到屏尾	F8+（↑↓←→）键	选中到文档的指定位置

一般来说，当要选中的文本内容比较多或者位置固定时，最好使用键盘。例如，选中整个文档或者选中从光标处到文档开始处的所有文本等。其他情况下，可使用鼠标选中文本。

3．复制和移动文本

在编辑文本内容时，常需要将文本复制或移动到其他位置，常用以下四种方法：

（1）使用鼠标复制或移动文本：选中要复制的文本，按住【Ctrl】键，同时拖动选中的文本到目标位置，如图 4-1-36 所示鼠标指针上的加号标志表示复制。松开鼠标左键，选中的内容就复制到新的位置了，如图 4-1-36 所示。

如果拖动选中的文本时不按【Ctrl】键，即可移动选中的文本。

（2）使用命令复制或移动文本：选中要复制（或移动）的文本，单击"开始"选项卡"剪贴板"组中的"复制"按钮 （或"剪切"按钮 ），将选中的文本复制（或剪切）到剪贴板，再将光标文本移动到要复制（或剪切）的位置，单击"剪贴板"组中的"粘贴"按钮，将剪贴板上的文本粘贴到新位置，实现复制（或移动）文本效果。

（3）使用快捷键复制或移动文本：选中要复制（或移动）的文本，按【Ctrl+C】（或按【Ctrl+X】）组合键，将选中的文本复制（或剪切）到剪贴板上。再将光标文本移动到要复制（或剪切）的位置处，按【Ctrl+V】组合键，将剪贴板上的文本粘贴到新的位置。

（4）使用快捷菜单复制或移动文本：选中要复制（或移动）的文本，将鼠标指针移动到选中的内容上。按下鼠标右键同时拖动鼠标到目标位置，松开鼠标右键后会弹出一个快

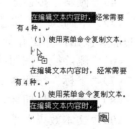

图 4-1-36　鼠标拖动复制文本

捷菜单，如图 4-1-37 所示。单击该菜单内的"复制到此位置"
（或"移动到此位置"）命令，即可复制（或移动）选中的文本。

4．删除文本

在编辑文本的过程中，需要删除一些已输入的文本时，可
以先将光标移动到要删除的文本处。如果需要删除光标左边的

图 4-1-37　快捷菜单复制或
移动文本

文本，则按【Backspace】键；如果要删除光标右边的文本，则按【Delete】键；如果要删
除光标左边一个单词，则按【Ctrl+Backspace】键；如果要删除光标右边一个单词，则按
【Ctrl+Delete】键。如果要删除的文本比较多，可以先选中要删除的文本，然后按【Backspace】
键或【Delete】键，都可以一次全部删除。

5．撤销与恢复

在文档编辑过程中，难免会出现错误操作，例如，删除不应该删除的文本。如果遇到
这种情况，可以撤销误操作，将文档还原到执行该操作之前的状态。方法如下：

（1）撤销或恢复一项错误操作：单击"快速访问工具栏"内的"撤销"命令　，撤销
前一次的操作。如果要恢复撤销的操作，单击"快速访问工具栏"内的"恢复"命令　。
除了使用"撤销"按钮和"恢复"按钮之外，使用相应的快捷键【Ctrl
＋Z】和【Ctrl＋Y】也可以执行撤销和恢复操作。

（2）撤销或恢复多项错误操作：单击"快速访问工具栏"中"撤
销"按钮右边的箭头按钮，弹出一个列表，如图 4-1-38 所示。可以
看到此前的每一次操作，最新的操作排列在最上边。在要撤销的多
个连续操作之上拖动，松开鼠标之后即可撤销这些连续的操作。如
果要恢复撤销的多个操作，则多次单击"恢复"按钮即可。

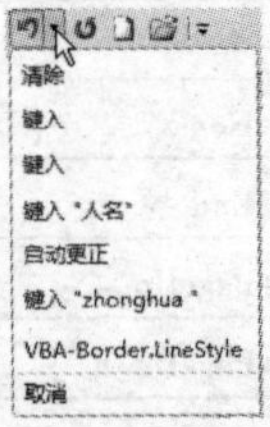

图 4-1-38　撤销多项
错误操作

在没有执行过撤销操作的文档中，"快速访问工具栏"中不显示
"恢复"按钮，而是显示"重复"按钮　，单击该按钮可重复上一操作。

6．设置字体

设置文字的格式，可使用图 4-1-27 所示的"字体"对话框，也可以使用"开始"选项
卡中的"字体"组的命令，如图 4-1-39 所示。后者具有最常用的文字格式设置，且操作简
便。下面介绍"字体"组的命令的功能，同时也介绍"字
体"对话框内大部分选项的功能。

（1）"字体"下拉列表框：用来选择所需文字的字体。

图 4-1-39　"开始"选项卡中"字
体"组的命令

"字体"下拉列表框的功能相当于"字体"对话框中的"中
文字体"下拉列表框和"西文字体"下拉列表框的总功能。

（2）"字号"下拉列表框：用来选择所需文字的大小。

（3）"加粗"按钮**B**：按钮按下时表示选中文字被加粗，按钮抬起时表示未加粗。

（4）"倾斜"按钮**_I_**：按钮按下时表示选中文字被倾斜，按钮抬起时表示未倾斜。

（5）"下画线"按钮**U**：按钮按下时表示选中文字被添加下画线，单击"下画线"按
钮的箭头按钮，弹出它的面板，利用该面板可以设置下画线的形状和颜色。

（6）"删除线"按钮　：按钮按下时表示选中文字上面会添加删除线。

（7）"下标"按钮　：按钮按下时表示选中的文字会在文字基线下方变成小字符。

（8）"上标"按钮　：按钮按下时表示选中的文字会在文字基线上方变成小字符。

（9）"文本效果"按钮　：选中要改变显示效果的文字，单击该按钮，弹出"文本效
果"面板。在该面板内设置文本效果，包括艺术字效果、轮廓线、阴影、映像和发光等。

设置文本效果的同时，即可看到选中文字的显示效果已经随之改变。

（10）"以不同颜色突出显示文本"按钮 ：单击该按钮，弹出一个颜色面板，单击该面板内的一种颜色的色块，再按照选择文字的方法选中要改变背景颜色文字，即可改变选中文字的背景颜色。

（11）"字体颜色"按钮 ：单击该按钮，可以改变选中文字的颜色。

（12）"字符底纹"按钮 ：单击该按钮，可以给选中的文字添加底纹。

（13）"带圈字符"按钮 ：单击该按钮，弹出"带圈字符"对话框，如图 4-1-40 所示。选中样式、圈号和文字，单击"确定"按钮，即可给选中文字添加圆圈或边框。

（14）"增大字体"按钮 ：单击该按钮，可以将选中的字体增大一个字号。

（15）"缩小字体"按钮 ：单击该按钮，可以将选中的字体缩小一个字号。

（16）"更改大小写"按钮 ：单击该按钮，弹出它的菜单，单击该菜单内的命令，可将选中的英文字母更改为全部大写、全部小写，或者其他常见的大小写形式等。

（17）"清除格式"按钮 ：单击该按钮，可以清除所选文字的所有格式。

（18）"拼音指南"按钮 ：选中一个文字（例如，"明"字），单击该按钮，可以弹出"拼音指南"对话框，如图 4-1-41 所示，显示所选文字的拼音。

图 4-1-40　"带圈字符"对话框　　　　图 4-1-41　"拼音指南"对话框

（19）"字符边框"按钮 ：单击该按钮，可以给选中文字添加边框。

思考与练习4-1

1．填空题

（1）将鼠标指针移动到选择区，当鼠标指针变成 状时，单击可以_____。拖动鼠标可以_____。三次单击选择区，可以选中_____。

（2）按住_____键，同时拖动鼠标指针，可以选中一个矩形区域内的文字。

（3）如果需要删除光标左边的文本，则按键_____；如果要删除光标右边的文本，则按键_____。

2．操作题

（1）新建一个 Word 文档，编写一封"慰问信"，慰问信内容如下。

李娇诗老师：

捷报频传丹桂香，喜讯适至金菊逸。在教师节来临之际，我们向工作在教书育人、管理育人和服务育人第一线的您表示亲切的慰问和节日的祝贺！

百年耕耘，铸就了百年辉煌。广大教职员工以解民生为己任，以育天下之英才为天职，淡泊名利，默默耕耘，把自己的全部智慧和汗水，毫无保留地融入了学校建设和发展中，为国家现代化建设和科技高等教育的发展做出了突出贡献。我们欣喜地看到，当前学校各项事业蒸蒸日上。总体办学实力不断增强，国内外影响进一步扩大，科学研究实现了历史性突破，有两篇博士论文入选全国百篇优秀博士论文；教育教学改革不断深化，生源质量继续提高。所有这些成绩和进步都饱含着广大教职员工的辛勤汗水和无私奉献，是大家团结协作、努力拼搏的结果。在此，我们向您表示衷心的感谢！

　　祝您节日快乐、身体健康、阖家幸福！

校　　长　李晓燕

二○一二年九月八日

（2）编写一篇关于"菊花简介"文档。标题内容如下。

❖❖❖★　菊花简介　★❖❖❖

（3）编写一篇关于"北京简介"的文档，以"北京简介.docx"为名字保存。

（4）新建一个 Word 文档，编写一封家信，以"一封家书.docx"为名字保存。

4.2 【案例2】牡丹简介

4.2.1 案例效果和操作

　　该案例是创建一个名为"牡丹简介"的 Word 文档，该文档给一些文字添加了边框、底纹，给一些文字添加了项目符号和编号，制作首字下沉，效果如图 4-2-1 所示。再将该文档以名称"【案例2】牡丹简介.docx"保存到硬盘中。通过本案例，可以掌握利用"边框和底纹"对话框给页面、段落和文字添加边框和底纹的方法，添加项目符号的方法，制作首字下沉的方法，以及查找和替换文字的方法等。操作方法如下：

图 4-2-1　"牡丹简介"文档

1．首字下沉

（1）启动 Word 2010。单击"快速访问工具栏"内的"新建"按钮▯，新建一个空白文档。按照【案例 1】所述方法输入标题文字和段落文字（不含序号）。然后，以名称"【案例 2】牡丹简介.docx"保存。

（2）拖动选中第一段起始文字"牡 丹"，切换到"插入"选项卡，单击"文本"组中的"首字下沉"按钮，弹出"首字下沉"菜单，如图 4-2-2 所示。单击该菜单中的"下沉"首字下沉方式，即可产生"首字下沉"效果，如图 4-2-3 所示。

（3）单击"首字下沉"菜单内的"首字下沉选项"命令，弹出"首字下沉"对话框，如图 4-2-4 所示，利用该对话框可以调整首字下沉的效果。

图 4-2-2　"首字下沉"菜单　　　图 4-2-3　"首字下沉"效果　　　图 4-2-4　"首字下沉"对话框

（4）在"首字下沉"对话框内，在"位置"选项栏中单击选中"下沉"方式；在"选项"栏中的"字体"下拉列表框中选择首字字体为"华文行楷"；在"下沉行数"文本框中输入首字所占的行数 3。在"距正文"数字框中输入首字与正文间距 0.3。单击"确定"按钮，效果如图 4-2-5 所示。

（5）切换到"开始"选项卡，单击"字体"按钮▯，弹出"字体"对话框，选中"字体"选项卡（见图 4-1-27）。单击"字体颜色"下拉列表框按钮▾，弹出"字体颜色"面板，设置选中文字的颜色为红色，效果如图 4-2-6 所示。

图 4-2-5　"首字下沉"调整效果

（6）将光标定位在第一段最后，按【Enter】键，在第一、二段文字之间插入一个空行。

2．添加边框、底纹和项目符号

图 4-2-6　"字体"调整效果

（1）选中文档中的"【英文】"标题文字。单击"开始"选项卡内"段落"组中的"边框"下拉列表按钮▦▾，弹出"边框"菜单，如图 4-2-7 所示。单击该菜单内下边的"边框和底纹"命令，弹出"边框和底纹"对话框，如图 4-2-8 所示。

图 4-2-7　"边框"菜单　　　　　图 4-2-8　"边框和底纹"对话框

（2）在"边框和底纹"对话框中，选中"边框"选项卡，在"设置"栏中，单击选中"阴影"边框；在"样式"列表框内选中"实线"选项；单击"颜色"下拉列表框按钮，调出它的"颜色"面板，与图4-1-14基本一样，单击选中其内的"绿色"色块；在"宽度"下拉列表框中选中"0.5磅"选项，如图4-2-8所示。

（3）切换到"底纹"选项卡，如图4-2-9所示，单击"填充"下拉列表框按钮，调出它的"颜色"面板，单击选中其内的"黄色"色块；在"样式"下拉列表框中，选中"纯色100%"；在"颜色"下拉列表框中，选中"黄色"色块；在"应用于"下拉列表框内选中"文字"选项。

（4）单击"确定"按钮，选中的"【英各】"文字加工完毕。

（5）选中"【英各】"文字，双击"开始"选项卡内"剪贴板"组中的"格式刷"按钮，鼠标指针变为一个刷子形状，依次拖动要更改格式的由"【】"括起来的文字和"【】"，这些文字的格式会被"【英各】"原文字的格式取代。

（6）选中"【栽植方法】"下面的一段文字，弹出"边框和底纹"对话框，选中"边框"选项卡，在"设置"栏中，单击选中"三维"边框；在"样式"列表框内选中"▃▃▃▃▃▃"选项；在"宽度"下拉列表框中选中"3.0磅"选项；在"应用于"下拉列表框内选中"段落"选项。"边框和底纹"对话框设置如图4-2-10所示。

图 4-2-9 "底纹"选项卡　　图 4-2-10 "边框和底纹"对话框"边框"选项卡

（7）选中"【品种分类】"标题下面的几段文字，单击"开始"选项卡内"段落"组中的"项目符号"下拉列表按钮，弹出"项目符号库"列表框，如图4-2-11所示，单击其内的图标，在该段文字左边显示项目符号。

（8）选中"【株型】"标题下面的几段文字，单击"开始"选项卡内"段落"组中的"编号"下拉列表按钮，弹出"编号库"列表，单击该列表中"文档编号格式"栏内的第二个选项，如图4-2-12所示。

图 4-2-11 "项目符号库"列表框　　图 4-2-12 "文档编号格式"栏内的第二个选项

（9）弹出"边框和底纹"对话框，选中"页面边框"选项卡，单击选中"设置"栏中的"方框"边框；在"颜色"下拉列表框内选中"绿色"选项；在"宽度"下拉列表框中选中"18 磅"选项；在"艺术型"下拉列表框中选中"小树"选项；在"应用于"下拉列表框中选中"整篇文档"选项，如图 4-2-13 所示。单击"确定"按钮，给整页四周添加一圈小数图案。

图 4-2-13　"边框和底纹"对话框"页面边框"选项卡

4.2.2　相关知识——添加边框和底纹及符号或编号

1．添加边框和底纹

"边框和底纹"对话框可以为选中的文字、段落和页添加边框，为选中的文字和段落添加底纹，以达到美化文章的作用。该对话框的"底纹"选项卡见图 4-2-9，"边框"选项卡见图 4-2-10，"页面边框"选项卡如图 4-2-13 所示。

（1）添加边框：选中要添加边框的文字或段落，切换到"边框和底纹"对话框"边框"选项卡。在"设置"栏中，选择边框样式；在"样式"列表中选择边框线的线型；在"颜色"下拉列表框中选择边框线的颜色；在"宽度"下拉列表框中选择边框线的宽度；在"应用于"下拉列表框中选择"文字"或者"段落"。

（2）添加底纹：选中要添加底纹的文字或段落，切换到"边框和底纹"对话框"底纹"选项卡。在"填充"栏中选择所需的色块，如果没有合适的颜色，可以单击"其他颜色"按钮，弹出"颜色"对话框，自行设置所需的颜色；在"图案"栏内的"样式"下拉列表框中选择底纹图案的填充样式；在"颜色"下拉列表框中选择底纹图案中线和点的颜色；在"应用于"下拉列表框中选择"文字"或者"段落"。

（3）添加页边框：切换到"边框和底纹"对话框"页面边框"选项卡，在"设置"栏中选择边框样式；在"颜色"下拉列表框内选择边框颜色；在"宽度"下拉列表框中选择边框线宽度；在"艺术型"下拉列表框中选择图案类型。

在"预览"栏中可查看设置效果，可以单击选择是否要某一条边框。设置完成后，单击"确定"按钮。

2．添加单级项目符号和编号

在编写文章的过程中，经常需要给某些段落编号或添加特殊符号，以便于阅读和理解。因此，Word 2010 为用户提供了项目符号和编号功能。

（1）键盘添加项目符号和编号：可使用键盘创建项目符号和编号，方法如下：

① 在第一个要添加项目符号或者编号的位置上，输入所需的符号或者起始编号，例如，"（1）"、"%"、"1."等。再继续输入该段的文字。

② 在"开始"选项卡内"段落"组中，如果输入数字编号，则单击"编号"下拉列表按钮 ；如果输入项目符号，则单击"项目符号"下拉列表按钮 。

③ 按【Enter】键，Word 2010 会按照输入的符号或者起始编号自动对新产生的段落添加相应的符号或者编号。编号的数字会自动增加。

如果不需要给新段落添加符号或者编号，可以按【Backspace】键删除新段落的项目符号或编号，使其成为普通段落。

（2）使用命令按钮添加项目符号和编号：创建项目符号最快捷的方法是使用"开始"选项卡中"段落"组的相关命令按钮。操作方法如下：

① 拖动选中要使用项目符号或者编号的段落，或者将光标定位在它们的左边。

② 如果单击"段落"组中的"编号"按钮，则可以给选中的段落添加编号；如果单击"项目符号"按钮，则可以给选中的段落添加特殊的符号。

③ 再次单击"编号"按钮或者"项目符号"按钮，可以删除被选中段落的编号或者项目符号，使其成为普通段落。

（3）使用对话框定义项目符号：单击"开始"选项卡内"段落"组中的"项目符号"下拉列表按钮，弹出"项目符号库"列表框，见图 4-2-11，单击其内的"定义新项目符号"选项，弹出"定义新项目符号"对话框，如图 4-2-14 所示。利用该对话框可以精确创建项目符号，还可以自己定义项目符号，操作方法如下：

① 将光标移至要创建项目符号的位置，或者选中要添加项目符号的段落。弹出"定义新项目符号"对话框，如图 4-2-14 所示。

② 单击"字符"按钮，弹出"符号"对话框，如图 4-2-15 所示。在列表中选择所需的符号，单击"确定"按钮，返回"定义新项目符号"对话框。选中的项目符号会代替原有的项目符号显示在"项目符号字符"栏中。

 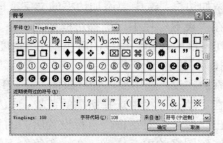

图 4-2-14 "定义新项目符号"对话框   图 4-2-15 "符号"对话框

③ 单击"图片"按钮，弹出"插入图片"对话框，如图 4-2-16 所示。利用该对话框可以导入外部图片作为项目符号。

④ 单击"字体"按钮，弹出"字体"对话框，可设置项目符号大小、颜色等。

⑤ 在"对齐方式"下拉列表框中选择所需的对齐方式，在"预览"栏中，可以查看项目符号的整体效果。

⑥ 单击"确定"按钮，则选中的段落会添加上新定义的项目符号。

图 4-2-16 "插入图片"对话框

（4）使用对话框创建编号：单击"开始"选项卡内"段落"组中的"编号"下拉列表按钮，弹出"定义新编号格式"列表框（见图 4-2-12），单击其内的"定义新编号格式"选项，弹出"定义新编号格式"对话框，利用该对话框可以精确创建编号，定义更多形式的编号。操作方法如下：

① 将光标移至要创建编号的位置，或者选中要添加编号的段落。弹出"定义新编号格式"对话框，如图 4-2-17 所示。

② 单击"编号样式"下拉列表框中，可选择所需编号的格式，如图 4-2-18 所示。

③ 在"编号格式"文本框内可以修改选中的编号样式，只允许添加符号。

④ 单击"字体"按钮，弹出"字体"对话框，可设置编号的大小、颜色等属性。

⑤ 在"预览"栏中，可以查看编号的整体效果。设置完毕，单击"确定"按钮，返回"项目符号和编号"对话框，选中的编号会代替原有的编号显示在列表中。

⑥ 单击"确定"按钮，给选中的段落添加编号。

3．创建多级列表

单击"开始"选项卡内"段落"组中的"多级列表"下拉列表按钮，弹出"多级列表"列表，如图 4-2-19 所示，单击其内的一种列表图案，即可创建相应的一种多级列表。单击其内的"更改列表级别"选项，可以弹出"更改列表级别"列表，如图 4-2-20 所示，单击其内的一种图案，即可更改光标所在行列表样式。

图 4-2-17　"定义新编号格式"对话框　图 4-2-18　选择编号样式　　图 4-2-19　多级列表

单击"多级列表"列表内的"定义新的多级列表"选项，可以弹出"定义新的多级列表"对话框，如图 4-2-21 所示。利用该对话框可以修改多级列表中各级的样式。

图 4-2-20　"更改列表级别"列表　　　　图 4-2-21　"定义新多级列表"对话框

4．复制格式

文字和段落的格式也可以复制。对于同样格式不同文字或者段落的文本，用户不需要一一设置格式，使用格式刷一刷即可。

（1）使用格式刷复制文字格式：利用"开始"选项卡内"剪贴板"组中的"格式刷"按钮，能将一部分文字按另一部分文字的格式进行自动修改，操作方法如下：

① 选中具有所需格式的源文字，单击"格式刷"按钮，鼠标指针变为刷子状。

② 拖动要更改格式的目标文字，则目标文字的格式会被原文字的格式取代。

③ 如果双击"格式刷"按钮，则鼠标指针将保持刷子形状，使得用户可以在多个目标文字处复制格式。完成复制后，再次单击"格式刷"按钮才可以取消"格式刷"复制格式的作用。按【Ctrl+Shift+Z】组合键，可取消选中文字复制的格式，还原为原始格式，同时取消"格式刷"复制格式的作用。

（2）使用"格式刷"按钮复制段落格式：复制段落格式的操作方法与复制文字格式的方法类似，也是利用"格式刷"，将选中段落的格式快速应用到其他段落中。一般来说，段落的文字比较长，如果要全部选中在操作上很不方便。事实上，只要复制每段的段落标记↵，就可以达到基本相同的效果，操作方法如下：

① 如果在文档中看不到段落标记，切换到"文件"选项卡，单击左边一列中的"选项"选项，弹出"Word 选项"对话框，单击左边一列的"显示"选项，切换到"显示"选项卡。选中其内的"段落标记"复选框。单击"确定"按钮，关闭该对话框。

② 选中原段落的段落标记，单击"格式刷"按钮，鼠标指针变为一个刷子形状。

③ 将鼠标指针移动到目标段落的段落标记上，拖动该段落标记，则目标段落的格式会被原段落的格式取代。

④ 在多个目标段落处复制格式和取消"格式刷"复制格式作用，以及取消格式复制效果的方法与前面所述一样。

思考与练习4-2

1. 填空题

（1）单击"_____"选项卡内"_____"组中的"_____"下拉列表按钮，可以弹出"下框线"菜单。单击该菜单内"_____"命令，可弹出"边框和底纹"对话框。

（2）如果不需要给新段落添加符号或者编号，可以按_____键，删除新段落的项目符号或编号，使其成为普通段落。

（3）创建项目符号和编号的方法有三种，分别是_____、_____和_____。

（4）如果双击"格式刷"按钮，用户可以_____。再单击"格式刷"按钮，可以_____。按_____组合键，可取消"格式刷"复制格式的作用。

2. 选择题

（1）（　　）项操作是不能通过"段落"对话框完成的。

　　A．改变行间距　　　　　　　　B．改变段间距

　　C．改变段文字颜色　　　　　　D．改变段文字对齐方式

（2）（　　）项操作是不能通过"字体"组内工具完成的。

　　A．加粗选中文字　　　　　　　B．改变段落的首行缩进度

　　C．改变选中文字的颜色　　　　D．改变选中段落文字的大小

（3）使用"剪贴板"组中的"格式刷"按钮，可以将一部分文字按另一部分文字进行自动修改。可以修改的内容不包括（　　）。

　　A．文字的颜色、字体和大小　　B．文字的行间距

　　C．文字的内容　　　　　　　　D．段落文字的对齐方式

（4）单击"段落"组中的"项目符号"按钮后，给当前行添加项目符号。输入文字后按【Enter】键，会在下一行添加项目符号。此时进行（　　）操作不能取消下

一行的项目符号。

    A．Enter   B．Backspace   C．Delete

    D．单击"项目符号"三按钮   E．按空格键

3．操作题

（1）将思考与练习 4-1 中的"菊花简介"文档进行美化。

（2）将思考与练习 4-1 中的"北京简介"文档进行美化。

4.3 【案例 3】菊花简介

4.3.1 案例效果和操作

该案例是创建一个名为"菊花简介"的 Word 文档，再将该文档以名称"【案例 3】菊花简介.docx"保存到硬盘中。练习 4-1 中的"菊花简介"文档和本案例中的"菊花简介"文档的文字不同，但很多技术加工都一样，也给一些文字添加边框、底纹，给一些文字添加编号，制作首字下沉。除此以外，还对部分段落进行两栏分栏显示，将一些段落进行制表符对齐，效果如图 4-3-1 所示。

图 4-3-1 "菊花简介"文档

通过本案例，可以进一步掌握利用"段落"对话框和"段落"组进行段落格式的设置，使用水平标尺调整段落，掌握使用水平标尺和"制表符"对话框制作制表符和应用制表符等。具体操作方法如下：

1. 段落格式设置

（1）启动 Word 2010。单击"快速访问工具栏"内的"新建"按钮□，新建一个空白文档。按照案例 2 所述方法输入标题文字和段落文字。然后，再以名称"【案例 3】菊花简介.docx"保存。然后，单击选中"视图"选项卡中"显示/隐藏"组内的"标尺"复选框，显示标尺。

（2）拖动选中最后一个段落，拖动调整水平标尺左上角的"悬挂缩进"和"左缩进"滑块，使它移到"2"处；拖动调整水平标尺左上角的"首行缩进"滑块，使它移到"4"处；拖动调整水平标尺右上角的"右缩进"滑块，使它移到"38"处。按住【Alt】键同时拖动滑块可以细微调整滑块的位置，如图 4-3-2 所示。

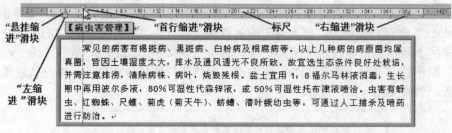

图 4-3-2　调整标尺中的滑块

（3）单击"开始"选项卡中"段落"组"对话框启动器"按钮□，弹出"段落"对话框，切换到"缩进和间距"选项卡，如图 4-3-3 所示。在"特殊格式"下拉列表框中，选中"首行缩进"选项；在"磅值"数值框中输入"2 字符"；在"左侧"数值框内输入 2 字符；在"右侧"数值框内输入 0.75 厘米；在"行距"下拉列表框内选择"固定值"选项，在"设定值"数值框内输入 17 磅；在"段前"和"段后"数值框内分别输入 0。其他设置如图 4-3-3 所示。

（4）切换到"换行和分页"选项卡，设置如图 4-3-4 所示。

图 4-3-3　"缩进和间距"选项卡

图 4-3-4　"换行和分页"选项卡

（5）选中第一段文字，弹出"段落"对话框，切换到"缩进和间距"选项卡，在"特殊格式"下拉列表框中，选中"悬挂缩进"选项；在"磅值"数值框中输入"2 字符"；在"左侧"和"右侧"数值框内输入 0；在"行距"下拉列表框内选择"单倍行距"选项，在"段前"和"段后"数值框内分别输入 0。

（6）按照上述方法，继续调整其他各段的段落格式，"段落"对话框"缩进和间距"

选项卡的设置不变。

2. 分栏和制表符对齐

（1）选中【药理功能】下面一段文字，单击"页面布局"选项卡"页面设置"组中的"分栏"下拉列表按钮，弹出它的"分栏"菜单，如图 4-3-5 所示。单击该菜单内最下边的"更多分栏"选项，弹出"分栏"对话框，如图 4-3-6 所示。

（2）单击按下"预设"栏内的"两栏"按钮，表示分两栏；选中"分隔线"复选框，在分栏之间添加一条分隔线；还可以在"宽度和间距"栏内调整分栏的宽度和两个分栏之间的距离。单击"确定"按钮，即可将选中的文字分两栏，见图 4-3-1。

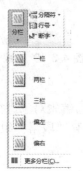

图 4-3-5 "分栏"菜单

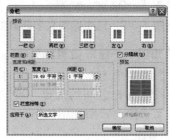

图 4-3-6 "分栏"对话框

（3）几次单击水平标尺最左端的"制表符类型"按钮，使该按钮变为"左对齐式制表符"按钮 ⌐ 为止。分别在水平标尺第 4、12、20、28 处单击，添加四个左对齐式制表符，如图 4-3-7 所示。

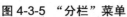

图 4-3-7 标尺上的制表符

（4）将光标定位在" 生态分布 "的右边，按空格键，效果为" 生态分布 "。拖动选中其右边的"生于路旁"，单击"开始"选项卡内"剪贴板"组中的"格式刷"按钮 ，拖动刚刚输入的空格" "，使它的格式改变，空格改为" "。

（5）采用相同方法，使" 品种分类 "右边添加一个空格" 品种分类 "。

（6）将鼠标指针定位在" 品种分类 "文字下一行的左边，使"（1）平瓣类"文字移动到第一个制表符标示的位置处；再将鼠标指针定位在"（2）匙瓣类"左边，再次按【Tab】键，使"（2）匙瓣类"文字移到第二个制表符标示的位置处。重复上面的操作，将该段文字设置成如图 4-3-8 所示的效果。

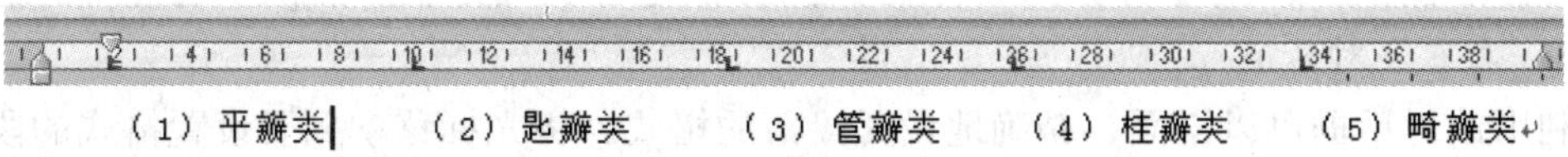

（1）平瓣类　　（2）匙瓣类　　（3）管瓣类　　（4）桂瓣类　　（5）畸瓣类

图 4-3-8 文字定位到制表符标示的位置处

（7）选中"30 个花型："文字下面的四段文字，调整"悬挂缩进"滑块到"2"处；拖动调整"首行缩进"滑块到"2"处，如图 4-3-9 所示。

（8）单击"开始"选项卡内"段落"组中的"编号"下拉列表按钮 ，弹出"编号库"列表，单击该列表中的"文档编号格式"栏内的第二个选项（如图 4-3-10 所示），即可给选中的段落添加选定的序列编号（见图 4-3-1）。

（9）文档的最终效果见图 4-3-1 所示。单击"保存"按钮，将修改后的文档保存。

30个花型：

平瓣类分为：宽带型、荷花型、芍药型、平盘型、翻卷型、叠球型。
匙瓣类分为：匙荷型、雀舌型、蜂窝型、莲座型、卷散型、匙球型。
管瓣类分为：单管型、翎管型、管盘型、松针型、疏管型、管球型、丝发型、钩环型、璎珞型、贯珠型。
桂瓣类分为：平桂型、匙桂型、管桂型、全桂型。
畸瓣类分为：龙爪型、毛刺型、剪绒型。

图 4-3-9　选中四段文字再调整滑块　　　　图 4-3-10　"编号库"列表

4.3.2　相关知识——段落设置和分栏

段落是由一个或多个连续的句子组成的。将一个段落作为编辑对象进行处理时，段落可以看成是两个段落标记之间的内容。设置段落格式的方法有"段落"组命令、"段落"对话框和水平标尺三种，分别介绍如下：

1. "段落"组命令

用"段落"组命令可以设置段落的一些格式，以及其他一些功能。其中与设置段落格式相关的按钮及其功能见表 4-3-1。

表 4-3-1　"格式"组部分按钮的名称及其功能

按　钮　名　称	功　　　能
"两端对齐"按钮	使选中段落的各行文字的左边缘对齐
"居中"按钮	使选中段落的各行文字在其所在行居中对齐
"右对齐"按钮	使选中段落的各行文字的右边缘对齐
"两端对齐"按钮	同时将选中的文字左右两端对齐，并根据需要增加字间距，使页面左右两侧形成整齐的外观
"分散对齐"按钮	可以调整选中段落的各行文字的水平间距，使其均匀分布在行内，具有整齐的边缘
"行和段落间距"按钮	以按当前的行距调整选中段落各行间距，可以设置当前行距和段落之间的间距
"减少缩进量"按钮	光标所在段落或者选中行所在段落的所有行，包括没有选中的行，都向左移动一个固定数值的缩进量
"增加缩进量"按钮	光标所在段落或者选中行所在段落的所有行，包括没有选中的行，都向右移动一个固定数值的缩进量

2. "段落"对话框

利用该对话框可以全面、精确地设置段落的格式。将光标移动到要设置格式的段落，或者选中要设置格式的多个段落，切换到"开始"选项卡，单击"段落"组"对话框启动器"按钮，弹出"段落"对话框的"缩进和间距"选项卡，见图 4-3-3。其内各选项的作用如下：

（1）"对齐方式"下拉列表框：可以设置段落的对齐方式。

（2）"大纲级别"下拉列表框：可以选择段落所对应的大纲级别。

（3）"缩进"栏："左侧"和"右侧"数值框用来输入段落与左右页边距的缩进量；"特殊格式"下拉列表框有"无"、"首行缩进"和"悬挂缩进"选项，用来设置段落格式。如果选中后两者中的一项，则可以在"度量值"数值框中输入缩进值。

　　（4）"间距"栏："段前"和"段后"数值框用来设置段落与其前后段落之间的间距；"行距"下拉列表框用来设置行间距；选中"固定值"项，可在"设置值"数值框中设定距离值。

　　（5）"预览"区：用来查看设置的效果。

　　3．使用标尺的缩进标记

　　分别拖动水平标尺上的四个标记（见图 4-3-2）可以直接调整段落左边或者右边的缩进量。按住【Alt】键拖动标记可以进行微调。四个标记的作用如下：

　　（1）"首行缩进"标记：拖动该标记，可调整光标所在段落首行的左缩进量。

　　（2）"悬挂缩进"标记：拖动该标记，可以调整光标所在段落除首行外所有文本行的左缩进量。

　　（3）"左缩进"标记：拖动该标记，可调整光标所在段落所有文本行的左缩进量。

　　（4）"右缩进"标记：拖动该标记，可调整光标所在段落所有文本行的右缩进量。

　　4．使用水平标尺设置制表符

　　制表符主要用于段落格式的排版，如缩进、对齐文本等。制表符可以在水平标尺内设置，也可以使用"制表符"对话框精确设置制表符。

　　在设置制表符之前，应先选中制表符的类型。在水平标尺的最左边有一个称为"制表符类型"的按钮，默认的制表符是"左对齐式制表符"。每单击该按钮一次，其制表符就会按照"居中式制表符" 、"右对齐式制表符" 、"小数点对齐式制表符" 、"竖线对齐式制表符" 和"左对齐式制表符"按钮 的顺序循环改变。

　　（1）在水平标尺内设置制表符的方法如下：

　　① 在水平标尺上想要添加制表符的位置单击，制表符标记就出现在标尺上。

　　② 在调整某个制表符时，拖动鼠标的同时可以按住【Alt】键，进行较精确的微调。

　　③ 完成制表符后，在当前行内输入文本，再按【Tab】键，光标会移到下一个制表符标示的位置处。

　　④ 如果需要删除某个制表符，可以将该制表符拖动出标尺即可。

　　（2）单击图 4-3-3 所示"段落"对话框内的"制表位"按钮，或者双击任意"制表符"，都可以弹出"制表位"对话框，如图 4-3-11 所示。利用该对话框设置制表符的方法如下。

　　① 在"制表符位置"文本框中输入要添加制表符的位置数值。

图 4-3-11　"制表位"对话框

　　② 在"对齐方式"栏中选中所需的对齐方式单选按钮。在"前导符"栏中选择一种制表符前导符。所谓前导符就是填充制表符前空白位置的符号。

　　③ 单击"设置"按钮，即可在指定位置添加指定的制表符。

　　④ 重复上面的步骤，可以设置多个制表符。完成设置后，单击"确定"按钮。

　　5．分栏

　　所谓分栏就是将一段文字分成并排的几栏，文字内容只有当填满第一栏后才移到下一栏。分栏广泛应用于报纸、杂志等内容的排版中，操作方法如下：

　　（1）因为只有"页面视图"方式下才能显示分栏效果，所以在分栏前要单击按下"视图"选项卡内"文档视图"组中的"页面视图"按钮，切换到"页面视图"方式。

　　（2）选中要进行分栏的文字内容，否则 Word 默认将整个文档内容进行分栏。

　　（3）在"页面布局"选项卡内"页面设置"组中，单击"分栏"按钮，弹出它的"分栏”菜单（见图 4-3-5），可选择预设的分栏格式，进行简易的等宽栏分栏操作。单击“更多分栏”命令，可弹出“分栏”对话框（见图 4-3-6），对选中文字进行精确分栏。

（4）在“分栏”对话框内的“预设”栏中，选择分栏的方式，共有五种形式。如果选中“一栏”选项，则表示取消原有的分栏效果，恢复到普通的段落格式。

在“栏数”数值框中，选择要分成的栏数。如果选中“栏宽相等”复选框，则 Word 会根据页面的宽度自行设定平均分配栏的宽度。如果不选中“栏宽相等”复选框，用户可以在“宽度和间距”栏中，自行设置每栏的宽度和栏与栏之间的距离。选中“分隔线”复选框，可以在栏与栏之间添加线段。

（5）在“预览”栏中，可以查看设置的效果。在“应用范围”下拉列表框中，可以选择“整篇文档”、“插入点之后”或者“本节”选项。如果在打开对话框之前已选中了文档内容，此操作可省略。

（6）设置完成后，单击“确定”按钮，即可完成分栏任务。

思考与练习4-3

1. 填空题

（1）水平标尺上有“________”、“________”、“________”和“________”四个滑块，

（2）在水平标尺的最左边有一个称为“________”的按钮，它有________种状态，它们分别是________、________、________和________。

（3）在“分栏”对话框内，选中“________”复选框，可以在栏与栏之间添加线段。

2. 操作题

（1）使用 Word 2010 应用程序创建一个名字为“入团申请书”的 Word 文档，如图 4-2-12 所示。

（2）创建一个“手机价格查询”文档，如图 4-3-13 所示，它给出了三大城市手机销售价格的查询单。可以看到每一列的文字都是准确左对齐的，没有表格线。

（3）制作一个“新闻稿”文档，要求设置段落格式、分栏、项目符号或编号。

（4）制作一个文档，介绍个人的兴趣和爱好，要求使用制表符、编号和分栏。

（5）参考本案例的制作方法，制作一个“梅花简介”文档。

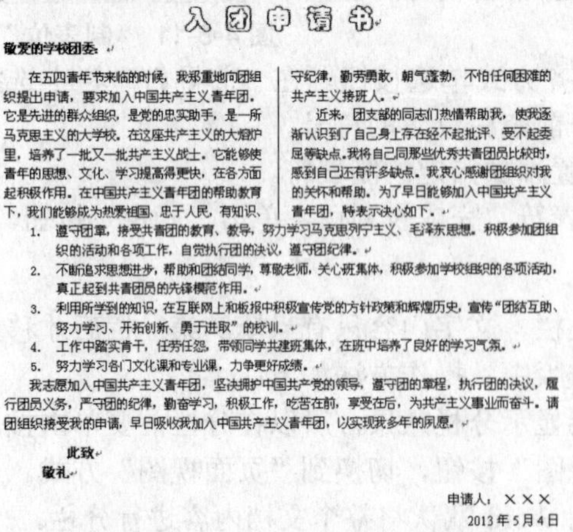

入团申请书

敬爱的学校团委：

在五四青年节来临的时候，我郑重地向团组织提出申请，要求加入中国共产主义青年团。它是先进的群众组织，是党的忠实助手，是一所马克思主义的大学校。在这座共产主义的大熔炉里，培养了一批又一批共产主义战士。它能够使青年的思想、文化、学习提高得更快，在各方面起积极作用。在中国共产主义青年团的帮助教育下，我们能够成为热爱祖国、忠于人民，有知识、守纪律，勤劳勇敢，朝气蓬勃，不怕任何困难的共产主义接班人。

近来，团支部的同志们热情帮助我，使我逐渐认识到了自己身上存在经不起批评、受不起委屈等缺点。我将自己同那些优秀共青团员比较时，感到自己还有许多缺点。我衷心感谢团组织对我的关怀和帮助。为了早日能够加入中国共产主义青年团，特表示决心如下。

1. 遵守团章，接受共青团的教育、教导，努力学习马克思列宁主义、毛泽东思想。积极参加团组织的活动和各项工作，自觉执行团的决议，遵守团纪律。
2. 不断追求思想进步，帮助和团结同学，尊敬老师，关心班集体，积极参加学校组织的各项活动，真正起到共青团员的先锋模范作用。
3. 利用所学到的知识，在互联网上和板报中积极宣传党的方针政策和辉煌历史，宣传“团结互助、努力学习、开拓创新、勇于进取”的校训。
4. 工作中踏实肯干，任劳任怨，带领同学共建班集体，在班中培养了良好的学习气氛。
5. 努力学习各门文化课和专业课，力争更好成绩。

我志愿加入中国共产主义青年团，坚决拥护中国共产党的领导，遵守团的章程，执行团的决议，履行团员义务，严守团的纪律，勤奋学习，积极工作，吃苦在前，享受在后，为共产主义事业而奋斗。请团组织接受我的申请，早日吸收我加入中国共产主义青年团，以实现我多年的夙愿。

此致

敬礼

申请人：×××

2013 年 5 月 4 日

图 4-3-12 “入团申请书”文档

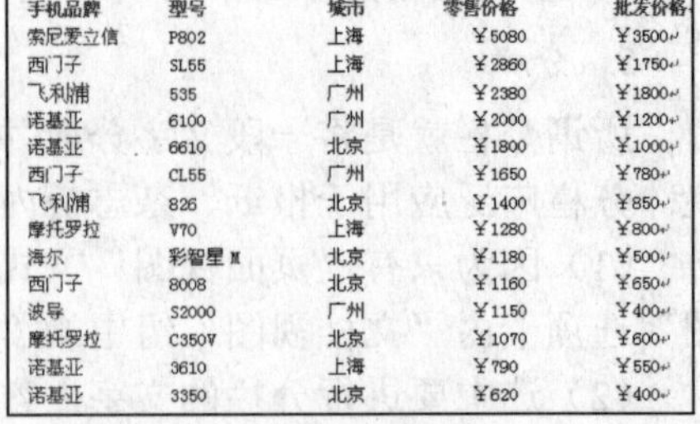

手机价格查询

手机品牌	型号	城市	零售价格	批发价格
索尼爱立信	P802	上海	￥5080	￥3500
西门子	SL55	上海	￥2860	￥1750
飞利浦	535	广州	￥2380	￥1800
诺基亚	6100	广州	￥2000	￥1200
诺基亚	6610	北京	￥1800	￥1000
西门子	CL55	广州	￥1650	￥780
飞利浦	826	北京	￥1400	￥850
摩托罗拉	V70	上海	￥1280	￥800
海尔	彩智星 M	北京	￥1180	￥500
西门子	8008	北京	￥1160	￥650
波导	S2000	广州	￥1150	￥400
摩托罗拉	C350V	北京	￥1070	￥600
诺基亚	3610	上海	￥790	￥550
诺基亚	3350	北京	￥620	￥400

图 4-3-13 “手机价格查询单”文档

4.4 【案例 4】英文求职信

4.4.1　案例效果和操作

编写一封英文求职信，如图 4-4-1 所示。将该英文求职信以名称"【案例 3】英文求职信"保存。

书写英文求职信，一定要注意单词拼写正确，没有语法错误，而且用词要恰当、格式要得体。Word 2010 有检查英文单词拼写和英文句子语法的功能，这个功能对于英语并非母语的中国人来说非常实用。有了 Word 2010 这个英语老师的帮忙，用户不必再担心拼写错误和语法错误。此外，Word 2010 还提供了翻译服务，不论是中文翻译成英文，还是英文翻译成中文都非常便捷。

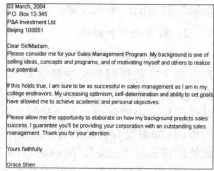

图 4-4-1　"英文求职信"文档

Word 2010 还提供了字数统计功能，整个文档共有多少个单词、行和段落等，一目了然，用户再也不用像以前那样逐个去数了。Word 2010 的查找单词功能也十分强大。文章不论多长，单词量不论多大，Word 2010 都可以很轻松地找到用户所要的单词。用户不必担心有遗漏或者是找错单词。

通过本案例，可以掌握英文文档的文字拼写和语法的错误检查、翻译和字数统计，以及进一步掌握文字的查找和替换等，还可以掌握英文书信的书写格式和常用敬语。具体操作方法如下：

1．输入求职信文本

（1）启动 Word 2010。单击"快速访问工具栏"内的"新建"按钮，新建一个空白文档，输入段落文字，再以名称"【案例 4】英文求职信.docx"保存。

（2）输入求职信文本内容，在输入过程中，有的单词下边会出现红色的波浪线，有的则会出现绿色的波浪线。红色波浪线表示拼写错误，绿色波浪线表示语法错误。

（3）如果在文档中看不到拼写错误单词下边有红色波浪线，或看不到语法错误语句下边有绿色波浪线，则切换到"审阅"选项卡，单击"语言"组中的"语言"按钮，弹出"语言"菜单，单击该菜单内的"设置校对语言"命令，弹出"语言"对话框，选中其内"英语（美国）"选项，选中"不检查拼音或语法"和"自动检测语言"复选框，如图 4-4-2 所示。

（4）单击"语言"菜单内的"语言首选项"命令，弹出"Word 选项"对话框的"语言"选项卡，如图 4-4-3 所示。

图 4-4-2　语言对话框

图 4-4-3　"Word 选项"对话框

选中其内"选择编辑语言"栏中设置启用英文。然后单击"确定"按钮，关闭该对话框。单击选中左边一列的"校对"选项，切换到"校对"选项卡。选中其内"在 Word 中更正拼写和语法时"栏中相应的复选框。

另外，也可以切换到"文件"选项卡，单击其内左边一列中的"选项"选项，弹出"Word 选项"对话框，单击左边一列的"语言"选项，切换到"语言"选项卡。

2. 检查拼写和语法

（1）切换到"审阅"选项卡，单击"校对"组中的"拼写和语法"按钮，Word 从文档开头向下查找拼写和语法错误。如发现错误，会弹出"拼写和语法：英语（美国）"对话框，如图 4-4-4 所示。如果有输入错误的单词，会在该对话框内"不在词典中"列表框内以红色显示错误单词，在"建议"列表框中显示建议使用的单词。如果没有合适的建议，可在拼错单词上直接更改。此处的错误是"mee"，应该为"me"。

图 4-4-4 "拼写和语法：英语（美国）"对话框

（2）在"建议"列表框中选中"me"，再单击"更改"按钮即可修改错误。如果还有其他错误，会接着显示下一个错误，直到都修改后，会弹出一个提示框，单击"确定"按钮，关闭该提示框和"拼写和语法：英语（美国）"对话框，完成错误的修改。

（3）单击"全部更改"按钮，Word 会一次自动更正所有相同错误的单词。

（4）如果文章中没有错误，Word 则会弹出一个提示对话框，告诉用户拼写和语法检查完毕。单击"确定"按钮，完成检查。

3. 翻译

Word 具有翻译功能，不论是中译英，还是英译中都可以。其方法如下：

图 4-4-5 "翻译"菜单

（1）拖动鼠标指针选中"Please"单词，切换到"审阅"选项卡，单击"语言"组中的"翻译"按钮，弹出"翻译"菜单，如图 4-4-5 所示。

（2）单击"翻译"菜单内的"翻译所选文字"命令，可弹出"翻译"窗格，并将选中的英文单词进行翻译，翻译结果会显示在"翻译"列表框内，如图 4-4-6 所示。

（3）"翻译"窗格就好像一个英汉汉英词典，在"将"下拉列表框内选择"英语（美国）"选项，则"翻译为"下拉列表框中会自动选中"中文（中国）"选项，在"搜索"文本框内输入要翻译的单词（例如，"Please"），然后按【Enter】键，即可获得翻译结果。翻译结果会显示在"翻译"列表框内，如图 4-4-6 所示。

图 4-4-6 "翻译"窗格

（4）如果单击"浏览"按钮 →，会弹出"翻译整个文档"对话框，单击"发送"按钮，即可弹出"在线翻译"网页，显示出整个文档的翻译结果，如图 4-4-7 所示。

（5）单击"翻译"菜单内的"翻译文档[英文（美国）到中文（中国）]"选项，也会弹出"翻译整个文档"对话框，单击该对话框内的"发送"按钮，即可弹出"在线翻译"网页，显示出整个文档的翻译结果，如图 4-4-7 所示。

（6）单击"翻译"菜单内的"选择转换语言"命令，会弹出"翻译语言选项"对话框，利用该对话框可以设置翻译的"译自"（原语言）和"翻译为"（目标语言）语言。

（7）单击"语言"组中的"英语助手"按钮，弹出"信息搜索"窗格，如图 4-4-8 所示。利用该窗格可以进行英汉翻译。

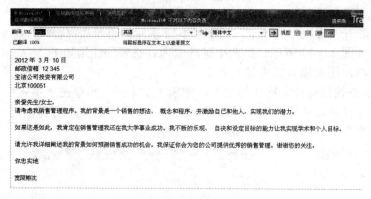

图 4-4-7　"在线翻译"网页

图 4-4-8　"信息搜索"窗格

3. 字数统计

单击"文件"选项卡内"校对"组中的"字数统计"按钮，Word 2010 会自动对整个文档进行统计。字数统计完成后，会弹出"字数统计"对话框，显示统计结果，如图 4-4-9 所示。查看统计结果后，单击"关闭"按钮，关闭对话框。

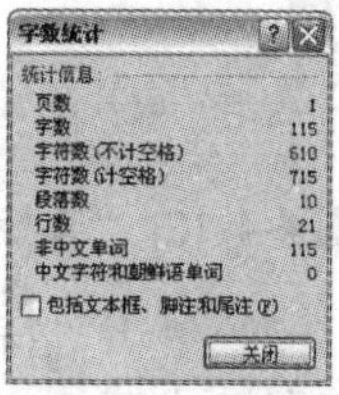

4. 查找和替换单词

（1）单击"开始"选项卡内"编辑"组中的"替换"命令按钮，弹出"查找和替换"对话框的"替换"选项卡，如图 4-4-10 所示。

图 4-4-9　"字数统计"对话框

（2）在"查找内容"列表框内输入要被替换或要查找的单词，在"替换为"列表框内输入要替换的单词。单击"替换"按钮，即可用在"替换为"列表框内输入的单词替换下一处"查找内容"列表框内输入的单词。

（3）单击"全部替换"按钮，即可用在"替换为"列表框内输入的单词替换全部"查找内容"列表框内输入的单词。

（4）单击"查找"标签，可以切换到"查找"选项卡，如图 4-4-11 所示。

（5）在"查找内容"列表框内输入要被替换或要查找的单词，单击"查找下一处"按钮，即可在文档内找到下一处"查找内容"列表框内输入单词。找到后，Word 2010 会自动选中该单词，并停止查找，等待用户的确定。

（6）要继续查找，单击"查找下一处"按钮；要结束查找，单击"取消"按钮。

图 4-4-10　"查找和替换"（替换）对话框

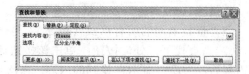

图 4-4-11　"查找和替换"（查找）对话框

4.4.2　相关知识——检查和修改及自动更正

1. 查找与替换

如果在长文档中，一个个地查找并改正多处相同错误内容，会花费很多时间。使用 Word 提供的查找与替换功能可以快速、准确地解决问题。使用 Word 可以查找和替换文字、格式、段落标记和其他项目，还可以使用通配符和代码来扩展搜索。

切换到"开始"选项卡，单击其内"编辑"组中的"查找"命令按钮，弹出它的"查找"菜单，单击该菜单内的"高级查找"命令，可以弹出"查找和替换"对话框的"查找"选项卡，单击"更多"按钮，展开"查找"选项卡，如图4-4-12所示。再单击"替换"标签，切换到"替换"选项卡，如图4-4-13所示。这两个选项卡内各选项的作用如下：

（1）在"查找内容"文本框：用来输入要查找的文字。

（2）"格式"按钮：如果要查找带有特定格式的文字，则输入文字后，再单击"格式"按钮，弹出下拉菜单。然后，选择所需格式。如果只搜索格式，而不考虑其文本内容，则不输入任何文字。在"查找内容"文本框的下方会显示要查找的格式。

图4-4-12 "查找和替换"（查找）对话框　　图4-4-13 "查找和替换"（替换）对话框

（3）单击"特殊格式"按钮，弹出"特殊格式"菜单，可从中选择要查找的字符、通配符和格式等。

（4）"替换为"文本框：用来输入要替换的文字。如果要替换带有特定格式的文字，则输入文字后，再单击"格式"按钮，弹出下拉菜单，然后选择所需要的格式。如果只替换文字的格式，而不考虑其文本内容，则不输入任何文字。在"查找内容"和"替换为"文本框的下方会分别显示设置的格式。

（5）"搜索"下拉列表框：它有三个选项，用来选择不同的查找范围。

（6）几个复选框的作用如下。

◎ "区分大小写"复选框：选中它后，在查找时可以区分英文字母的大小写。

◎ "全字匹配"复选框：选中它后，在查找时只查找与查找内容匹配的单词，否则查找包含该内容的文本。

◎ "使用通配符"复选框：选中它后，在查找文本时可以使用通配符。

◎ "同音（英文）"复选框：选中它后，可以查找与输入单词同音的所有单词。

◎ "区分全/半角"复选框：选中它后，在查找时可以区分全角和半角字符。

◎ "查找单词的所有形式（英文）"复选框：选中它后可查找输入词的所有形式。

（7）"查找下一处"按钮：单击该按钮后，Word会自动在文档中查找，如果找到一样的内容后，会反白显示查找到的内容。再次单击"查找下一处"按钮，Word会自动在文档中继续查找下一个同样的内容。如果没有相同的内容，会提示用户查找完毕。

（8）"替换"按钮：单击该按钮后，Word会自动在文档中查找，如果找到一样的内容，则将该内容替换为设置的内容，并反白显示；

（9）"全部替换"按钮：单击该按钮后，会自动替换文档中所有符合设置的文本。

（10）通配符：Word的查找功能不但支持像"*"和"?"这样的常见通配符，还支持像"[]""@"等不常见的通配符，操作方法如下：

单击"查找内容"下拉列表框内，将光标移动到"查找内容"下拉列表框中，单击"特殊格式"按钮，弹出它的下拉菜单，单击该菜单内所需的通配符，即可在"查找内容"框输入相应的通配符。另外，也可以在"查找内容"文本框中直接输入通配符。通配符的种类和作用见表 4-4-1。

表 4-4-1　常用通配符的种类和作用

通配符	作　用	举　　例
?	代表任意单个字符	"?经理"可以代表"总经理"或"副经理"等
*	代表一串字符	"*经理"可以代表"总经理"或"部门经理"等
[]	代表指定字符之一	"[总副]经理"只可以代表"总经理"或"副经理"
@	代表一个以上的前一个字符	"Zo@m"可以代表"Zoom"或"Zooom"等
<	代表单词的开头	"<(inter)"可以代表"intersection"或者"interruppt"等，但是不能代表"splintered"
>	代表单词的结尾	"(in)>"可以代表"in"或者"within"等，但是不能代表"interesting"

如果要替换为其他的内容，则选中"替换"选项卡，在"查找内容"文本框中输入通配符，然后在"替换为"中输入要替换的内容。

此外，使用括号对通配符和文字进行分组，以指明处理次序，例如，可以通过输入"<(pre)*(ed)>"来查找"presorted"或者"prevented"等单词。

2. 拼写和语法检查

切换到"审阅"选项卡，单击"校对"组中的"拼写和语法"按钮，Word 从文档开头向下查找拼写和语法错误。如果发现错误，会弹出"拼写和语法"对话框，如图 4-4-14 所示。在"拼写和语法"对话框中，还有一些非常有用的功能，介绍如下。

(1)"选项"按钮：单击"选项"按钮，弹出"Word 选项"对话框"校对"选项卡，如图 4-4-14 所示。其内有多个复选框用来设置拼写和语法功能的细节。

图 4-4-14　"拼写和语法"对话框

另外，也可以切换到"文件"选项卡，单击其内左边一列中的"选项"选项，弹出"Word

选项"对话框，单击左边一列的"校对"选项，切换到"校对"选项卡。

（2）"忽略一次"按钮：单击"忽略一次"按钮，检查到的错误被忽略不必更改，但是如果再有同样的错误，则还是需要指出来。

（3）"全部忽略"按钮：单击"全部忽略"按钮，检查到的错误，以及文档中所有一样的错误，都被忽略，不再更改。

（4）"添加到词典"按钮：单击"添加到词典"按钮，把检查到的拼写错误的单词作为新单词添加到词典中。今后，在任何文档中，这种拼写都被认为是正确的。

（5）"全部更改"按钮：单击"全部更改"按钮，Word 2010 将用"建议"列表框中选中的单词，自动更改文档中所有相同的错误。

（6）"自动更正"按钮：单击"自动更正"按钮，Word 2010 将用"建议"列表框中选中的单词，自动更改文档中所有相同的错误，并且把拼写错误及其更正添加到"自动更正"列表中。这样 Word 2010 就会在用户输入单词时，自动更正这个错误。

3．英文信件书写格式

求职信的英文名称为"Application Letter"。因为简历中已经将工作经验和教育情况列表说明了，所以求职信的主要目是表达自己的意愿，简短地说明与应聘职位有关的职业经历和技能。英文求职信是英文书信的一种，各种书信的格式都大体相同，为了让读者掌握书信的排版格式，下面介绍英文书信的书写格式。

（1）信内地址：在称呼的上方写上写信的日期、收信公司名称和地址或者收信人的姓名、职务及地址。

（2）称呼：如果知道对方的姓名，就用 Dear ×××，如果不知道对方的姓名，就用 Dear Sir/Madam。称呼后边一般要使用标点符号，英式采用逗号，美式用分号。

（3）正文：各行向左边垂直对齐的或者每段的第一个词缩进。各段之间要有一行空白行。正文一定要简明、清楚，用词要礼貌、得体。

（4）结尾客套语：美式写法常用 Sincerely 和 Best regards，英式表达常用 Yours sincerely（熟人或知道对方姓名）和 yours faithfully（不知道对方姓名）。

（5）签名：写信人的姓名和职务。结尾客套语和签名之间有供手写签名的空白行。

4．特殊符号的简单输入

前面 4.1 节介绍了如何通过"符号"对话框输入键盘无法输入的字符。如果需要经常输入某个字符，那么使用"符号"对话框输入的方法就非常不方便了。有两种方法可以解决这个问题：一种是使用自动更正的方法，另一种是使用组合键的方法。

（1）使用自动更正的方法：当用户通过键盘输入某个指定字符时，Word 2010 会自动将其更正为预先设定的特殊字符，这就是自动更正。设置自动更正的方法如下：

① 切换到"插入"选项卡，单击"符号"组内的"符号"按钮，弹出"符号"菜单，单击该菜单内的"其他符号"选项，弹出"符号"对话框。单击"符号"标签，切换到"符号"选项卡，如图 4-1-15 所示。

② 在"字体"下拉列表框中选中"Webdings"选项，在列表框中选择"♛"字符，然后单击"插入"按钮，即可在光标处插入一个"♛"字符。

③ 在"符号"对话框"符号"选项卡内，选中常输入的字符，例如"♛"，再单击"自动更正"按钮，弹出"自动更正"（自动更正）对话框，如图 4-4-16 所示。

④ 在"自动更正"（自动更正）对话框内的"替换"文本框中输入要指定的字符，例如"j@"，然后，单击"确定"按钮，完成设置。以后在文档中输入"j@"时，Word 会自动更正为"♛"字符。

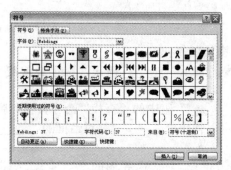

图 4-4-15　"符号"对话框"符号"选项卡

图 4-4-16　"自动更正"对话框

⑤　如果要取消这项功能，则在"自动更正"对话框的"输入时自动替换"栏的列表框中选中该项，再单击"删除"按钮即可。

⑥　"自动更正"对话框中还有许多复选框，可以开启或关闭自动更正的部分功能。

⑦　切换到"数学符号自动更正"选项卡，利用该选项卡可以定义一些特殊数学符号的替换输入字符串。

（2）使用组合键的方法：自动更正功能虽然方便，但是当需要输入替换的字符时，就必须预先取消该项的自动更正功能。例如，需要输入"j@"字符时，就必须取消自动更正功能，否则还是"♔"字符。使用组合键就可以避免这个问题，操作方法如下：

①　弹出"符号"对话框，选中"符号"选项卡（见图 4-4-15），在"字体"下拉列表框中选择"（普通文本）"选项，在"子集"下拉列表框中选择"广义标点"选项，在列表框中单击选择"‰"字符，如图 4-4-17 所示。

②　单击"快捷键"按钮，弹出"自定义键盘"对话框，如图 4-4-18 所示，将光标定位到"请按新快捷键"文本框中，按快捷键，文本框中会自动显示所按的键，例如，【Ctrl+F5】快捷键，如图 4-4-18 所示，指定的快捷键是【Ctrl+F5】。按【Enter】键，即可将"请按新组合键"文本框中的快捷键名称移到"当前快捷键"列表框内。

图 4-4-17　"符号"对话框"符号"选项卡

图 4-4-18　"自定义键盘"对话框

③　在"将更改保存在"下拉列表框中，选中 Normal 项，表示设定的组合键适用于所有的 Word 文档。选中"第 4 章　Word 2010 文字编辑基础"选项，表示只适用于当前文档。当前文档名称不同时，在"将更改保存在"下拉列表框中的另一个选项也不同。

④　单击"指定"按钮，设置完成。如果要取消该快捷键设置，则在"自定义键盘"对话框的"当前组合键"文本框中选中该快捷键名称，再单击"删除"按钮即可。

思考与练习4-4

1. 填空题

（1）在 Word 2010 中，弹出"翻译"窗格的操作是_____。

（2）文档中单词下边出现红色波浪线，表示_____错误，绿色波浪线表示_____错误。

（3）单击"_____"选项卡内"_____"组中的"查找"命令按钮，弹出它的菜单，单击其内的"_____"选项，可以弹出"_____"对话框的"_____"选项卡。

（4）切换到"_____"选项卡，单击"_____"组内的"_____"按钮，弹出"_____"菜单，单击该菜单内的"_____"选项弹出"_____"对话框。单击"_____"标签，切换到"_____"选项卡.

2. 问答题

（1）在"查找和替换"对话框中，"替换"和"全部替换"按钮的作用有何不同？

（2）在"查找和替换"对话框中的"搜索"下拉列表框中选择"向上"和"向下"选项有什么不同？

（3）如何利用"翻译"窗格将"你好"汉字翻译成英文？

3. 操作题

（1）将图 4-4-1 所示的求职信中的 sales 都替换成 marketing，不区分大小写。

（2）设置快捷键【Ctrl+8】和【Ctrl+9】，当按【Ctrl+8】快捷键时，可以显示"♀"字符；当按【Ctrl+9】快捷键时，可以显示"♂"字符。

（3）设置一个自动更正，当输入@@时，可以显示"☺"字符；当输入@20 时，可以显示"（20）"字符。

（4）制作一个药物洗发水的产品说明书，如图 4-4-19 所示。可以看到，药品说明书内有一些特殊字符，药品说明书的内容分成两个栏显示，这样即内容一目了然，又节省空间。将该文档以名称"药品说明书.docx"保存。

图 4-4-19　药物洗发水的产品说明书

（5）利用 Word 2010 的"翻译"窗格、拼写和语法检查功能，书写下面一段英文，注意书写格式。

When your computer seems to be getting slower and slower, consider the following suggestions that might improve your current system.

☆ Uninstall programs you no longer need. Use Control Panel—Add and Remove Programs to access the Uninstall feature.

☆ Remove unneeded fonts. Use Control Panel—Fonts to determine the different font types stored on your system and delete those you will not need.

☆ Empty the Recycle Bin. Open the Recycle Bin and use File—Empty Recycle Bin.

（6）修改"药品说明书"文档，使该文档分三栏，再添加一些特殊字符。

（7）制作一个"数码照相机说明书"文档。

（8）制作一个"LED 电视机说明书"文档。

第 5 章　表格、列表和数学公式

本章将通过五个案例，介绍使用 Word 2010 创建和编辑表格、创建图表、给表格添加边框和底纹、表格数据统计、文本与表格互换、创建和编辑列表，以及创建和编辑数学公式等方法。

5.1 【案例 5】春节值班表

5.1.1　案例效果和操作

本案例是使用 Word 2010 制作一个“春节值班表”文档，如图 5-1-1 所示。制作该文档需要先创建一个 10 行、6 列的表格，再在表格内输入文字，然后给表格添加边框和底纹。

表格的使用在于把文档某些部分的内容加以分类，使内容表达更加准确、清楚和有条理。在 Word 2010 中，表格的创建可以使用“插入”选项卡的“表格”组内的“插入表格”工具、“插入表格”对话框和应用“表格库”的方法。创建后的表格还可以根据自己的需要添加或删除。表格中的行、列和单元格也可以添加或删除。表格中的文本编辑与普通文本编辑一样，也可以改变文本的字号、字体、颜色和位置等。通过本案例，可以掌握创建表格的方法和一些表格编辑的方法。具体操作方法如下。

※　春节值班表　※

日期和时间	1 号楼	2 号楼	3 号楼	4 号楼	5 号楼
春节（2 月 25 日）	赵凤山	贾增功	徐浩田	黄梅齐	葛春生
初 1（2 月 25 日上午）	丰金兰	许立平	刘峰	赵晓保	孙宝华
初 1（2 月 25 日下午）	刘佩琦	胡中陶	张克	李贵鲜	吴忠山
初 2（2 月 25 日上午）	刘西安	司保忠	司马琳	曹桂贤	李明忠
初 2（2 月 25 日下午）	齐燕	方晓萍	华玉	王维国	李华清
初 3（2 月 25 日上午）	许立平	徐浩田	赵晓保	孙宝华	赵凤山
初 3（2 月 25 日下午）	葛佩琪	王凯	毛泽林	吴一珊	薛欢
初 4（2 月 25 日上午）	肖长春	孙丽丽	洪晓达	李蓓	赵华
初 4（2 月 25 日下午）	司马琳	刘西安	司保忠	曹桂贤	李明忠

图 5-1-1　“春节值班表”文档

1. 创建标题和表格

（1）新建一个空白文档，多次按【Enter】键，创建多个空白行。切换到“页面布局”选项卡。单击“页面设置”组的“对话框启动器”按钮，弹出“页面设置”对话框，进行页面设置。再以名称“【案例 5】春节值班表.docx”保存。

（2）打开“【案例 1】圆明园.docx”Word 文档，拖动选中该文档内第一行的文字“※※圆　明　园　※※”，单击“开始”选项卡“剪贴板”组内的“复制”按钮，将选中的文字复制到剪贴板内。

（3）回到“【案例 5】春节值班表.docx”Word 文档，将光标定位到第一行，单击“开始”选项卡“剪贴板”组内的“粘贴”按钮，将剪贴板内的文字粘贴到“【案例 5】春节值班表.docx”Word 文档内的第一行。

（4）将“圆　明　园”文字改为“春节值班表”，再将文字在本行居中排齐。然后，将光标定位到第三行。

（5）使用“表格”组的命令创建表格：可以快速创建高度和宽度为固定值的表格，方法如下：

① 将光标移动到要插入表格处。单击"插入"选项卡中"表格"组的"表格"按钮，弹出"表格"菜单，其中有一个 10×8 的网格和一些命令，如图 5-1-2 所示。

② 在网格中向右下方拖动，深色的方格表示要创建几行几列表格，选择好所需的行、列数后，松开鼠标左键，即可在光标处创建表格。光标会自动定位到表格左上角第一个单元格内。此处创建 8 行、6 列表格，如图 5-1-3 所示。

使用该方法创建的表格的行高和列宽为固定值，不能自行设置。

图 5-1-2 "表格"菜单

图 5-1-3 8×6 的表格

③ 在表格下面空一行再创建 2×6 的表格，然后删除空行，将上下两个表格连接在一起，形成一个 10×6 的表格，如图 5-1-4 所示。

也可以在表格左边拖动选中两行表格，右击选中的表格，弹出它的快捷菜单，单击该菜单内的"复制"命令，将选中的两行表格复制到剪贴板内。将光标定位在表格的下一行，按【Ctrl+V】组合键，将剪贴板内的两行表格粘贴到 8×6 表格的下边，形成一个 10×6 的表格，如图 5-1-4 所示。

（2）使用"插入表格"对话框创建表格：也可以创建宽度可以设置的表格。方法如下：

① 将光标移动到要插入表格的位置。单击"插入"选项卡中的"表格"组按钮，弹出"表格"菜单，如图 5-1-2 所示。单击其内的"插入表格"命令，弹出"插入表格"对话框，如图 5-1-5 所示（还没有设置）。

图 5-1-4 新建的表格

图 5-1-5 "插入表格"对话框

② 在"表格尺寸"栏中的"列数"和"行数"数字框中分别输入表格的行数 10 和列数 6，如图 5-1-5 所示。

③ 如果选中"固定列宽"单选按钮，可以在其右边的数值选择框中，输入所需的列宽值；如果选中"根据内容调整表格"单选按钮，Word 将会根据单元格输入文字的数量，随时调整列宽；如果选中"根据窗口调整表格"单选按钮，Word 将自动调整表格大小，以便能置于窗口中。如果窗口的大小发生了变化，则表格的大小可根据变化后的窗口自动调整。如果选中"为新表格记忆此尺寸"复选框，则之后新建的表格将使用当前设置的尺寸。完成设置后，单击"确定"按钮，即可创建表格。

（3）使用"表格模板"对话框创建表格：使用表格模板可以插入基于一组预先设好格式的表格，包含示例数据，并同时设置表格的外观。方法如下：

将光标移动到要插入表格的位置。单击"插入"选项卡中的"表格"组按钮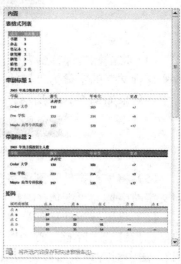，弹出"表格"菜单，见图 5-1-2。将鼠标指针移到"快速表格"命令之上，即可显示内置的表格库，即表格模板，如图 5-1-6 所示。单击选中一种表格，即可在光标处创建一个选中样式的表格。然后，可以输入所需的表格数据，替换模板中的数据。

2. 在表格内输入文字

（1）拖动选中整个表格，单击"开始"选项卡"段落"组内右下角的按钮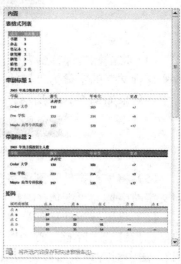，弹出"段落"对话框，设置段前和段后均为 0 行，在"行距"下拉列表框内选择"单倍行距"选项，如图 5-1-7 所示。单击"确定"按钮，关闭"段落"对话框，完成选中表格的段落设置。

（2）保证选中整个表格，单击"开始"选项卡"字体"组内右下角的按钮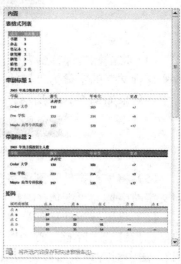，弹出"字体"对话框，在"中文字体"下拉列表框内选中"宋体"选项，设置字体为宋体；在"字形"列表框中选中"加粗"选项，设置字形为加粗；在"字号"列表框中选中"小四"选项，设置字号为小四，"字体颜色"设置为蓝色，如图 5-1-8 所示。

图 5-1-6　内置的表格库

图 5-1-7　"段落"对话框

图 5-1-8　"字体"对话框

（3）在表格中依次输入春节值班表的内容。将鼠标指针移到表格上，表格左上方会显示图标，单击该图标，可以选中整个表格，如图 5-1-9 所示。

在创建表格时，如果选中图 5-1-5 所示"插入表格"对话框内的"根据内容调整表格"单选按钮，则 Word 会根据输入的文本，随时调整列宽。每列的宽度以该列最宽的单元格的宽度为标准；如果选中图 5-1-5 所示"插入表格"对话框内的"根据窗口调整表格菜单"单选按钮，则 Word 2010 会根据页面的大小按比例自动调整表格的列宽。每列的宽度以该列最宽的单元格的宽度为标准。如果选中了"固定列宽"单选按钮，则需要调整表格垂直线的水平位置，方法是：将鼠标指针移到表格垂直线处，当鼠标指针呈 ╫ 状时，拖动鼠标指针，调整表格垂直线的水平位置。

日期和时间	1号楼	2号楼	3号楼	4号楼	5号楼
春节（2月25日）	赵凤山	贾增功	徐浩田	黄梅齐	葛春生
初1（2月25日上午）	丰金兰	许立平	刘峰	赵晓保	孙宝华
初1（2月25日上午）	刘佩琦	胡中陶	张克	李贵鲜	吴忠山
初2（2月25日上午）	刘西安	司保忠	司马琳	曹桂贤	李明忠
初2（2月25日上午）	齐燕	方晓萍	华玉	王维国	李华清
初3（2月25日上午）	许立平	徐浩田	赵晓保	孙宝华	赵凤山
初3（2月25日上午）	葛佩琪	王凯	毛泽林	吴一珊	薛欢
初4（2月25日上午）	肖长春	孙丽丽	洪晓达	李蓓	赵华
初4（2月25日下午）	司马琳	刘西安	司保忠	曹桂贤	李明忠

图 5-1-9　选中整个表格

（4）将鼠标指针移到表格首行左边的空白上，鼠标指针变成↗形状后，单击选中该行。改变该行文字的字体为"楷体_GB2312"、字号为"小三"、加粗和字体颜色为红色，位置居中，效果如图 5-1-10 所示。

日期和时间	1号楼	2号楼	3号楼	4号楼	5号楼

图 5-1-10　选中表格首行进行设置

（5）将鼠标指针移到表格首列上方，鼠标指针变成↓形状后，单击选中该列。改变该列文字的字体为"楷体_GB2312"、字体颜色为红色，居中对齐。

（6）将鼠标指针移到第二行第二列单元格内偏左的位置，鼠标指针变成↗形状后，拖动鼠标指针选中除首行首列以外的所有单元格。改变文字的字体为"宋体"、字号为"小四"，居中对齐。最后效果如图 5-1-11 所示。

（7）选中整个表格，单击"格式"组内的"边框和底纹"按钮，弹出它的菜单，单击该菜单内的"边框和底纹"选项，弹出"边框和底纹"对话框，选中"边框"选项卡。在"设置"选项组中选中"全部"选项，在"线型"列表框中选中图 5-1-12 所示的线型，在"颜色"下拉列表框中选中"绿色"色块，在"宽度"下拉列表框中选中"2.25 磅"选项。然后，单击"确定"按钮，完成表格线框的加工。

◆◆◆◆※　　春节值班表　※◆◆◆◆

日期和时间	1号楼	2号楼	3号楼	4号楼	5号楼
春节（2月25日）	赵凤山	贾增功	徐浩田	黄梅齐	葛春生
初1（2月25日上午）	丰金兰	许立平	刘峰	赵晓保	孙宝华
初1（2月25日下午）	刘佩琦	胡中陶	张克	李贵鲜	吴忠山
初2（2月25日上午）	刘西安	司保忠	司马琳	曹桂贤	李明忠
初2（2月25日下午）	齐燕	方晓萍	华玉	王维国	李华清
初3（2月25日上午）	许立平	徐浩田	赵晓保	孙宝华	赵凤山
初3（2月25日下午）	葛佩琪	王凯	毛泽林	吴一珊	薛欢
初4（2月25日上午）	肖长春	孙丽丽	洪晓达	李蓓	赵华
初4（2月25日下午）	司马琳	刘西安	司保忠	曹桂贤	李明忠

图 5-1-11　表格文字设置

图 5-1-12　"边框和底纹"对话框设置

5.1.2　相关知识——创建和编辑简单表格

1．光标在表格中的移动

在表格中输入文字的方法与在文档中输入文字的方法完全一致。首先将光标定位到要输入文字的单元格中，再输入文字，然后再将光标定位到其他位置，继续输入文字。在输入过程中表格会依据输入文字的大小、内容的多少，自动加大行的高度。

只要将鼠标指针置于所需的位置，再单击即可在表格中定位光标。当然也可以使用键盘来移动光标。表 5-1-1 列举了一些常用按键及其功能。

表 5-1-1　常用按键及其功能

按　　键	功　　能	按　　键	功　　能
Tab	移动到下一个单元格内	Alt+End	移动到本行的最后一个单元格内
Shift+Tab	移动到上一个单元格内	Alt+Page Up	移动到本列的第 1 个单元格内
Alt+Home	移动到本行的第一个单元格内	Alt+Page Down	移动到本列的最后一个单元格内

2．选中表格中的文字和选中表格

（1）选中表格中的文字：可以像在文档中选中文字那样，拖动选中文字。

（2）选中表格：将鼠标指针移动到表格上，表格左上方会表格移动控点 ⊞，单击该控点可以选中整个表格。

切换到"布局"选项卡，单击"表"组中的"选择"按钮，弹出"选择"菜单，如图 5-1-13 所示，单击该菜单内的"选择表格"命令，Word 会自动选中光标所在的整个表格。

（3）选中行：将鼠标移动到要选中行左边的空白选中区上，当鼠标指针变成 ⤢ 形状时，单击选中该行，如图 5-1-14 所示。垂直拖动鼠标可以选中多个行。或者将光标移动到要选中行中的任意单元格内，单击图 5-1-13 所示的"选择"菜单内的"选择行"命令，Word 会自动选中光标所在的行。

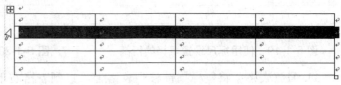

图 5-1-13　"选择"菜单　　　　　　　　　　图 5-1-14　选中行

（4）选中列：将鼠标移动到要选中列的上方上，当鼠标指针变成 ↓ 形状时，单击鼠标选中该列，如图 5-1-15 所示。水平拖动鼠标可以选中多个列。或者将光标移动到要选中行中的任意单元格内，单击图 5-1-13 所示的"选择"菜单内的"选择列"命令，Word 会自动选中光标所在的列。

（5）选中单元格：将鼠标指针移动到要选中单元格内偏左的位置，当鼠标指针变成 ➹ 形状时，单击鼠标选中该单元格，拖动鼠标可以选中多个单元格，如图 5-1-16 所示。或者将光标移动到要选中行中的任意单元格内，单击图 5-1-13 所示的"选择"菜单内的"选择单元格"命令，Word 会自动选中光标所在的单元格。

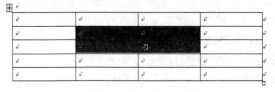

图 5-1-15　选中列　　　　　　　　　　图 5-1-16　选中单元格

3．调整表格的行高和列宽

前应将视图切换到页面视图，调整表格其行高和列宽有如下两种方法：

（1）拖动表格线方法：拖动表格线可以调整表格的行高和列宽，但是不可以小于设定值。具体方法如下：

◎ 将鼠标指针移动到要改变高度的行的横线上，拖动表格横线，可以调整高度，虚线表示调整后的高度，如图 5-1-17 所示。松开鼠标，该行的高度改变。

◎ 将鼠标指针移动到要改变宽度的列的竖线上，拖动表格竖线，可以调整宽度，虚线表示调整后的宽度，如图 5-1-18 所示。松开鼠标，该列的宽度改变。

图 5-1-17　使用鼠标设置表格的行高　　　　　图 5-1-18　使用鼠标设置表格的列宽

按住【Alt】键，同时拖动表格线，可以更细微地调整表格的宽度和高度。

（2）拖动调整标尺标记方法：调整前应将光标移动到表格内。接着进行如下操作。

◎ 调整行高：将鼠标指针移至垂直表尺的行标记上，当鼠标指针呈 ▤ 状时，上下拖动，可以改变行高，如图 5-1-19 所示。

◎ 调整列宽：将鼠标指针移至水平标尺的列标记上，当鼠标指针呈 ↔ 状时，左右拖动，可以改变列宽，如图 5-1-20 所示。

此外，按住【Alt】键，同时拖动鼠标可以精确调节移动的位置。

图 5-1-19　使用标尺设置表格的行高　　　　　图 5-1-20　使用标尺设置表格的列宽

（3）缩放表格：将鼠标指针移到表格上，直到表格右下角的尺寸控点□出现。然后，将鼠标再移动到表格尺寸控点上，当鼠标指针变成一个双向箭头↖状时，拖动调整表格的大小，如图 5-1-21 所示，其中虚线为调整后的大小。

	星期一	星期二	星期三	星期四	星期五
第 1 节	数学	语文	外语	外语	数学
第 2 节	数学	语文	外语	外语	数学
第 3 节	外语	物理	数学	语文	物理
第 4 节	外语	化学	数学	语文	化学
第 5 节	政治	体育	政治	自习	体育

图 5-1-21　缩放表格

4．插入行、列和单元格

用户可在表格中添加任意多个行或列，插入行和列的操作方法有多种，介绍如下。

（1）使用工具按钮插入行：将光标定位在要插入行的下面一行或选中要插入行的下面一行，切换到"布局"选项卡，单击"行和列"组中的"在上方插入"按钮，就可以在光标所在行或选中行的上方插入一空白行。单击"在下方插入"按钮，就可以在光标所在行或选中行的下方插入一空白行。

（2）使用工具按钮插入列：将光标定位在要插入列的左边一列或选中要插入列的左边一列，切换到"布局"选项卡，单击"行和列"组中的"在左侧插入"按钮，就可以在光标所在列或选中列的左边插入一空白列。单击"在右侧插入"按钮，就可以在光标所在列或选中列的右侧插入一空白列。

（3）使用右键菜单：右击要插入行或列或单元格的表格内位置，弹出它的"插入"菜单，如图 5-1-22 所示。单击该菜单中的某一个命令，即可插入行或列。

（4）使用对话框：单击图 5-1-22 所示的"插入"菜单内的"插入单元格"命令，或者单击"行和列"组的对话框启动按钮，都可以弹出"插入单元格"对话框，如图 5-1-23 所示。单击选中其中一个单选按钮，再单击"确定"按钮，即可按照选定要求插入行、列或单元格。

（5）插入多个空白行：选中同等数量的行，再按步骤（1）、（2）或（3）操作。

（6）插入空白列：在表格中选中一列或多列，其他操作与插入行的操作基本一样，只是选择的不是插入行命令或单选按钮，而是插入列命令、按钮或单选按钮。

5．删除表格、行、列和单元格

用户可以任意删除表格以及其中的行和列，操作方法如下。

（1）使用工具按钮：选中要删除的表格或者将光标移动到表格内，单击"表格工具"按钮，选中"布局"选项卡，单击"行和列"组中的"删除"按钮，弹出它的"删除"菜单，如图 5-1-24 所示。接着操作如下：

◎　如果需要删除整个表格，则单击"删除表格"命令。

◎　如果需要删除行，则单击"删除行"命令。

◎　如果需要删除列，则单击"删除列"命令。

◎　如果需要删除单元格，则单击"删除单元格"命令，弹出"删除单元格"对话框，如图 5-1-25 所示。单击选中其中一个单选按钮，再单击"确定"按钮，即可按照选定要求删除一个或多个行、列或单元格。

图 5-1-22　"插入"菜单　　图 5-1-23　"插入单元格"对话框　　图 5-1-24　"删除"菜单

（2）使用右键命令：方法如下。

◎　删除一行或多行：选中要删除的一行或多行，在选中的行上单击鼠标右键，弹出它的快捷菜单，单击"删除行"命令。

◎　删除一列或多列：选中要删除的一列或多列，在选中的列上单击鼠标右键，弹出它的快捷菜单，单击"删除列"命令。

图 5-1-25　"删除单元格"对话框

◎　删除单元格：选中要删除的一个或多个单元格，在选中的单元格上单击鼠标右键，弹出它的快捷菜单，单击"删除单元格"命令。

思考与练习5-1

1．填空题

（1）在 Word 2010 中，可以使用四种方法创建表格，第一种是_____，第二种是_____，第三种是_____。第四种是_____。

（2）将鼠标指针移到表格垂直线处，当鼠标指针呈_____状时，拖动鼠标，可以调整表格_____线的_____位置。将鼠标指针移到表格水平线处，当鼠标指针呈_____状时，拖动鼠标，可以调整表格_____线的_____位置。

（3）按_____组合键，可以使表格内的光标移动到上一个单元格内。

（4）切换到"布局"选项卡，单击"_____"组中的"_____"按钮，就可以在光标所在行或选中行的上方插入一空白行。

2．操作题

（1）参考案例 6 "春节值班表"的制作方法，制作一个"课程表"。

（2）制作一个"工资表"，使用"边框和底纹"对话框将表格进行修饰。

（3）制作一个"通讯录"表格。

5.2 【案例 6】学员登记表

5.2.1 案例效果和操作

制作一个"学员登记表"表格，如图 5-2-1 所示。可以看到，这个表格不规则，其内还嵌入学员照片。在 Word 2010 中，创建表格的方法有很多种，既可以用上面介绍的方法制作标准的表格，也可以通过"表格工具"栏内"设计"和"绘图边框"选项卡的工具来绘制复杂的表格，给表格添加底纹和边框，可以如同在纸上绘制表格一样，用鼠标代替画笔画出表格，或者用鼠标代替橡皮擦除表格进行相应的修改。另外，可以通过使用合并和拆分单元格的方法来修改简单表格，使它成为复杂表格。

通过本案例，可以掌握使用"表格工具"栏内工具绘制复杂表格的方法，给表格添加底纹和边框的方法，以及合并和拆分单元格的方法等。具体操作方法如下。

1．创建一个单元格的表格

（1）新建一个空白文档，在第一行居中的位置输入"学员登记表"文字，设置文字颜色为红色、华文楷体、加粗和"阴影"效果。再以名称"【案例 6】学员登记表.docx"保存。

（2）将光标移动到第二行。单击"插入"选项卡中"表格"组的"表格"按钮▦，弹出"表格"菜单，如图 5-1-2 所示。在网格中向右下方拖动出一个单元格的表格，松开鼠标左键，即可在光标处创建一个单元格的表格。

图 5-2-1 "学员登记表"表格

（3）切换到"设计"选项卡，单击"表格样式"组的"边框"按钮，弹出它的快捷菜单，单击该菜单内的"边框和底纹"命令，弹出"边框和底纹"对话框（见图 5-1-12）。在其内"颜色"下拉列表框中选择红色，在"宽度"下拉列表框内选择"1.0 磅"选项，再单击"确定"按钮，给一个单元格的表格线着 1.0 磅的红色线。

（4）将鼠标指针移到表格上，直到表格右下角的尺寸控点口出现。然后，将鼠标再移动到表格尺寸控点上，当鼠标指针变成一个双向箭头↖状时拖动，将表格调大。

2．使用"绘图表格"工具创建复杂表格

（1）切换到"设计"选项卡，在"绘图边框"组中"笔样式"下拉列表框内选择实线样式，在"笔粗细"下拉列表框内选择 1.0 磅，在"笔颜色"下拉列表框内选择红色。然后，单击按下"绘图边框"组中的"绘制表格"按钮，如图 5-2-2 所示。此时鼠标指针变成✎形状。

（2）绘制一行水平表格线：从表格的左边框向右边拖动笔形指针绘出虚线，如图 5-2-3 所示。松开鼠标后，就给表格添加一条水平表格线。按照上述方法，重复上述操作，再绘制 12 条水平表格线。

（3）绘制一列垂直表格线：从表格的上边框向下边框拖动笔形指针画出虚线，如图 5-2-4 所示。松开鼠标后，就给表格添加了一列垂直表格线。按照上述方法，重复上述操作，再绘制多列垂直表格线列。

图 5-2-2 "绘图边框"组

（4）绘制斜表格线：从单元格的左上角向右下角拖动笔形指针画出虚线，如图 5-2-5 所示。松开鼠标后就给单元格添加了斜线。最后绘制的表格线如图 5-2-6 所示。

图 5-2-3 绘制表格的行

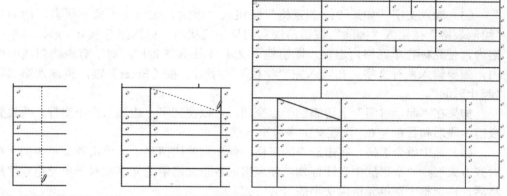

图 5-2-4 绘制表格的列　图 5-2-5 绘制表格的斜线　　图 5-2-6 绘制的表格线

（5）如果需要擦除表格的某些线段，则单击按下"绘图边框"组中的"擦除"按钮，鼠标指针变成 形状。用鼠标拖动要擦除的线段，松开鼠标，线段消失，线段左右的单元格会自动合并成一个单元格。

（6）如果擦除的线段不是单元格之间的完全分隔线或者是表格的边框线，则擦除掉的线段会以虚线格式显示，并且单元格不会合并。例如，擦除表格边框线的效果如图 5-2-7 所示。如果没有显示虚线，可以切换到"表格工具"的"布局"选项卡，单击按下"表"组中 "查看网格线"按钮 ，如图 5-2-8 所示。

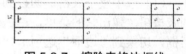

图 5-2-7 擦除表格边框线

3. 合并和拆分单元格

图 5-2-8 单击"查看网格线"按钮

（1）合并单元格：用户可以合并表格中的多个单元格使其成为一个单元格。首先选中要合并的多个单元格，此处选中图 5-2-6 所示右上角最后一列的四行单元格，再切换到"表格工具"的"布局"选项卡，单击按下"合并"组中的"合并单元格"按钮，将选中的四个单元格合并为一个单元格。再将左下角第一列的六行单元格合并。

（2）拆分单元格：用户可以拆分表格中的一个或多个单元格。首先选中要拆分的一个或多个单元格，此处选中第五行第 2～4 列的三个单元格，如图 5-2-9（a）所示，再切换到"表格工具"的"布局"选项卡，单击按下"合并"组中的 "拆分单元格"按钮，弹出"拆分单元格"对话框，如图 5-2-10 所示。在"列数"文本框中设置要拆分的列数 3，在"行数"文本框中设置要拆分的行数 1，选中"拆分前合并单元格"复选框。单击该对话框内的"确定"按钮，即可将图 5-2-9（a）所示选中的单元格拆分为 1 行 3 列等宽度的单元格，如图 5-2-9（b）所示。虽然还是 1 行 3 列单元格，但是此时再调整单元格的宽度，不会影响上边与之连接的单元格宽度。

当要拆分的单元格为多个单元格时，如果选中"拆分前合并单元格"复选框，则先合并选中的多个单元格，再按设置的列数和行数拆分单元格；如果不选中"拆分前合并单元格"复选框，则按照设置的列数分别拆分被选中的每个单元格。

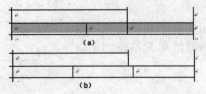

图 5-2-9　拆分为 2 行 2 列的单元格　　　　图 5-2-10　"拆分单元格"对话框

（3）输入文字：如果"绘制表格"按钮或"擦除"按钮处于按下状态，则需要单击"绘制表格"按钮或"擦除"按钮，使它们呈抬起状态，鼠标指针恢复 I 形，再单击单元格内，使光标在单元格内出现，即可输入文本（见图 5-2-1）。对于有表格斜线的单元格内，需要输入两行文字，在输入完"学校"文字后，按【Enter】键，再输入第二行文字"起止时间"。

如果在"起止时间"上边添加一点空间，可以在文字上边插入一个空行，再设置该行段前、段后和行距为 0，设置文字字号小一些。

（4）选中整个表格，右击选中的表格，弹出它的快捷菜单。单击该菜单中的"单元格对齐方式"→"水平居中"图标，使表格内各单元格中的文字相对于单元格水平居中。然后，再调整个别单元格内文字的对齐方式。

4．设置表格的边框和底纹

使用图 5-1-12 所示的"边框和底纹"对话框，不仅可以设置文字和段落的边框和底纹，还可以设置表格和单元格的边框和底纹，操作如下。

（1）选中整个表格。切换到"设计"选项卡，单击"表格样式"组中的"边框"下拉列表按钮，弹出它的菜单，单击该菜单内的"边框和底纹"命令，弹出"边框和底纹"对话框，切换到"边框"选项卡，如图 5-2-11 所示。

（2）在"边框和底纹"对话框内，单击按下"设置"栏中的"全部"按钮；在"样式"列表框中选择三维边框线形状；在"颜色"下拉列表框中选择边框的颜色为绿色；在"宽度"下拉列表框中选择边框的宽度为 1.5 磅（每种线型宽度的取值范围不一定相同）；在"应用于"下拉列表框中选择所有的设置是应用于表格还是单元格，此处选择"表格"选项。在"预览"栏内可以看到设置的边框效果，单击预览栏中的按钮，可以删除或者添加相应位置的边框效果。

（3）单击"边框和底纹"对话框的"底纹"标签，切换到"底纹"选项卡，在"填充"栏中选择单元格底纹颜色为黄色。在"图案"栏中设置表格或单元格底纹的样式和颜色。在"应用于"下拉列表框中选择"表格"选项，使所有设置应用于整个表格，在"预览"栏可看到设置效果，如图 5-2-12 所示。

（4）单击表格右上角照片所在的单元格内部，切换到"插入"选项卡，单击"插图"组内的"图片"按钮，弹出"插入图片"对话框。在该对话框内的"搜索范围"下拉列表框中选中"素材"文件夹，在其下边的列表框中选中"照片 1.jpg"图像，如图 5-2-13 所示。单击"确定"按钮，即可在光标所在单元格内插入选中的图像。

（5）单击插入的图像，拖动图像四周的控制柄，调整图像的大小，如图 5-2-14 所示，其表格的单元格大小会随之改变，最后效果（见图 5-2-1）。

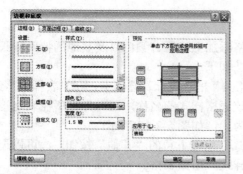

图 5-2-11 "边框和底纹"（边框）对话框

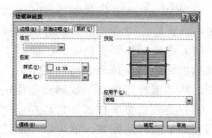

图 5-2-12 "边框和底纹"（底纹）对话框

图 5-2-13 "插入图片"对话框

图 5-2-14 调整图像大小

5.2.2 相关知识——创建复杂表格 1

1. 改变文字方向和重复表格标题

（1）改变文字方向：在 Word 2010 中，表格中的文字方向可以被改变。将光标移到要改变文字方向的单元格内，切换到"表格工具"中的"布局"选项卡，单击"对齐方式"组内的"文字方向"按钮，即可改变单元格内文字的方向。

另外，选中表格中的文字，右键弹出它的快捷菜单中，单击其内的"文字方向"命令，弹出"文字方向－表格单元格"对话框，如图 5-2-15 所示。在其中的"方向"栏中单击选中所需方向。在"预览"栏中，可看到效果，如图 5-2-16 所示。

（2）重复表格标题：有时候表格中的统计项目很多，表格过长可能会分在两页或者多页显示，然而从第二页开始表格就没有标题行。这种情况下，查看表格数据时很容易混淆。在 Word 中可以使用标题行重复来解决这个问题。选中表格的标题行，切换到"表格工具"中的"布局"选项卡，单击"数据"组（如图 5-2-17 所示）中的"重复标题行"按钮命令，则其他页中的表格首行就会重复表格标题行的内容。

图 5-2-15 "文字方向"对话框

图 5-2-16 竖排文字

图 5-2-17 "数据"组

2. 套用内置表格样式

套用 Word 2010 提供的样式，可以给表格添加上边框、颜色以及其他的特殊效果，使得表格具有非常专业化的外观。具体操作方法如下：

（1）将光标移到表格中，切换到"表格工具"的"设计"选项卡，在"表样式"组中，将鼠标指针停留在每个表格样式上，会显示该表格样式的名称，同时光标所在表格也随之改变。移动鼠标指针直至找到要使用的样式为止，如图 5-2-18 所示。

（2）要查看更多样式，可以单击"表样式"组右下角的"其他"按钮，可以展开样式列表。单击样式图案，就可以将所选择的样式应用到表格。

（3）在"表格样式选项"组（如图 5-2-19 所示）中，可以选中或取消选中每个表格元素旁边的复选框，可以应用或删除选中样式的表格内指定的行和列。

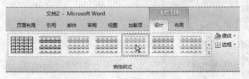

图 5-2-18　"表样式"组　　　　　　　　　　　　图 5-2-19　"表格样式选项"组

（4）单击展开的样式列表中的"新建表样式"选项，弹出"根据格式设置创建新样式"对话框，如图 5-2-20 所示。利用该对话框可以新建一个表格样式。

（5）单击展开的样式列表中的"修改表格样式"选项，弹出"修改样式"对话框，利用该对话框可以修改当前选中的表格样式，如图 5-2-21 所示。

（6）单击展开的样式列表中的"清除"选项，可以删除选中的表格样式。

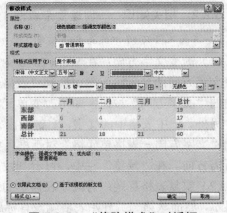

图 5-2-20　"根据格式设置创建新样式"对话框　　　图 5-2-21　"修改样式"对话框

3. 绘制斜线表头

表头是表格中用来标记表格内容的分类，一般位于表格左上角的单元格中。绘制斜线表头的操作方法除了使用"设计"选项卡"绘图边框"组内的"绘制表格"工具，还可以使用"边框"菜单中的一些命令，操作方法如下。

将光标定位在该单元格，切换到"表格工具"中"设计"选项卡"表格样式"组内的"边框"按钮，弹出"边框"菜单。单击该菜单内的"斜下框线"命令，即可在当前单元格内绘制从左上角到右下角的斜线，如图 5-2-22 所示。

单击该菜单内的"斜上框线"命令，即可在当前单元格内绘制从右上角到左下角的斜线，如图 5-2-23 所示。

图 5-2-22　斜下框线　　　　　　　　图 5-2-23　斜上框线

4. "表格属性"对话框

利用"表格属性"对话框可以精细调整表格中行、列和单元格的大小，方法如下。

（1）选中要调整的整个表格，切换到"表格工具"中的"布局"选项卡，单击"表"组中的"属性"按钮，弹出"表格属性"对话框，选中"表格"选项卡，如图 5-2-24 所示。在"表格属性"（表格）对话框的"尺寸"栏中，选中"指定宽度"复选框，可以精确设置表格宽度；在"对齐方式"栏中可设置表格以及表格和文字的位置关系。

单击"定位"按钮，弹出"表格定位"对话框，如图 5-2-25 所示。利用该对话框可以设置表格和文字的位置关系，以及表格和文字的间距。

图 5-2-24　"表格属性"　　　图 5-2-25　"表格定位"　　　图 5-2-26　"表格选项"
（表格）对话框　　　　　　　对话框　　　　　　　　　　对话框

单击"边框和底纹"按钮，可弹出图 5-2-11 所示的"边框和底纹"对话框。单击"选项"按钮，可弹出"选项"对话框，如图 5-2-26 所示。利用该对话框可以调整默认单元格内文字和表格线的间距，表格线和外围矩形框的间距等。

（2）选中要调整的行，弹出"表格属性"对话框，单击"行"标签，切换到"行"选项卡，如图 5-2-27 所示。在"尺寸"栏中，选中"指定高度"复选框，可以精确设置选中行的高度；在"选项"栏中，选中"允许跨页断行"复选框，允许表格行的文字跨越分页符；选中"在各页顶端以标题行形式重复出现"复选框，当表格跨越多页显示时，选中的行作为首行在每页表格的第一行显示；单击"上一行"或"下一行"按钮，选中行变成原来选中行的上一行或者下一行，可以继续精确设置选中行的高度。

（3）选中要调整的列，弹出"表格属性"对话框的"列"选项卡，如图 5-2-28 所示。选中"字号"栏中的"指定宽度"复选框，可精确设置选中列宽度；单击"前一列"或"后一列"按钮，选中列变成原来选中列的前一列或后一列，可继续精确设置选中列的宽度。

图 5-2-27　"表格属性"（行）对话框

（4）选中要调整的单元格，弹出"表格属性"对话框的"单元格"选项卡，如图 5-2-29 所示。选中"字号"栏中的"指定宽度"复选框，可精确设置单元格宽度；在"垂直对齐方式"栏中可设置单元格中文本

图 5-2-28　"表格属性"（列）对话框

位置。

5. 拆分表格

把光标定位到表格要拆分处下面的一行。切换到“布局”选项卡，单击“合并”组内的“拆分表格”按钮，Word 会将光标所在行上边的表格与其他行组成的表格拆分为两个表格，其间插入一个空白行，如图 5-2-30 所示。

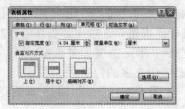

图 5-2-29 “表格属性”（单元格）对话框

姓　名		性别		照　片
学　历		婚否		

毕业学校		
专　业		

图 5-2-30　拆分表格

另外，在使用 Word 文档制作表格时，有时新建文档后就直接在页面的最上一行创建一个表格。完成表格编辑后，才想起要给表格添加一个标题。此时，用户会发现无论如何定位光标和按【Enter】键都不可能在表格上方插入空白行。在表格上方插入空白行的操作很简单，只要选中表格第一行或者将光标定位在第一行任意一个单元格内，然后，切换到“布局”选项卡，单击“合并”组内的“拆分表格”按钮，就可以在表格的上方插入一行空白行。

思考与练习5-2

1. 填空题

（1）绘制和编辑表格时常用的选项卡是________和________，以及“插入”选项卡的“________”组。

（2）选中要合并的多个单元格，单击“________”选项卡的“________”组内的“________”按钮，即可将多个单元格合并为一个单元格。

（3）要查看更多样式，可以单击“________”组右下角的“________”按钮，可以展开样式列表。单击__________，就可以将所选择的样式应用到表格。

（4）绘制斜线表头的操作方法除了使用“________”选项卡“________”组内的“________”工具，还可以使用“边框”菜单中的________和________命令。

（5）将鼠标指针移动到表格________之上，鼠标指针变成⤡状，拖动鼠标可以调整表格大小。

2. 操作题

（1）参考案例 6“学员登记表”的制作方法，创建一个“会员登记表”文档。

（2）参考案例 6“学员登记表”的制作方法，创建一个“体检表”文档。

（3）制作一个“课程表”文档，如图 5-2-31 所示。

星期 / 节次	星期一	星期二	星期三	星期四	星期五
上午					
第一节	语文	数学	数学	数学	数学
第二节	语文	数学	英语	语文	语文
第三节	英语	语文	英语	数学	政治
第四节	数学	语文	政治	英语	体育
下午					
第五节	美术（单周） 班会（双周）	自习	音乐	英语	语文
第六节	生物		自习	计算机	体育

图 5-2-31　课程表

（4）修改上边制作的“课程表”文档，使课程表中没有第二行，第七行内的文字改为“中午休息”。

（5）将上边制作的“课程表”文档中的表格添加边框和底色。

5.3 【案例 7】学生成绩统计表

5.3.1 案例效果和操作

本案例首先制作一个"学生成绩表"表格，它只有学生的各科成绩。然后，计算每个学生的总分和平均分，计算每科的总分和平均分，填写到相应的位置，生成一个"学生成绩统计表"表格，如图 5-3-1 所示。再将表格中六个学生的成绩按照先总分降序排序，再数学降序排序的次序，生成一个"学生成绩排序表"表格，如图 5-3-2 所示。然后，根据生成相应的图表，如图 5-3-3 所示。

Word 2010 不仅可以使用表格功能整理数据，还可以对表格中的数据进行计算、排序，对选中的某些单元格进行平均值、减、乘、除等运算。为了方便使用表格中的数据计算，Word 对表格的单元格进行了编号，每个单元格都有一个唯一编号。编号的原则是：表格最上方一行的行号为 1，向下依次

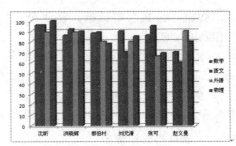

图 5-3-1 统计后的"学生成绩统计表"表格

为 2、3、4……表格最左一列的列号为 A，向右依次为 B、C……；单元格的编号由列号和行号组成，列号在前，行号在后。通过本案例，可以掌握使用"公式"对话框进行计算的方法，常用函数的含义和应用方法，表格数据的排序方法和针对表格生成图表的方法。该案例的制作方法如下。

图 5-3-2 按照总分降序排序后的"学生成绩排序表"表格　图 5-3-3 "学生成绩排序表"表格的图表

1. 使用"公式"对话框计算表格数据

（1）创建一个新文档，在第一行居中的位置输入"🌀🌀🌀🌀※ 学生成绩表 ※🌀🌀🌀🌀"文字，设置文字颜色为红色、华文楷体、加粗和"阴影"效果，两边的符号是蓝色，参考案例 1 标题的制作方法制作。然后，制作如图 5-3-1 所示的表格（还没有统计总分和平均分）。

（2）将光标定位到要放置计算结果的单元格，一般为某行最右边的单元格或者某列最下边的单元格。此处，定位在第二行"总分"列单元格内。

（3）切换到"表格工具"中的"布局"选项卡，单击"数据"组中的"公式"按钮 f_x，弹出"公式"对话框，如图 5-3-4 所示。

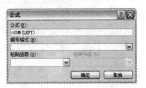

图 5-3-4 "公式"对话框

在"公式"文本框中输入计算公式"=SUM(LEFT)"或者"=SUM(C2:F2)"。其中，SUM 是求和函数，LEFT 表示求光标所在单元格右边所有单元格内数字的和（遇到一个非数字单元格后终止计算）；C2 是刘元清的数学成绩所在单元格，F2 是刘元清的地理成绩所在单元格，求这两个单元格之间（包括这两个单元格）所有单元格（即 C2、D2、E2、F2 四个单元格）内数值的和。其中的符号"="不可缺少。

注 意

指定的单元格若是独立的，则用逗号分隔其编号；若是一个范围，则输入其第一个和最后一个单元格的编码，两者之间用冒号分开。

（4）将光标定位在第二行"平均分"列的单元格内。单击"数据"组中的"公式"按钮 f_x，弹出"公式"对话框，见图 5-3-4。在"公式"文本框中输入计算公式"=AVERAGE(C2:F2)"。其中，AVERAGE 是求平均值函数，即求 C2、D2、E2、F2 四个单元格内数值的平均值。"=AVERAGE(LEFT)"表示对光标所在单元格左边的所有单元格内数值求平均值。

（5）在"编号格式"下拉列表框中可以选择输出结果的格式。在"粘贴函数"下拉列表框中可以选择所需的函数，输入到"公式"文本框中。

（6）设置好公式后，单击"确定"按钮，插入计算结果。如果单元格中显示的是大括号和代码，例如，{=AVERAGE(LEFT)}，而不是实际的计算结果，则表明 Word 正在显示域代码。要显示域代码的计算结果，可以右击域代码所在单元格，弹出它的快捷菜单，再单击该菜单内的"更新域"命令。

事实上，Word 是以域的形式将计算结果插入到选中单元格内的。如果所引用的单元格数据值发生了更改，可以选中该域，然后右击域代码所在单元格，弹出它的快捷菜单，再单击该菜单内的"更新域"命令，即可更新计算结果。

（7）将光标定位在第三列"总分"列的单元格内。单击"数据"组中的"公式"按钮 f_x，弹出"公式"对话框。在"公式"文本框中输入计算公式"=SUM(ABOVE)"或者"=SUM(C2:C7)"。

（8）将光标定位在第三列"平均分"列的单元格内。单击"数据"组中的"公式"按钮 f_x，弹出"公式"对话框。在"公式"文本框中输入计算公式"= AVERAGE (C2:C7)"。

（9）按照上述方法，计算每个学生的总分和平均分，每科的总分和平均分，以及每个学生平均分和总分的平均分和总分的。最后结果如图 5-3-1 所示。

2. 表格内数据排序

（1）拖动选中表格要参与排序的单元格，如图 5-3-5 所示。

（2）切换到"表格工具"中的"布局"选项卡，单击"数据"组中的"排序"按钮，弹出"排序"对话框，如图 5-3-6 所示。

图 5-3-5 选中要排序的记录行

图 5-3-6 "排序"对话框

（3）在"主要关键字"栏中选择排序首先依据的列"列 7"，在其右边的"类型"下拉列表框中选择数据的类型"数字"，在其右边的"使用"下拉列表框中选择"段落数"选项，选中"降序"单选按钮。

（4）再在"次要关键字"栏中选择排序次要列为"列 3"。其他选择与"主要关键字"栏一样。表示在列 7 总分一样时按照数学成绩排序。

（5）在"列表"栏中，如果选中表格中有标题行，则选中"有标题行"单选按钮，可以防止对选中表格中的标题行进行排序。如果选中表格中没有标题行，则可以选中"无标题行"单选按钮。

（6）单击"确定"按钮，进行排序。排序结果（见图 5-3-2）。

3. 生成图表

（1）将光标定位在"学生成绩排序表"表格下面一行的起始位置。切换到"插入"选项卡，单击其内"插图"组中的"图表"按钮，弹出"插入图表"对话框，在左边一列内单击选中"柱形图"图标，在右边单击选中第四种柱形图案，如图 5-3-7 所示。

（2）单击"确定"按钮，即可在光标处，弹出 Word 2010 中的图表 Excel，表中给出一个通用表（其中的文字还是"系列"和"类别"），以及操作提示，与实际表中的文字和数据不符合。按照提示，单击选中 Excel 表格，将鼠标指针移到表格四周轮廓线的右下角，当鼠标指针呈双箭头状时，水平向右拖动出五列，松开鼠标左键后再向下拖动出七行，如图 5-3-8 所示。

图 5-3-7 "插入图表"对话框

图 5-3-8 拖动选中表格要参与生成图表的单元格

（3）拖动选中 Word 文档内表格中要参与生成图表的单元格（7 行、6 列），如图 5-3-9 所示。右击选中的单元格，弹出它的菜单，单击该菜单内的"复制"命令，将选中的单元格内的文字复制到剪贴板内。

（4）拖动选中 Excel 表格的全部单元格（7 行、6 列），右击选中的单元格，弹出它的菜单，将鼠标移到该菜单内的"粘贴选项"命令之上，其下边会显示两个图标，如图 5-3-10 所示。

学号	姓名	数学	语文	外语	物理	总分	平均分
0106	沈昕	96	96	89	100	381	95.25
0102	洪晓辉	86	92	89	90	357	89.25
0104	郝伯村	88	89	80	78	335	83.75
0101	刘元清	90	70	80	85	325	81.25
0103	张可	86	95	66	69	316	79
0105	赵义曼	70	60	90	80	300	75
总分		516	502	494	502	2014	503.5
平均分		86	83.67	82.33	83.67	335.67	83.92

图 5-3-9 拖动选中表格要参与生成图表的单元格

图 5-3-10 粘贴选项

（5）将鼠标指针移到第一个图标之上，显示"保留源格式"提示文字，单击该图标，即可在保留源格式的情况下将剪贴板内的 7 行 6 列单元格文字粘贴到选中的单元格内，如图 5-3-11 所示。此时，Word 文档内的图表会随之发生变化。如果再修改 Excel 表格中的文字或数据，图表也会自动作出相应的修改。

图 5-3-11 修改后的 Excel 表格

（6）关闭 Word 2010 中的图表 Excel，回到 Word 2010 文档，即可看见在"学生成绩排序表"表格下面图 5-3-3 所示的图表。

5.3.2 相关知识——创建复杂表格 2

1. 常用函数

用户通过使用"公式"对话框，可以对表格中的数值进行各种计算。计算公式既可以从"粘贴函数"下拉列表框中选择，也可以直接在"公式"文本框中输入。计算公式主要是由函数和操作符组成的。

（1）在"粘贴函数"下拉列表框中有多个计算函数，带一对小括号的函数可以接受任意多个以逗号或者分号分隔的参数。参数可以是数字、算术表达式或者书签名。部分常用函数的功能见表 5-3-1。

表 5-3-1　部分常用函数的功能

函　　数	功　　　　　能
ABS(x)	数字或者算式的绝对值（无论该值实际上是正还是负，均取正值）
AVERAGE( )	一组值的平均值
COUNT( )	一组值的个数
MIN( )	取一组数中的最小值
MAX( )	取一组数中的最大值
MOD(x,y)	x 被 y 整除后的余数
PRODUCT( )	一组值的乘积。例如，函数{=PRODUCT(2,6,10)}返回的值为 120
ROUND(x,y)	将数值 x 舍入到由 y 指定的小数位数。x 是数字或者算式的计算结果
SUM( )	一组数或者算式的总和

（2）用户可以使用操作符与表格中的数值任意组合，构成计算公式或者函数的参数。操作符包括一些算数运算符和关系运算符：加（+）、减（-）、乘（*）、除（/）、百分比（%）、乘方和开方（^）、等于（=）、小于（<）、小于等于（<=）、大于（>）、大于等于（>=）和不等于（<>）。例如：在"公式"文本框中输入"=C5/C1"，表示光标所在单元格的值是编号 C5 单元格中的值除以 C1 单元格中的值的商。在"公式"文本框中输入"=ABS(B2-A2)"，表示光标所在单元格的值是编号 B2 单元格中的值减去 A2 单元格中的值的绝对值，如图 5-3-12 左图所示。在"公式"文本框中输入"= A2*B2+C2"，表示光标所在单元格的值是编号 A2 单元格中的值与编号 B2 单元格中的值的乘积，再加上编号 C2 单元格中的值，如图 5-3-12 右图所示。

A	B	=绝对值（B-A）
100	200	100

A	B	C	=A*B+C
100	5	200	700

图 5-3-12　使用"公式"对话框进行复杂计算

2. 对表格中的数据进行排序

（1）排序原则：排序是指将一组无序的数字按从小到大或者从大到小的顺序排列。Word 2010 可以按照用户的要求快速、准确地将表格中的数据排序。用户可以将表格中的文本、数字或者其他类型的数据按升序或者降序进行排序。排序的准则如下：

◎ 字母的升序按照从 A 到 Z 排列，字母的降序按照从 Z 到 A 排列。

◎ 数字的升序按照从小到大排列，数字的降序按照从大到小排列。

　　◎　日期的升序按照从最早的日期到最晚的日期排列，日期的降序按照从最晚得日期到最早的日期排列。

　　◎　如果有两项或者多项的开始字符相同，Word 将按上边的原则比较各项中的后续字符，以决定排列次序。

　　（2）使用"排序"对话框（见图 5-3-6）对选中表格中的单元格数据进行排序的方法前面已经介绍。

　　（3）对单一列排序：前面介绍的排序是以一整行进行排序的。如果只对表格中单独一列排序，而不改变其他列的排列顺序，操作方法如下：

　　①　选中要单独排序的列，然后切换到"表格工具"中的"布局"选项卡，单击"数据"组中的"排序"按钮，弹出"排序"对话框，见图 5-3-6。在"主要关键字"下拉列表框中选中要排序的列，在"次要关键字"下拉列表框中选中"（无）"选项。

　　②　单击其中的"选项"按钮，弹出"排序选项"对话框，如图 5-3-13 所示。

　　③　选中"仅对列排序"复选框，选中一种分隔符和排序语言。单击"确定"按钮，关闭"排序选项"对话框，返回"排序"对话框。

　　④　单击"排序"对话框内的"确定"按钮，关闭"排序"对话框，完成排序。

3．插入和编辑图表

　　使用图表，可以将表格数据用图表的形式表达，更直观地表示一些统计数字。虽然图表是和表格紧密联系的，但是用户也可以不创建表格直接产生图表。

　　图表是由图表图形、垂直（值）轴、背面墙、数据系列、水平（类别）轴、图例和垂直轴主要网格线七部分组成，如图 5-3-14 所示。可以分别编辑这几部分，设计出独具特色的图表。

　　（1）单击"插入"选项卡内"插图"组中的"图表"按钮，会弹出图 5-3-7 所示的"插入图表"对话框。该对话框内左边栏中列出了图标的类别名称，右边栏内列出了各种图表图案。

图 5-3-13　"排序选项"对话框

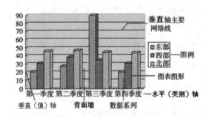

图 5-3-14　图表的组成

　　单击选中一种图表图案（例如，分离型饼图）后，单击"确定"按钮，可关闭"插入图表"对话框，同时会自动产生一个默认的 Word 2010 中的 Excel 数据图表和相应的图表，如图 5-3-15 所示，在数据图表中修改文字和数据，图表也会随之自动更改。

图 5-3-15　Excel 数据图表和图表

　　（2）用户可以分别编辑图表图形、垂直（值）轴、背面墙、数据系列、水平（类别）轴、图例和垂直轴主要网格线格式，设计出独具特色的图表。

（3）将鼠标移到图表中需要编辑的部分，单击鼠标右键，弹出相应的快捷菜单。再单击快捷菜单中所需的命令，弹出相应的对话框，即可修改图表该部分的内容。最后，单击"确定"按钮，完成图表编辑。

（4）双击要编辑的部分，弹出"设置图表区格式"对话框，利用该对话框可以调整要编辑部分的各种属性。例如，单击图表的背面墙部分，弹出的"设置图表区格式"对话框如图 5-3-16 所示，利用该对话框可以调整图形边框样式和颜色、背景图案和颜色、图形旋转角度等多种属性。例如，单击图表内的图形，弹出的"设置数据系列格式"对话框如图 5-3-17 所示，利用该对话框可以调整图形的颜色、形状、图案等多种属性。

再例如，单击图表内的图例，弹出的"设置图例格式"对话框如图 5-3-18 所示，利用该对话框可以调整图形说明文字框样式和颜色、文字内容和颜色等、图例的位置等多种属性。

上述对话框的调整，可以对照图表进行调整，随着调整各选项的参数数据，可以同步看到图形的变化。通过实际调整，可以很容易掌握这几个对话框的使用方法。

图 5-3-16 "设置图表区格式"对话框

图 5-3-17 "设置数据系列格式"对话框

（5）单击选中要编辑的图表（见图 5-3-14），则在功能区内会弹出"图标工具"，其内包含"设计"、"布局"和"格式"三个组，如图 5-3-19 所示。其内提供了许多处理图标的工具。这些工具可以用来修改图表布局、图表样式、图表标题、图表数据，以及更改图表类型等。

图 5-3-18 "设置图例格式"对话框

图 5-3-19 "图标工具"的三个组

4. 重复表格标题

有时候表格中的统计项目很多，表格过长可能会分在两页或者多页显示，然而从第二页开始表格就没有标题行。这种情况下，查看表格数据时很容易混淆。在 Word 中可以使用标题行重复来解决这个问题。

选中表格的标题行，切换到"表格工具"的"布局"组，单击"重复标题行"按钮，其他页中的表格首行即可重复显示表格标题行的内容。

5. 在文档中引用表格的数据

表格和图表一般都是作为数据资料，插入到文档中来证明作者的观点或者说明实际问题的。所以在文档中，经常需要引用表格中的数据或者数据的计算结果，数据放在正文中，其操作方法如下：

（1）选中整个表格，如图 5-3-20 所示。切换到"插入"选项卡，单击"链接"组的"书签"按钮，弹出"书签"对话框。在"书签名"文本框中输入文字作为表格的书签名字，例如，输入"学生成绩统计表"，如图 5-3-21 所示（"书签名"文本框下面的"值班表"是上一次输入"值班表"并单击"添加"按钮保存该书签后获得的）。单击"添加"按钮，保存该书签。再单击"关闭"按钮，关闭"书签"对话框。

另外，在"书签名"文本框中输入文字后，按【Enter】键，可以保存该书签名并关闭"书签"对话框。

（2）在 Word 文档中，如果要找到书签名为"学生成绩统计表"的表格，可以弹出图 5-3-21 所示的"书签"对话框，单击选中列表框内的"学生成绩统计表"书签名称，再单击"定位"按钮，即可定位到相应的表格，并选中该表格。

（3）将光标移到文档中想要显示单元格数值的地方。然后切换到"布局"选项卡，单击"数据"组内的"公式"按钮，弹出"公式"对话框。在"粘贴函数"下拉列表框中选择所需的函数，在"粘贴书签"下拉列表框中选择要读取数据的表格的书签名称，组成一个公式。例如"=AVERAGE(学生成绩统计表)"。

（3）再在括号内输入取值范围，例如"=AVERAGE(学生成绩统计表 [C2:C6])"表明引用第 3 列徐立平的平均成绩，即单元格 C2 到 C6 值的平均值。

（4）在"编号格式"下拉列表框中选择数字显示的格式，如图 5-3-22 所示。

图 5-3-20　选中一个表格

图 5-3-21　"书签"对话框

图 5-3-22　"公式"对话框

（5）单击"公式"对话框内的""按钮，即可显示第三列徐立平的平均成绩为 72.2。

6. 表格转换成文本

（1）选中要转换成文本的表格，切换到"布局"选项卡，再单击"数据"组"转换为文本"按钮，弹出"表格转换成文本"对话框，如图 5-4-23 所示。

（2）在"文字分隔符"栏中选择分隔文本的字符。如果选中"其他字符"单选按钮，则需要在其后的文本框内输入所需的字符。此处选中"制表符"单选按钮。设置完成后，单击"确定"按钮，Word 会自动添加字符来分隔文本段。

例如，选中图 5-4-24 左图所示表格，弹出"表格转换成文本"对话框，按照图 5-4-24 所示进行设置，单击"确定"按钮，将选中的表格转换为文本，如图 5-4-24 右图所示。

图 5-4-23　"表格转换成文本"对话框

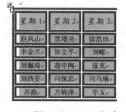
图 5-4-24　文本和表格互相转换

思考与练习5-3

1. 填空题

（1）切换到"_____"中的"_____"选项卡，单击"_____"组中的

"_____"按钮 f_x，可以弹出"公式"对话框。

（2）求表格中 C6 到 E6 单元格之间所有单元格中数据和的公式为_____。

（3）求表格中 C6 到 E6 单元格之间所有单元格中数据平均值的公式为_____。

（4）公式_____可以计算表格中单元格 A2 值减去单元格 F6 值的差。

（5）图表是由_____、_____、_____、_____、_____、_____和_____七部分组成的。

（6）选中表格的标题行，切换到"_____"的"_____"组，单击"_____"按钮，其他页中的表格首行即可重复显示表格标题行的内容。

（7）单击"_____"选项卡内"_____"组中的"_____"按钮，会弹出"插入图表"对话框。

（8）设置一个表格图 5-3-19 所示表格的标签名称为"成绩表"，则在"公式"对话框内的"公式"文本框中输入"=AVERAGE(成绩表 [C2:C6])"，单击"确定"按钮后可以在光标处显示的数据是_____。

2．操作题

（1）修改"学生成绩统计表"表格中的学生成绩，重新进行统计计算。

（2）改变案例 7"学生成绩统计图表"文档中图表的背面墙颜色为"蓝色"，改变图例到图标内的上边。

（3）在"学生成绩统计表"表格中增加四个学生和"政治"与"体育"学科，重新进行统计计算。

（4）参考案例 7"学生成绩统计图表"文档的制作方法，制作一张个人 2011 年月收入和月支出统计表。在表内输入数据，并计算和显示每月余额和全年的总余额。

（5）参考案例 7 文档的制作方法，制作一个"2008 年第四季度图书销售额统计图表"文档，见图 5-3-14。计算各月份平均月销售额。

5.4 【案例 8】数学试题

5.4.1 案例效果和操作

"数学试题"文档如图 5-4-1 所示。可以看出，数学试题中有一些数学公式，Word 2010 可以利用"公式"面板在文档中插入代数、几何、化学和物理等各种符号和公式。因为公式是以图片的形式插入文档中的，所以可以按编辑图片的方法编辑公式，例如，调整大小、旋转等。

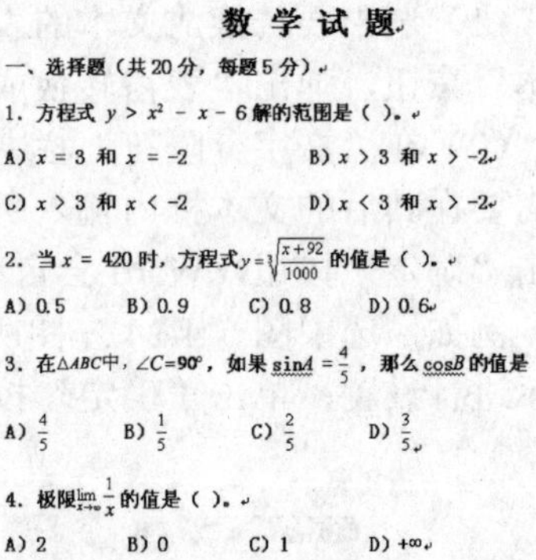

通过本案例，可以掌握安装和使用"公式编辑器"的方法，了解窗体的使用方法等。具体操作方法如下。

数 学 试 题

一、选择题（共 20 分，每题 5 分）

1．方程式 $y > x^2 - x - 6$ 解的范围是（ ）。

A）$x = 3$ 和 $x = -2$ B）$x > 3$ 和 $x > -2$

C）$x > 3$ 和 $x < -2$ D）$x < 3$ 和 $x > -2$

2．当 $x = 420$ 时，方程式 $y = \sqrt{\dfrac{x + 92}{1000}}$ 的值是（ ）。

A）0.5   B）0.9   C）0.8   D）0.6

3．在 $\triangle ABC$ 中，$\angle C = 90°$，如果 $\sin A = \dfrac{4}{5}$，那么 $\cos B$ 的值是（ ）。

A）$\dfrac{4}{5}$ B）$\dfrac{1}{5}$ C）$\dfrac{2}{5}$ D）$\dfrac{3}{5}$

4．极限 $\lim\dfrac{1}{x}$ 的值是（ ）。

A）2   B）0   C）1   D）$+\infty$

图 5-4-1 "数学试题"文档

1．创建标题和第 1 道题

（1）新建一个空白文档，在第一行居中的位置输入"数 学 试 题"文字。选中"数 学试 题"文字，切换到"开始"选项卡，在"字体"组内设置文字颜色为黑色、字体为"华文楷体"、字号为"二号"、字形为"加粗"和对齐方式为"居中"。再以名称"【案例 8】数学试题.docx"保存。

（2）选中"数 学 试 题"文字，单击"字体"组内的"文本效果"按钮，弹出"文本效果"面板，单击选中第四行、第二列图案，给选中的文字添加选中的效果。

（3）将鼠标指针移到"文本效果"面板内的"阴影"命令之上，弹出"阴影"面板，单击"外部"栏内第三行、第三列图案，如图 5-4-3 所示，给选中文字添加指定的阴影效果。如果单击"阴影"面板内的"阴影选项"命令，可以弹出"设置文本效果格式"对话框，如图 5-4-4 所示。利用该对话框可以设置选中文字的阴影等效果。

（4）按【Enter】键，将光标定位在第二行，输入"一、选择题（共 20 分，每题 5 分）"文字，设置文字颜色为黑色、文字字体为"宋体"、字号为"小四"、对齐方式为"两端对齐"，效果如图 5-4-1 所示。

图 5-4-2 "文本效果"面板　　图 5-4-3 "阴影"面板　　图 5-4-4 "设置文本效果格式"对话框

（5）按【Enter】键，将光标定位在第三行。输入"1. 方程式 $y > x2 - x - 6$ 解的范围是"文本。选中该窗体域，设置文字字体为"宋体"，字号为"小四"。

（6）在刚输入的式子中的"x^2"内数字"2"是上标，制作的方法基本有以下两种。

◎ 将光标定位在"$x2$"的右边，按住【Shift】键，同时按方向键"←"，选中"2"数字；也可以拖动选中"2"数字。单击按下"字体"组内的"上标"按钮，在"字体"文本框内选中"Arial Unicode MS"。

也可以单击"字体"组"对话框启动器"按钮，弹出"字体"对话框，选中其内的"上标"复选框，英文字体设置为"Arial Unicode MS"。再单击"确定"按钮。

◎ 切换到"插入"选项卡，单击"符号"组内的"公式"按钮，在光标处显示一个可编辑公式区域，如图 5-4-5 所示。同时在功能区内弹出"公式工具"的"设计"选项卡。单击"结构"组内的"上下标"按钮，弹出"上标和下标"面板。单击其内"常用的下标和上标"栏内第三格图案，如图 5-4-6 所示，在可编辑公式区域内创建"x^2"，如图 5-4-7 所示。

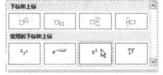

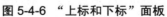

图 5-4-5 公式输入区域　　图 5-4-6 "上标和下标"面板　　图 5-4-7 创建"x^2"

（7）按【Enter】键，将光标定位在第四行。在第四和五行，分别输入四个候选答案，效果如图 5-4-8 所示。

1. 方程式 $y > x^2 - x - 6$ 解的范围是 （）。

A) $x = 3$ 和 $x = -2$　　　　B) $x > 3$ 和 $x > -2$
C) $x > 3$ 和 $x < -2$　　　　D) $x < 3$ 和 $x > -2$

图 5-4-8 第 1 道数学试题和选择答案

2. 创建第 2 道题

（1）按【Enter】键，将光标定位在第六行。输入字体为"宋体"，字号为"小四"的"当 x=420 时，方程式　　　　的值是（　　）。"文字。

（2）将光标定位在刚输入文字中"式"的右边，切换到"插入"选项卡，单击"符号"组内的"公式"按钮，在光标处显示一个可编辑公式区域（见图 5-4-5）。同时功能区内弹出"公式工具"的"设计"选项卡。

（3）单击"结构"组内的"根式"按钮，弹出"根式"面板，如图 5-4-9 所示。单击其内第四个立方根图案，即可在可编辑公式区域内显示一个待编辑的立方根符号，如图 5-4-10 所示。

（4）拖动选中可编辑公式区域内的立方根符号，切换到"开始"选项卡，在"字体"组内设置文字字号为"小三"。

（5）单击立方根符号内虚线框内部，单击"符号"组内的"公式"按钮，在功能区内弹出"公式工具"的"设计"选项卡。单击"结构"组内的"分式"按钮，弹出"分式"面板，如图 5-4-11 所示。单击其内第一个分式图案，即可在可编辑公式区域内虚线框中显示一个待编辑的分式符号，如图 5-4-12（a）所示。

（6）在两个虚线框内分别输入"x+92"和"1000"，如图 5-4-12（b）所示。单击可编辑公式区域外部，即可获得第 2 道题目，如图 5-4-1 所示。

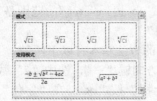

图 5-4-9　"根式"面板

图 5-4-10　待编辑的立方根符号

图 5-4-11　"根式"面板

（7）按【Enter】键，将光标定位在第七行左边。输入第二道题目的四个候选答案，效果见图 5-4-1。

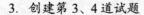

(a)　　　　(b)

图 5-4-12　编辑分式符号

3. 创建第 3、4 道试题

（1）按【Enter】键，将光标定位在第八行。输入"3. 在 ABC 中，$\angle C$=90°，如果 $\sin A$=　，那么 $\cos B$ 的值是（　　）。"

（2）将光标定位在"ABC"字母的左边，切换到"插入"选项卡，单击"符号"组内的"公式"按钮，在光标处显示一个可编辑公式区域，如图 5-4-5 所示。同时在功能区内弹出"公式工具"的"设计"选项卡。单击其内"符号"组中的图案△，在光标处插入"△"符号。

（3）将光标定位在"$\sin A$="的右边，按照前面插入分数的方法创建"$\frac{4}{5}$"分数。

（4）按【Enter】键，将光标定位在第九行。输入第 3 道题目的四个候选答案，效果如图 5-4-13 所示。

A) $\frac{4}{5}$　　　　B) $\frac{1}{5}$　　　　C) $\frac{2}{5}$　　　　D) $\frac{3}{5}$

图 5-4-13　第 3 道题目的四个候选答案

（5）按【Enter】键，将光标定位在第 10 行。输入"4. 极限　　　　的值是（　　）。"。将光标定位到"极限"文字的右边，切换到"插入"选项卡，单击"符号"组内的"公式"

下三角按钮 ，弹出"公式"菜单，如图 5-4-14 所示。单击"公式"菜单内的
" Office.com 中的其他公式(M) "命令，弹出"其他公式"菜单，如图 5-4-15 所示。

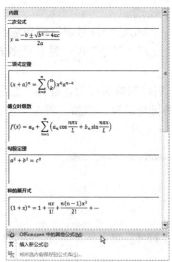

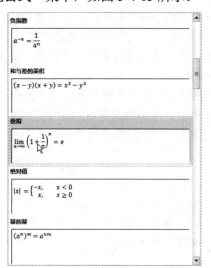

图 5-4-14 "公式"菜单　　　　图 5-4-15 "其他公式"菜单

（6）单击"其他公式"菜单内"极限"栏的图案，即可在光标处插入一个极限公式，
如图 5-4-16 所示。拖动选中极限公式内右半部分内容，按删除键删除它们，会剩下一个虚
线框，如图 5-4-17 所示。

（7）单击"lim"极限符号下边的"n"，将它改为"x"，单击公式中虚线框内部，切换
到"插入"选项卡，单击"符号"组内的"公式"按钮，在功能区内弹出"公式工具"的
"设计"选项卡。单击其内"符号"组中的"分数"按钮，在虚线框内插入一个分数。按
照上边介绍的方法，创建分数，如图 5-4-18 所示。

图 5-4-16 极限公式　　图 5-4-17 删除公式内部分内容　　图 5-4-18 修改后的极限公式

（8）按【Enter】键，将光标定位在第 11 行。输入第 4 道题目的四个候选答案，效果
见图 5-4-1。至此，编写完数学试题后，效果见图 5-4-1。

5.4.2 相关知识——插入公式和自定义工具

1. 插入公式

切换到"插入"选项卡，单击"符号"组内的"公式"按钮，在光标处显示一个可编
辑公式区域，见图 5-4-5。同时功能区内弹出"公式工具"的"设计"选项卡，见图 5-4-19。
其中有三个组，各组的作用简介如下。

图 5-4-19 "公式工具"的"设计"选项卡

（1）"结构"组：其内有 11 个按钮，单击每个按钮都会弹出相应的面板，其内提供了
相应的一些样式图案，单击图案，可在可编辑公式区域内光标处显示相应的可编辑公式样式。

例如，单击"根式"按钮，即可弹出如图 5-4-9 所示的"根式"面板，单击其内"常用公式"栏内的第一个公式样式图案，即可在可编辑公式区域内插入一个一元二次方程的求根公式，如图 5-4-20 所示。还可以修改插入的这个公式。

（2）"符号"组：其内提供了很多特殊的数学符号，单击这些符号可以将相应的符号插入到光标处。单击该组内右下角的"其他"按钮 ，可以展开"符号"组，显示更多的符号，如图 5-4-21 所示。

单击展开后"符号"组内左上角"基础数学"文字右边的箭头按钮，会弹出它的菜单，如图 5-4-22 所示。单击该菜单内的命令，可以弹出相应的符号面板。例如，单击"箭头"命令，可弹出"箭头"面板，展开的"箭头"面板如图 5-4-23 所示。

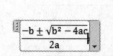
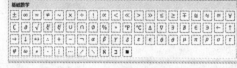

图 5-4-20　插入公式　　　图 5-4-21　展开的"符号"组　　　图 5-4-22　菜单

（3）"工具"组：其内提供了四个工具按钮。各工具按钮的作用简介如下。

◎"专业型"按钮：单击该按钮，可以将可编辑公式区域内的公式转换为专业型公式，例如图 5-4-20 所示公式属于专业型公式。

◎"线性"按钮：单击该按钮，可以将可编辑公式区域内的公式转换为线性形式，在一行显示出来。例如图 5-4-20 所示公式转换为线性形式后如图 5-4-24 所示。

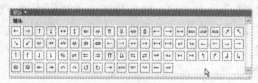

图 5-4-23　"箭头"面板　　　　　图 5-4-24　线性形式公式

◎"普通文本"按钮：单击该按钮，可以将可编辑公式区域内的公式转换为普通文本形式的公式，例如图 5-4-20 所示。公式转换为普通文本形式后，只是在水平方向压缩一些。

◎"公式"按钮：单击该按钮，弹出如图 5-4-14 所示的"公式"菜单，单击其内的" Office.com 中的其他公式(M) "命令，弹出"其他公式"菜单（见图 5-4-15）。单击其内的公式图案，可以在可编辑公式区域内插入相应的公式，还可以修改公式。

2．自定义工具

在默认状态下，"快速访问工具栏"中包含了"保存"、"撤销"按钮、"恢复"三个快捷按钮。向"快速访问工具栏"添加命令按钮的方法有三种，这些已经在第 4.1 节中介绍过了。下面介绍在功能区（即工具栏）内添加新工具的方法。

右击功能区的空白处，弹出它的快捷菜单，如图 5-4-25 所示。单击该快捷菜单内的"自定义快速访问工具栏"命令，弹出"Word 选项"对话框。利用该对话框可以在"快速访问工具栏"内添加命令按钮，以及删除其内的命令按钮。

单击"Word 选项"对话框内左边栏中的"自定义功能区"选项，切换到"Word 选项"对话框的"自定义功能区"选项卡，如图 5-4-26 所示。另外，也可以单击图 5-4-25 所示的快捷菜单内的"自定义功能区"命令，弹出"Word 选项"对话框的"自定义功能区"选项卡，如图 5-4-26 所示。

在功能区内添加选项卡和组的方法如下：

图 5-4-25　快捷菜单　　图 5-4-26　"Word 选项"对话框"自定义功能区"选项卡

（1）单击"自定义功能区"栏内的下拉列表框，选中"主选项卡"选项，其下面的列表框中会显示所有主选项卡和组的名称。

（2）单击"新建选项卡"按钮，在右边列表框中添加一个名称为"新建选项卡（自定义）"的选项卡和其内名称为"新建组（自定义）"的组，如图 5-4-27 所示。

图 5-4-27　新建选项卡

（3）选中"新建选项卡（自定义）"选项卡，单击"重命名"按钮，弹出"重命名"对话框，在其内文本框中输入选项卡的名称，如图 5-4-28 所示。单击"确定"按钮，即可更改新建选项卡的名称，改为"新建常用工具"。

图 5-4-28　"重命名"对话框

（4）选中"新建组（自定义）"选项卡，单击"重命名"按钮，弹出"重命名"对话框，在其内文本框中输入组的名称，选中一个图标，如图 5-4-29 所示。单击"确定"按钮，即可更改新建组的名称，改为"打开"。

图 5-4-29　选择图标

（5）选中右边列表框内新建的"打开"组名称，在左边列表框内选中一个命令按钮（例如"打开"命令按钮），此时"添加"按钮会变为有效，单击"添加"按钮，将"打开"命令按钮添加到在右边列表框内的"打开"组之下。

（6）按照上述方法，将"打开最近使用过的文件"命令按钮也添加到在右边列表框内的"打开"组之下，效果如图 5-4-30 所示。

（7）单击"Word 选项"对话框内的"确定"按钮，完成新选项卡的设置。新设置的"新建常用工具"选项卡如图 5-4-31 所示。

图 5-4-30　新建的选项卡

图 5-4-31　"新建常用工具"选项卡

思考与练习5-4

1. 填空题

（1）切换到"＿＿＿＿＿"选项卡，单击"＿＿＿＿＿"组内的"＿＿＿＿＿"按钮，在光标处显示一个可编辑公式区域，同时功能区内弹出"＿＿＿＿＿"的"＿＿＿＿＿"选项卡。

（2）右击＿＿＿＿＿的空白处，弹出它的快捷菜单，单击其内的"＿＿＿＿＿"命令，弹出"＿＿＿＿＿"对话框。

2. 在文档中，输入一道数学题目如下。

有一元二次方程式 ax^2+bx+c，当 $a=1$、$b=-2$、$c=48$ 时，根据一元二次方程求根公式计算该一元二次方程式的两个根。一元二次方程求根公式如下：

$$x_{1,2} = \frac{-b \pm \sqrt{b^2 - 4ac}}{2a}$$

3. 在文档中，输入如下所示的公式：

$$(1+x)^n = 1 + \frac{nx}{1!} + \frac{n(n-1)x^2}{2!} + \mathrm{L}$$

$$\frac{a}{b} + \frac{c}{d} = \frac{ad+bc}{bd}$$

$$\cos(a+b) = \cos a \cos b - \sin a \sin b$$

$$\max_{10 \geqslant x \geqslant 5} a e^{-b^2}$$

4. 在文档中，输入如下所示的公式：

$$y = \frac{x^{\frac{1}{4}} - \sqrt{x^2 y + y^2}}{2 + \sqrt[3]{x^4} - 1}$$

$$2KClO_3 \xrightarrow[\triangle]{MnO_2} 2KCl + 3O_2 \uparrow$$

$$\int_{-a}^{a} (\frac{b}{a}\sqrt{a^2 - x^2})^2 \mathrm{d}x$$

第6章 艺术字、图片、文本框、图形和模板

本章将通过四个案例，介绍了插入和编辑图片和剪贴画的方法，创建和编辑形状图形和艺术字的方法，以及创建、编辑和使用文本框，插入和编辑 SmartArt 图形的方法。对于插入图片和剪贴画它们都可以使用"图片工具"的"格式"选项卡内的工具，创建的艺术字和绘制的图形它们都可以使用"绘图工具"的"格式"选项卡内的工具，两种"格式"选项卡内的工具的编辑方法也有许多相似之处，有许多共同点，在学习时可以举一反三，触类旁通。

6.1 【案例 9】动物摄影

6.1.1 案例效果和操作

本案例制作一个"动物摄影"文档，如图 6-1-1 所示。该文档主要插入有图片、剪贴画、形状图形和艺术字，图片和剪贴画具有一些共性。通过本案例，可以掌握插入和编辑图片和剪贴画的方法，初步掌握插入和编辑图形和艺术字的方法等。具体操作方法如下。

图 6-1-1 "动物摄影"文档

1．设置页面

（1）启动 Word 2010。创建一个名为"文档 1"的空白文档。然后，再以名称"【案例 9】动物摄影.docx"保存。

（2）单击"页面布局"标签，切换到"页面布局"选项卡。单击"页面设置"组内对话框启动器按钮，弹出"页面设置"对话框，选中"页边距"选项卡，在"方向"栏内可以选择页面的显示方向。单击按下"横向"按钮，在"上"、"下"、"左"和"右"数值框中均输入 1，其他设置如图 6-1-2 所示。

（3）切换到"纸张"选项卡，在"纸张大小"下拉列表框内选择"A4"选项，设置 Word 文档大小为"A4"纸大小。切换到"版式"选项卡，在"页眉"和"页脚"数值框中均输入 1 厘米，如图 6-1-3 所示。然后，单击"确定"按钮。

（4）单击"页面背景"组内的"页面颜色"按钮，弹出颜色面板，单击该面板内的"水绿色"色块，设置页面背景为水绿色。

图 6-1-2 "页面设置"（页边距）对话框

图 6-1-3 "页面设置"（纸张）对话框

2．插入图片

（1）将光标移到要插入图片文件的位置，切换到"插入"选项卡，单击"插图"组中的"图片"按钮，弹出"插入图片"对话框，利用该对话框可以把 bmp、gif、jpeg 等多种格式的图片文件插入到 Word 文档中。

（2）在"查找范围"下拉列表框中选择"素材"文件夹，选中列表框中的"动物摄影1.jpg"图像文件，如图 6-1-4 所示。单击"插入"按钮，即可在文档内光标处插入图片，插入图片后，图片就变成了文档的一部分，即使原图片文件被删除，文档中的图片还会保留。

（3）按照上述方法，再插入"动物摄影 2.jpg"……"动物摄影 6.jpg"五幅图片到文档中。

另外，可以先单击选中"动物摄影 1.jpg"图像文件，再按住【Shift】键，同时单击"动物 6.jpg"图像文件，选中"动物摄影 1.jpg"……" 动物摄影 6.jpg"图像文件，然后，单击"插入"按钮，在文档的光标位置依次插入选中的六幅图片。

（4）选中插入的一幅图片，图片四周会出现九个控制柄，如图 6-1-5 所示。

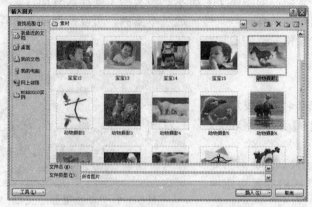

图 6-1-4 "插入图片"对话框

图 6-1-5 选中图片

（5）单击"图片工具"的"格式"标签，切换到"图片工具"的"格式"选项卡，如图 6-1-6 所示。单击"排列"组内的"位置"按钮，弹出"位置"面板，如图 6-1-7 所示。单击该面板内"文字环绕"栏中的一个图案（单击不同图案，会将选中的图片移到不同位置，不过以后还可以调整该图片的位置），使选中的图片设置为"文字环绕"方式，这样可以在整个文档内随意移动图片的位置。

图 6-1-6 "图片工具"的"格式"选项卡

图 6-1-7 "位置"面板

另外，单击"位置"面板内的"其他分布选项"命令，弹出"布局"对话框，单击"文字环绕"标签，切换到"文字环绕"选项卡，选中"四周型"命令，如图 6-1-8 所示。然后，单击"确定"按钮，也可以将选中的图片设置为"文字环绕"方式。

（6）选中一幅图片，将鼠标指针移到图片上边的绿色圆形控制柄处，当鼠标指针呈弧形状时拖动鼠标，可以旋转图片；将鼠标指针移到图片四边的白色控制柄处，当鼠标指针呈双箭头状时拖动鼠标，可以调整图片的大小。分别调整六幅图像的大小和位置，效果如图 6-1-9 所示。

图 6-1-8 "布局"对话框"文字环绕"选项卡　　图 6-1-9　调整六幅图像的大小与位置

3. 编辑图片

（1）选中第一行第一幅图片，单击"图片样式"栏内的第五个"映像圆角矩形"按钮，使选中的图片应用"映像圆角矩形"样式，效果如图 6-1-10 所示。

（2）选中第一行第二幅图片，单击"图片样式"栏内的第 15 个"剪裁对角线，白色"按钮，使选中的图片应用"剪裁对角线，白色"样式，效果如图 6-1-11 所示。

（3）单击"图片样式"栏内的"图片边框"按钮，弹出"图片边框"面板，单击该面板内的绿色色块，设置图片边框颜色为绿色，如图 6-1-12 所示。

图 6-1-10　映像圆角矩形效果　图 6-1-11　剪裁对角线效果　图 6-1-12　边框色为绿色

（4）选中第一行第三幅图片，单击"图片样式"栏内的倒数第四个"映像棱台"按钮，使选中的图片应用"映像棱台"样式。单击"图片样式"栏内的"图片边框"按钮，弹出"图片边框"面板，单击该面板内的蓝色色块，设置边框为蓝色，如图 6-1-13 所示。

（5）选中第二行第一幅图片，单击"图片样式"栏内的第 16 个"金属椭圆"按钮，使选中的图片应用"金属椭圆"样式。单击"图片样式"栏内的"图片边框"按钮，弹出它的面板，设置图片边框的颜色为蓝色，效果如图 6-1-14 所示。

（6）单击"图片样式"栏内的"图片效果"按钮，弹出"图片效果"面板，如图 6-1-15 所示。单击该面板内的"映像"命令，弹出"映像"面板，如图 6-1-16 所示。单击该面板内"映像变体"栏内第三行第一格图案，选中图像的效果如图 6-1-17 所示。

（7）单击"图片效果"面板内的"三维旋转"命令，弹出"三维旋转"面板，如图 6-1-18 所示。单击该面板内"平行"栏中第二行第二个图案，给选中的图片添加三维旋转效果，如图 6-1-19 所示。

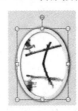

图 6-1-13　映像棱台效果

图 6-1-14　边框色为蓝色

（8）单击"三维旋转"面板内的"三维旋转选项"命令，弹出"设置图片格式"（三维旋转）对话框，如图 6-1-20 所示。利用该对话框可以调整选中图片的三维旋转角度等参数。

另外，选中该对话框内左边一列中的其他选项，切换到其他选项卡，可以对选中图片进行边框填充色、线粗细、线型、线颜色、图片阴影、图片颜色、三维格式和三维旋转等格式进行调整。

图 6-1-15　"图片效果"面板　　图 6-1-16　"映像棱台"样式　　图 6-1-17　添加"映像"效果

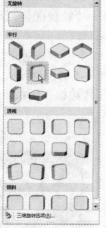

图 6-1-18　"三维旋转"面板　　　图 6-1-19　三维旋转效果　图 6-1-20　"设置图片格式"
　　　　　　　　　　　　　　　　　　　　　　　　　　　　　（三维旋转）对话框

（9）选中第二行第三幅图片，加工它的方法与加工第二行第一幅图片的方法基本一样，只是透视倾斜的方向正好相反，效果见图 6-1-1。

4. 创建和编辑图形

（1）选中第二行第二幅图片，按【Delete】键，删除选中的图片。切换到"插入"选项卡，单击"插图"组内的"形状"按钮，弹出"图片形状"面板，如图 6-1-21 所示。

图 6-1-21　"图片形状"面板

（2）单击"图片形状"面板内"星与旗帜"栏中的"波形"图标≈，然后在原第二行第二幅图片处拖动鼠标，绘制一幅波形图形，如图 6-1-22 所示。可以看到，选中的波形图形四周有九个圆形控制柄，其中一个是绿色的，还有两个黄色菱形控制柄，下边中间的圆形控制柄被黄色菱形控制柄遮挡住了。

（3）拖动调整左上方的黄色菱形控制柄，可以调整波形图形的波动程度，如图 6-1-23 左图所示；拖动调整下边的黄色菱形控制柄，可以调整波形图形的扭曲程度，如图 6-1-23 右图所示；拖动调整绿色圆形控制柄，可以旋转图形，如图 6-1-24 所示。

图 6-1-22　波形图形　　　图 6-1-23　波形图形的黄色菱形控制柄效果　　　图 6-1-24　旋转图形

（4）在绘制并选中一幅波形图形的同时，在功能区内会自动弹出切换到"绘图工具"的"格式"选项卡。单击"格式"选项卡内"形状样式"组中的"形状填充"按钮，弹出"形状填充"面板，如图 6-1-25 所示。

（5）单击"形状填充"面板内的"图片"按钮，弹出如图 6-1-4 所示的"插入图片"对话框，在该对话框内选中前面删除的"动物摄影 3.jpg"图像文件，单击"插入"按钮，即可在波形图形内插入"动物摄影 3.jpg"图像，见图 6-1-26 所示。

（6）单击"格式"选项卡内"形状样式"组中的"形状轮廓"按钮，弹出"形状轮廓"面板，如图 6-1-27 所示。单击其内的深绿色色块，给波形图形轮廓线着深绿色。

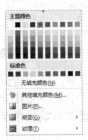  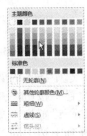

图 6-1-25　"形状填充"面板　　　图 6-1-26　波形图形内插入图像　　　图 6-1-27　"形状轮廓"面板

（7）单击"形状轮廓"面板内的"粗细"命令，弹出"粗细"面板，如图 6-1-28 所示。单击"6 磅"图案，给波形图形轮廓线设置粗 6 磅。

（8）选中波形图形，换到"图片工具"的"格式"选项卡，单击"图片样式"组内的"图片效果"按钮，弹出它"图片效果"面板，见图 6-1-15。单击"阴影"命令，弹出"阴影"面板，如图 6-1-29 所示。

（9）单击"阴影"面板内的"透视"栏内第一个图案，给选中的第二行第二个波形图形添加投影，见图 6-1-1。

图 6-1-28　"粗细"面板　　　图 6-1-29　"阴影"面板

5. 插入和编辑剪贴画

剪贴画是指 Word 2010 提供的各种类型的图片，它们都可以插入到 Word 文档中，插入的剪贴画的编辑方法与插入的图片的编辑方法一样。在 Word 2010 中要能够插入剪贴画，必须在安装 Microsoft Office 2010 时安装了相应的部件。插入和编辑剪贴画的操作步骤如下：

（1）切换到"插入"选项卡，单击"插图"组中的"剪贴画"按钮，弹出"剪贴画"窗格，如图 6-1-30 左图所示。在"搜索文字"文本框中输入剪贴画的名称或分类名称，如果不输入任何文字，则列出所有剪贴画。此处输入"照相馆"文字。

（2）在"结果类型"下拉列表框中只选中"插图"复选框，如图 6-1-31 所示。

（3）单击选中"包括 Office.com 内容"复选框。单击"搜索"按钮，"剪贴画"窗格的列表中会列出所有找到的剪贴画，如图 6-1-30 右图所示。

（4）单击列表框中需要插入的剪贴画，单击右边的箭头按钮，弹出它的菜单，单击该菜单内的"插入"命令，即可在文档内插入该剪贴画。

图 6-1-30　"剪贴画"窗格　　　　　图 6-1-31　"结果类型"下拉列表框

（5）选中插入的剪贴画，切换到"图片工具"内的"格式"选项卡，单击"排列"组内的"位置"按钮，弹出它的菜单，单击该菜单内的"文字环绕"栏中的一个图案，将选中的剪贴画设置为"文字环绕"且"浮于文字上方"方式。然后，调整剪贴画的大小，移动剪贴画到下边中间的位置处（见图 6-1-1）。

6. 插入艺术字

艺术字是指插入到文档中的装饰文字，可以创建带阴影的、扭曲的、旋转的和拉伸的文字，也可以按预定义的形状创建文字。具体操作方法如下：

（1）切换到"插入"选项卡，单击"文本"组中的"艺术字"按钮，弹出"艺术字"面板，如图 6-1-32 所示，单击该面板内第三行第五个图案，在文档内插入艺术字文字，如图 6-1-33 所示。

（2）切换到"开始"选项卡，在"字体"组内"字号"下拉列表框中输入 70，设置字号为 70，在"字体"下拉列表框内选择"华文楷体"，文字改为"动物摄影"，如图 6-1-34 所示。

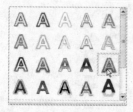  

图 6-1-32　"艺术字"面板　　图 6-1-33　插入的艺术字文字　　图 6-1-34　修改艺术字文字

（3）选中插入艺术字文字，切换到"绘图工具"的"格式"选项卡，单击"艺术字样式"组中的"文本效果"按钮，弹出"文本效果"面板，如图 6-1-35 所示，单击该面板内的"转换"图案，弹出"转换"面板，如图 6-1-36 所示。

（4）单击"转换"面板内的"弯曲"栏内第五行第一个"波形 1"图案，使选中的艺术字旋转，效果如图 6-1-37 所示。然后，拖动调整两个粉色菱形控制柄，改变艺术字的形状。

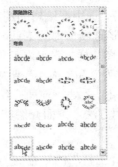

图 6-1-35　"文本效果"面板　　图 6-1-36　"转换"面板　　图 6-1-37　旋转艺术字文字

（5）单击"艺术字样式"组中的"文本轮廓"按钮，弹出"文本轮廓"面板，如图 6-1-38 所示。单击其内的"其他轮廓颜色"命令，可以弹出"颜色"对话框，利用该对话框可以选择更多的轮廓线颜色。单击该面板内的"粗细"命令，可以弹出"粗细"面板，如图 6-1-28 所示。单击该面板内的"虚线"命令，可以弹出"虚线"面板，如图 6-1-40 所示。

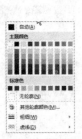

图 6-1-38　"文本轮廓"面板　　图 6-1-39　"颜色"对话框　　图 6-1-40　"虚线"面板

（6）选中"动物摄影"艺术字，切换到"绘图工具"的"格式"选项卡，"艺术字样式"组中的"文本填充"按钮，弹出"文本填充"面板，如图 6-1-41 所示。单击其内的色块，可以改变艺术字的填充颜色。单击"其他填充颜色"命令，也可以弹出"颜色"对话框，用来选择更多的填充颜色。

（7）单击"文本填充"面板内的"渐变"命令，弹出"渐变"面板，如图 6-1-42 所示。单击该面板内"变体"栏内的图案，即可给艺术字填充相应的一种渐变效果。

（8）单击"渐变"面板内"其他渐变"命令，弹出"设置文本效果格式"对话框，如图 6-1-43 所示。利用该对话框可以设置给艺术字填充各种不同颜色与纹理图案，可以设置各种不同的渐变填充效果。

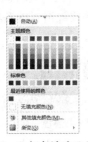

图 6-1-41　"文本填充"面板　　图 6-1-42　"渐变"面板　　图 6-1-43　"渐变"面板

6.1.2　相关知识——图片和剪贴画格式设置

插入的图片和剪贴画实质都是图片，选中要编辑的图片或剪贴画，切换到"图片工具"的"格式"选项卡（见图 6-1-6）。利用该选项卡内的工具可以对剪贴画和图片进行一些复杂的操作。上边已经介绍了该选项卡中"图片样式"组内工具的使用方法，下面介绍"图片工具"的"格式"选项卡内"调整"、"排列"和"大小"组中一些工具的基本使用方法。

艺术字和图片格式设置也有许多相似之处，前面介绍了"绘图工具""格式"选项卡内"艺术字样式"组内工具的一些使用方法，下面介绍其他组内工具的基本使用方法。

1.　图片的格式调整

选中要编辑的图片，切换到"图片工具"的"格式"选项卡，其中，"调整"组如图 6-1-44 所示。可以用来改变图片的亮度、对比度和颜色效果。方法如下。

（1）"颜色"调整：单击"颜色"按钮，弹出"颜色"面板，如图 6-1-45 所示。在该面板内可以选择不同的颜色、饱和度、色调，对图片重新着色。

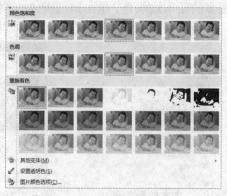

图 6-1-44　"调整"组　　　　　　　　　图 6-1-45　"颜色"面板

◎　单击该面板内的"设置透明色"命令，鼠标指针变成✐。选中的图片内某种颜色，可以使图片的这种颜色以及近似的颜色透明。

例如，在文档中插入"草地"和"小树"两幅图片，"小树"图片的背景色为白色，分别将它们设置为"文字环绕"方式，移动这两幅图像使它们重叠在一起，"小树"图片在"草地"图片的上边（如果"小树"图片不在上边，可以选中"小树"图片，单击"排列"组内的"上移一层"按钮），如图 6-1-46 左图所示。弹出"颜色"面板，单击其内的"设置透明色"命令✐，单击"小树"图片的白色，使上边图片的白色背景透明，如图 6-1-46 右图所示。

◎　单击该面板内的"其他变体"命令，可以弹出"颜色"面板，如图 6-1-47 所示。应用该面板可以给选中的图片设置更多的颜色。

◎　单击该面板内的"图片颜色选项"命令，可以弹出"设置图片格式"（图片颜色）对话框，如图 6-1-48 所示。利用该对话框可以进行图片颜色饱和度和色调等格式的各种调整。

图 6-1-46　图片的白色背景色透明　　　　　图 6-1-47　"颜色"面板

（2）"更正"调整：单击"更正"按钮，弹出"更正"面板，如图 6-1-49 所示。

◎ 单击面板中"锐度和柔化"栏内图案，可将该图案的锐度和柔化度应用于选中图片。

◎ 单击面板中"亮度和对比度"栏内的图案，即可将该图案的亮度和对比度应用于选中的图片。对比度越高，图片颜色的饱和度和明暗度越高，颜色灰色越少；对比度越低，图片颜色的饱和度和明暗度会降低，颜色灰色越多。

图 6-1-48　"设置图片格式"　　　图 6-1-49　"更正"面板　　　图 6-1-50　"设置图片格式"
　　（图片颜色）对话框　　　　　　　　　　　　　　　　　　（图片更正）对话框

◎ 单击该面板中"图片更正选项"按钮，弹出"设置图片格式"（图片更正）对话框，如图 6-1-50 所示。利用该对话框可以进行图片的锐度和柔化、亮度和对比度等各种格式调整。

（3）"艺术效果"调整：单击"艺术效果"按钮，弹出"艺术效果"面板，如图 6-1-51 所示。单击该面板中的图案，即可将该图案的艺术效果应用于选中的图片。例如，单击"艺术效果"面板内第三行第一个图案，选中的图片就应用了马赛克艺术效果，如图 6-1-52 所示。

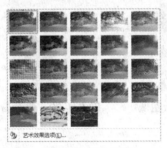　　　　　

图 6-1-51　"艺术效果"面板　　　　图 6-1-52　应用了一种艺术效果后的图片

单击该面板中"艺术效果选项"按钮，弹出"设置图片格式"（艺术效果）对话框，该对话框很简单，单击其内一个按钮，也可以弹出图 6-1-51 所示的各种艺术效果图案。选中不同的图案，还会弹出相应的一些调整选项，用来调整该艺术效果的一些参数。

（4）"压缩图片"调整：单击"压缩图片"按钮，弹出"压缩图片"对话框。如果文件是".docx"格式，则"压缩图片"对话框如图 6-1-53 所示；如果文件是".doc"格式，则"压缩图片"对话框如图 6-1-54 所示。可以看出，利用"压缩图片"对话框可以设置压缩图片的范围、文档分辨率等与压缩有关的参数。

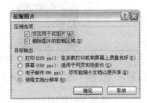　　　　　　　

图 6-1-53　"压缩图片"对话框 1　　　　图 6-1-54　"压缩图片"对话框 2

（5）更改图片：单击"更改图片"按钮 🖼，弹出图 6-1-4 所示的"插入图片"对话框，利用该对话框可以导入外部其他图片，替代选中的原图片。

（6）重设图片：单击"重设图片"按钮 🖼，弹出它的菜单，单击其中的"重设图片"命令，可将修改后的图片还原为原图状态；单击其中的"重设图片和大小"命令，可将修改和缩放后的图片还原，且还原为原始图像大小。

（7）删除背景：选中插入的图片，如图 6-1-55 所示。单击"删除图片"按钮，选中的图像变为如图 6-1-56 所示。同时切换到"背景删除"组，如图 6-1-57 所示。

图 6-1-55　选中图片　　　图 6-1-56　删除图像　　　图 6-1-57　"背景删除"组

调整图 6-1-56 所示图像中的八个控制柄，可以调整要删除背景的处理范围。单击"标记要保留的区域"按钮，再单击图片内要保留的区域，单击处会出现一个加号标记 ⊕，如图 6-1-58 所示；单击"标记要删除的区域"按钮，再单击图片内要删除的区域，单击处会出现一个减号标记 ⊖，如图 6-1-59 所示；单击"删除标记"按钮，再单击图片内的标记符号，即可删除标记符号。单击"放弃所有更改"按钮，可以恢复到添加标记前的状态，如图 6-1-55 所示。单击"保留更改"按钮，可删除图片背景，效果如图 6-1-60 所示。

图 6-1-58　保留区域　　　图 6-1-59　删除图像　　　图 6-1-60　删除背景效果

2. 图片的排列调整

选中要编辑的图片，切换到"图片工具"的"格式"选项卡，其中，"排列"组如图 6-1-61 所示。利用它可以设置文字和图片之间的关系，多幅图片之间的关系等。具体方法如下。

（1）图片的位置调整 1：单击"排列"组内的"位置"按钮，弹出它的"位置"面板，如图 6-1-7 所示。具体操作方法如下：

◎ 单击该面板内"文字环绕"栏中的一个图案，使选中的图片设置为"文字环绕"方式，如图 6-1-62 所示，这样可以在文档内随意移动图片的位置。单击该面板内"嵌入文本行"栏中的图案，使选中的图片设置为"嵌入文本行"方式，如图 6-1-63 所示。

图 6-1-61　"排列"组　　　图 6-1-62　图片文字环绕　　　图 6-1-63　图片嵌入文本行

◎ 单击"位置"面板内的"其他分布选项"命令，弹出"布局"对话框，切换到"文字环绕"选项卡，单击"环绕方式"栏内的"四周型"图案，再单击"自由换行"栏内的一个单选按钮（此处单击"只在右侧"单选按钮，表示文字只在图片右边），在"距正文"栏内四个数字框内调整图片和文字的间距，如图 6-1-64 所示。然后，单击"确定"按钮，将选中的图片设置为"四周型文字环绕"方式，如图 6-1-65 所示。

图 6-1-64　"布局"对话框"文字环绕"选项卡

图 6-1-65　四周型文字环绕

◎ 选中"布局"对话框内"环绕方式"栏中的"浮于文字上方"图案，单击"确定"按钮，选中图片与文字关系如图 6-1-66 所示。选中"布局"对话框内"环绕方式"栏中的"衬于文字下方"图案，单击"确定"按钮，则选中的图片与文字关系如图 6-1-67 所示。

在"环绕方式"栏中选中其他环绕方式，可以获得其他相应的效果，读者可以自行实验。

◎ 单击"布局"对话框的"位置"标签，切换到"位置"选项卡，如图 6-1-68 所示。利用该选项卡可以设置图片和文字的对齐方式，图片和文字的间距，以及图片的位置等。在"选项"栏，可以通过选中不同的复选框进行相应的功能设置。

（2）图片的位置调整 2：单击"排列"组内的"自动换行"按钮，弹出的"自动换行"菜单，如图 6-1-69 所示。利用该菜单内的命令，亦可以进行各种文字环绕设置。单击"其他分布选项"命令，弹出"布局"对话框。

图 6-1-66　浮于文字上方的环绕方式

图 6-1-67　衬于文字下方的文字环绕

图 6-1-68　"布局"对话框"位置"选项卡

图 6-1-69　"自动换行"菜单

（3）重叠图片层位置调整："排列"组内中间一列有三个按钮，用来调整重叠图片层的位置。上边两个按钮的使用方法如下：

◎ 选中两幅上下重叠的上边一幅图片，如图 6-1-70 所示。单击"下移一层"按钮 下移一层，即可看到选中的上边一层的图片移到下面一层图片的下边，如图 6-1-71 所示。

　　◎ 选中两幅上下重叠的下边一幅图片，如图 6-1-71 所示。再单击"上移一层"按钮 ⎯ 上移一层，即可看到选中的下边一层的图片移到上面一层图片的上边，如图 6-1-70 所示。

　　◎ 单击"上移一层"的箭头按钮，弹出"上移一层"菜单，如图 6-1-72 所示。单击"置于顶层"命令，即可将上下重叠的多幅图片中选中的图片（如图 6-1-73 所示）置于顶层，如图 6-1-74 所示。单击"浮于文字上方"命令，即可将衬于文字下方的图片（见图 6-1-67）改为"浮于文字上方的图片，见图 6-1-66。

图 6-1-70　重叠图片　　　图 6-1-71　图片层调整　图 6-1-72　"上移一层"菜单

　　◎ 单击"下移一层"的箭头按钮，弹出"下移一层"菜单，如图 6-1-75 所示。单击"置于底层"命令，即可将上下重叠的多幅图片中选中的图片（如图 6-1-74 所示）置于底层，如图 6-1-73 所示。单击"衬于文字下方"命令，即可将浮于文字上方的图片（见图 6-1-66）改为衬于文字下方的图片，见图 6-1-67。

图 6-1-73　重叠图片　　　图 6-1-74　图片层调整　图 6-1-75　"下移一层"菜单

　　（4）"选择和可见性"窗格调整：选中一幅图片（该页内插入五幅图片和一个艺术字），如图 6-1-74 所示。单击"排列"组内中间一列"选择窗格"按钮，弹出"选择和可见性"窗格，如图 6-1-76 所示。该窗格的使用方法如下：

　　◎ 单击"全部隐藏"按钮，可以将该页内显示的所有图片、剪贴画和艺术字隐藏；单击"全部显示"按钮，可以将该页内隐藏的所有图片、剪贴画和艺术字显示出来。

　　◎ 在"选择和可见性"窗格内列表框中，单击图　　　图 6-1-76　"选择和可见性"窗格
片、剪贴画或艺术字名称右边的按钮 👁，使该按钮呈 ▭ 状，同时文档页内相应的对象会隐藏；单击按钮 ▭，使该按钮呈 👁 状，同时文档页内相应的对象会显示出来。

　　◎ 单击按钮 ▲，可以使选中的图片向上移动一个图层；单击按钮 ▼，可以使选中的图片向下移动一个图层。

　　（5）对齐、组合和旋转调整："排列"组内右边一列有三个按钮，用来调整选中的多个对象的组合与取消组合，调整对象的对齐方式和旋转角度。其使用方法如下。

　　◎ 组合和取消组合：选中多个对象（图片、剪贴画、艺术字和文本框等），单击"组合"按钮，弹出它的菜单，单击该菜单内的"组合"命令，即可将选中的多个对象组合在一起，形成一个组合，将其作为一个对象处理。选中一个组合，单击"组合"按钮，弹出它的菜单，单击该菜单内的"取消组合"命令，即可将选中组合取消，分解成原来的多个

独立的对象。

◎ 对齐：选中一个或多个对象，单击"对齐"按钮，弹出"对齐"菜单，如图 6-1-77 所示。利用该菜单可将选中的多个对象的边缘对齐，或者将选中的一个对象与舞台工作区的边缘对齐，还可以进行水平或垂直均匀分布。选择不同的命令，进行不同方式的对齐或分布。

单击"对齐"菜单中的"网络设置"命令，弹出"绘图网格"对话框，如图 6-1-78 所示。该菜单可以进行网格设置，如果选中"在屏幕上显示网格"复选框，可以显示网格。单击"对齐"菜单中的"查看网络线"命令，也可以显示网格。

图 6-1-77 "对齐"菜单　　　　图 6-1-78 "绘图网格"对话框

◎ 旋转：选中一个或多个对象，单击"旋转"按钮，可以弹出"旋转"菜单，如图 6-1-79 所示。利用该菜单可以将选中的图片或其他对象进行旋转或翻转。单击"其他旋转选项"命令，可以弹出"布局"对话框"大小"选项卡，如图 6-1-80 所示。只有选中的对象是艺术字时，"相对值"单选按钮才是可选项。

选中要旋转的图片等对象，将鼠标指针移到图片等对象上变得圆形控制柄之上，当鼠标指针呈圆圈箭头状时，拖动鼠标，即可旋转选中的图片等对象，如图 6-1-81 所示。

图 6-1-79 "旋转"菜单　图 6-1-80 "布局"对话框"大小"选项卡　　图 6-1-81 旋转对象

3. 图片的大小调整

选中要编辑的图片，切换到"图片工具"的"格式"选项卡，其中，"大小"组如图 6-1-82 所示。利用它可以调整图片等对象的大小，以及裁剪对象等。具体方法如下。

（1）调整对象的尺寸：选中要编辑的图片等对象，切换到"图片工具"的"格式"选项卡，在"大小"组中的"高度"和"宽度"文本框内分别输入图片等对象的宽度和高度值，如图 6-1-82 所示。另外，单击"大小"组中的对话框启动器按钮 ，弹出"布局"对话框的"大小"选项卡，如图 6-1-80 所示。利用该对话框可以改变对象的大小和旋转角度等。

（2）裁剪图片：几种裁剪图片的方法如下。

◎ 选中图片等对象，切换到"图片工具"的"格式"选项卡，单击"大小"组中的

"裁剪"按钮，选中对象的四周会出现八个用于调整大小的控制柄和八个裁剪对象的控制柄，如图 6-1-83 左图所示。将鼠标指针移动到裁剪对象的控制柄处，拖动鼠标即可裁剪对象，如图 6-1-83 中图所示。按【Enter】键，即可将图片等对象裁剪，如图 6-1-83 右图所示。

图 6-1-82 "大小"组

图 6-1-83 裁剪对象

◎ 选中图片等对象，切换到"图片工具"的"格式"选项卡，单击"大小"组中的"裁剪"箭头按钮 ▾，弹出"裁剪"菜单，如图 6-1-84 所示。单击该菜单内的"裁剪"命令，其作用与单击"裁剪"按钮的作用一样。单击"填充"和"调整"命令，其作用与单击"裁剪"按钮的作用有微小的不同，读者通过实验可以了解其中的不同处。

◎ 选中图片等对象，单击"裁剪"菜单内的"裁剪为形状"命令，弹出"裁剪为形状"面板，如图 6-1-85 所示。单击其内的一个图案，即可将选中的对象裁剪为指定的形状。

◎ 选中图片等对象，单击"裁剪"菜单内的"纵横比"命令，弹出"纵横比"面板，如图 6-1-86 所示。单击其内的一个图案，即可将选中的对象按照选定的纵横比进行裁剪。

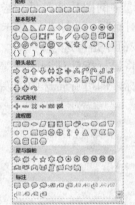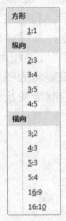

图 6-1-84 "裁剪"菜单　　图 6-1-85 "裁剪为形状"面板　　图 6-1-86 "纵横比"面板

思考与练习6-1

1．修改本案例的"动物摄影"文档，更换三幅图片，增加两幅图片，更改图片效果，更换剪贴画，给剪贴画添加效果，修改艺术字的阴影和三维效果。

2．制作一个"宝宝照相馆"文档，如图 6-1-87 所示。

3．制作一个"宣传画"文档，如图 6-1-88 所示。

4．制作一个"风景美如画"文档，该文档主要插入有图片、剪贴画和艺术字，图片和剪贴画具有不同的效果，艺术字具有阴影和三维立体效果。文字有分栏，图片和文字环绕。

5．制作一个名为"球球小档案"文档，如图 6-1-89 所示。可以看到，这是一个介绍"张可昕"（网名"球球"）的有趣小档案，其内有艺术字、剪贴图、图片和日期等。

6．制作一个名为"牛初乳产品宣传单"文档，如图 6-1-90 所示。可以看到，文档内插入有图片、剪贴画和艺术字，以及文字有分栏，图片和文字环绕。

图 6-1-87 "宣传封面"文档

图 6-1-88 "宣传封面"文档

图 6-1-89 "球球小档案"Word 文档

图 6-90 "牛初乳产品宣传单"Word 文档

6.2 【案例 10】中秋佳节

6.2.1 案例效果和操作

本案例制作一个"中秋佳节"文档，如图 6-2-1 所示。该文档有图片水印、绘制有各种形状图形、创建文本框、文本框内输入文字、插入图片、图片四周有文字环绕等效果。

图 6-2-1 "中秋佳节"文档

通过本案例，可以进一步掌握插入图片和编辑图片的方法，设置文字环绕的方法，掌握绘制各种形状图形和艺术字的方法等。具体操作方法如下。

1. 设置页面图片水印

（1）启动 Word 2010。创建一个名为"文档1"的空白文档。然后，再以名称"【案例10】中秋佳节.docx"保存。

（2）切换到"页面布局"选项卡。单击"页面设置"组内对话框启动器按钮，弹出"页面设置"对话框"页边距"选项卡，单击按下"纵向"按钮，在"上"和"下"数值框中均输入 3，"左"和"右"数值框中均输入 3.3。单击"确定"按钮。

（3）单击"页面背景"组内的"水印"按钮，弹出其面板，单击该面板内的"自定义水印"命令，弹出"水印"对话框，选中"图片水印"单选按钮，单击"选择图片"按钮，弹出"插入图片"对话框，选中图 6-2-3（a）所示的"秋色.jpg"图像，单击"插入"按钮，在页面内创建"秋色.jpg"图片水印，如图 6-2-3（b）所示。

图 6-2-2 "水印"对话框

（a）　　　　　　　（b）

图 6-2-3 "秋色.jpg"图像和页面水印

2. 制作标题框和艺术字

（1）连续按四次【Enter】键。切换到"插入"选项卡，单击"插图"组中的"形状"按钮，弹出"形状"面板，如图 6-2-4 所示。单击"星和旗帜"栏内的"前凸带形"图标，再在页面内上边拖动，绘制一幅前凸带形图形，如图 6-2-5 所示。

（2）拖动黄色菱形控制柄，改变前凸带形形状图形的形状；拖动四边的正方形控制柄，可以改变前凸带形形状图形的大小。

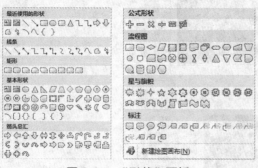

图 6-2-4 "形状"面板

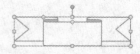

图 6-2-5 前凸带形图形

（3）选中前凸带形图形，切换到"绘图工具"的"格式"选项卡，如图 6-2-6 所示。

（4）单击"形状样式"组内的"形状填充"按钮，弹出"形状填充"面板，如图 6-2-7 所示。单击该面板内的"纹理"命令，弹出"纹理"面板，如图 6-2-8 所示。单击该面板内第五行第一列图案，给前凸带形形状图形添加选中的纹理图案。

（5）单击"形状样式"组内的"形状轮廓"按钮  ，弹出"形状轮廓"面板，如图 6-2-9 所示。单击该面板内的"粗细"命令，弹出其菜单，如图 6-2-10 所示，单击该菜单内的"3 磅"命令，设置前凸带形图形轮廓线粗 3 磅，单击"形状轮廓"面板内的绿色色块，设置前凸带形图形的轮廓线颜色为绿色。

图 6-2-6　"绘图工具"的"格式"选项卡

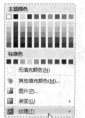
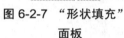

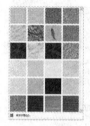

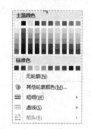

| 图 6-2-7　"形状填充"面板 | 图 6-2-8　"纹理"面板 | 图 6-2-9　"形状轮廓"面板 | 图 6-2-10　"粗细"面板 |

（6）切换到"插入"选项卡，单击"文本"组中的"艺术字"按钮，弹出"艺术字"面板（见图 6-1-32），单击该面板内一个"渐变填充-橙色"图案，在文档内插入艺术字文字（见图 6-1-33）。

（7）切换到"开始"选项卡，在"字体"组内"字号"下拉列表框中选择"一号"，在"字体"下拉列表框内选择"华文隶书"，设置加粗，将艺术字改为"中 秋 佳 节"。

（8）选中"中 秋 佳 节"艺术字，切换到"绘图工具"的"格式"选项卡，如图 6-2-6 所示。单击"形状样式"组内的"形状填充"按钮 ，弹出"形状填充"面板如图 6-2-7 所示。单击该面板内的"无填充颜色"按钮，使选中的艺术字背景透明，如图 6-2-11 所示。

图 6-2-11　编辑"中秋佳节"艺术字

3．制作对联

（1）切换到"插入"选项卡，单击"插图"组中的"形状"按钮，弹出"形状"面板，如图 6-2-4 所示。单击"星和旗帜"栏内的"竖卷形"图案，再在页面内左边拖动，绘制一幅垂直的竖卷形图形。拖动控制柄，改变该图形的形状和大小。

（2）按照上边制作凸带形标题文本框图形的方法，设置竖卷形图形的填充和轮廓。

（3）单击"插入形状"组内的"文本框"图标，弹出"文本框"菜单，单击该菜单内的"绘制文本框"命令，鼠标指针变为十字线状。在竖卷形图形内拖动，创建一个文本框。单击选中该文本框，单击"形状样式"组内的"形状填充"按钮，弹出"形状填充"面板，给选中的文本框填充与前面一样的图案。

（4）单击"形状样式"组内的"形状轮廓"按钮 ，弹出"形状轮廓"面板，单击该面板内的"无轮廓"按钮，设置前竖卷形图形无轮廓线。

（5）单击文本框内部，将光标定位在文本框内。切换到"绘图工具"的"格式"选项卡，单击"文字方向"按钮，弹出它的菜单，如图 6-2-12 所示。单击该菜单内的"垂直"图案，将文本框内文字改为垂直输入状。

（6）切换到"开始"选项卡，在"字体"组内"字号"下拉列表框中选择"四号"，在"字体"下拉列表框内选择"宋体"，设置加粗。然后，在文本框内输入垂直的文字"今夜月明人尽望，不知秋思落谁家。"，制作好上联，如图 6-2-13 所示。

（7）选中垂直的竖卷形图形和垂直文本框，再按住【Ctrl】键，同时水平向右拖动，复制一份垂直的竖卷形图形和垂直文本框，垂直文本框内的文字也随之复制一份。然后，将文字改为"中庭地白树栖鸦，冷露无声湿桂花。"，制作好下联，如图 6-2-14 所示。文本框中的文字会随着文本框的移动而移动，在文本框旋转或翻转时文字不变。

图 6-2-12 "文字方向"面板 　　图 6-2-13 上联 　　图 6-2-14 下联

（8）另外，也可以在图形内直接输入文字。方法是：选中要添加文字的图形，单击鼠标右键，弹出快捷菜单，单击"添加文字"命令，自动添加一个文本框，然后输入文字。图形中的文字会随着图形的移动而移动，在图形旋转或翻转时文字不变。

4. 输入文字和插入图像

（1）多次按【Enter】键，添加多个回车符。在对联的下边输入一段绿色、宋体、加粗、小四号文字。

（2）插入一幅"中秋 1.jpg"图片，单击选中该图片，切换到"图片工具"的"格式"选项卡（见图 6-2-6）。单击"排列"组内的"位置"按钮，弹出"位置"面板（见图 6-1-7）。单击该面板内的"其他分布选项"命令，弹出"布局"对话框，切换到"文字环绕"选项卡，选中"浮于文字上方"图案，单击"确定"按钮。

（3）拖动调整选中的图片的位置，使该图片位于对联之间。

（4）再插入一幅"中秋 2.jpg"图片，单击"排列"组内的"位置"按钮，弹出"位置"面板见（图 6-1-7）。单击该面板内的"其他分布选项"命令，弹出"布局"对话框，切换到"文字环绕"选项卡，选中"四周型"图案，其他设置如图 6-2-15 所示，单击"确定"按钮。

（5）调整插入的"中秋 2.jpg"图片的大小和位置，使它居于文字的中间，还可以调整插入图像的亮度和对比度，裁剪图像等。最后效果见图 6-2-1。

图 6-2-15 "布局"对话框"文字环绕"选项卡

6.2.2　相关知识——形状、艺术字和文本框格式设置

1. 绘制图形

切换到"插入"选项卡，单击"插图"组中的"形状"按钮，弹出"形状"面板（见图 6-2-4）。单击该面板内的图形样式图标，此时鼠标指针变成十字形，再在页面内上边拖动，即可绘制一幅选中的图形样式的图形。按住【Shift】键的同时拖动鼠标，可以绘制出原大小比例的图形（例如：正方形、圆等）。

拖动黄色菱形控制柄，可改变图形的形状；拖动正方形控制柄，可改变图形的大小。

Word 2010 将图形分为八大类，分别对应一组图形。八类图形的功能介绍如下。

（1）"线条"栏：可以绘制 12 种类型的连接线，其中几种线条如图 6-2-16 所示。

单击选中部分类型的一条线条，线条上会出现黄色菱形控制柄，如图 6-2-16 所示图形中左边的二幅图形。拖动左边第一幅箭头折线图形中的黄色菱形控制柄，可以调整箭头折线图形中间线段的位置。拖动左边第二幅折线图形中的黄色菱形控制柄，可以调整黄色菱形控制柄的位置，从而改变箭头曲线图形的形状。

在绘制曲线〵和任意多边形〓线条时单击起点后，拖动鼠标到下一个转折点单击，如此继续，最后在终点处双击，完成线条的绘制。在绘制自由曲线〓时，可以像是用铅笔绘制线条那样来绘制线条。

（2）"矩形"栏：可绘制九种矩形图形。其中绘制的两幅矩形图形如图 6-2-17 所示。拖动右边矩形图形中的黄色菱形控制柄，可以调整矩形的形状。

图 6-2-16　几种线条

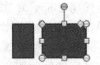
图 6-2-17　矩形

（3）"基本形状"栏：可以绘制 43 种图形。绘制的文本框、垂直文本框、梯形、立方体、笑脸、新月形、太阳形和双大括号图形如图 6-2-18 所示。拖动调整第五幅"笑脸"图形的黄色菱形控制柄，可以调整笑脸图形内嘴巴的形状，使笑脸成哭脸，如第九幅图形所示。

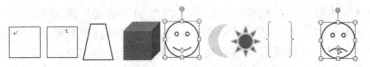
图 6-2-18　几种基本形状图形

（4）"箭头总汇"栏：可以绘制 27 种箭头。绘制的右箭头、上弧形箭头、右弧形箭头、右箭头标注、十字箭头标注和环形箭头图形如图 6-2-19 所示。拖动黄色菱形调整控点，可以调整箭头图形的形状。

（5）"公式形状"栏：可绘制六种公式形状图形，如图 6-2-20 所示。拖动黄色菱形调整控点，可以调整公式图形的形状。

图 6-2-19　几种箭头汇总图形　　　　　　　图 6-2-20　几种公式形状图形

（6）"流程图"栏：可绘制 28 种流程图元素。绘制的决策、多文档、资料带、汇总连接、库存数据和直接访问存储器图形如图 6-2-21 所示。

（7）"星与旗帜"栏：可绘制 20 种图形。绘制的爆炸 1、八角星、前凸带形、波形和双波形图形，如图 6-2-22 所示。拖动黄色菱形调整控点，可以调整星与旗帜图形的形状。

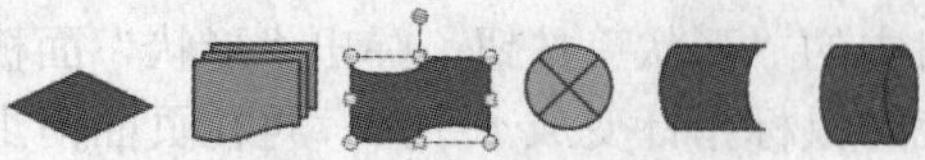

图 6-2-21　几种流程图图形 　　　　　　图 6-2-22　几种星与旗帜总图形

（8）"标注"栏：可绘制 16 种标注。绘制的矩形标注、云形标注、线性标注 1、多线标注 3 图形如图 6-2-23 所示。拖动黄色菱形调整控点，可以调整标注图形的形状。

2. 编辑图形

（1）选中多个图形：按住【Shift】键，同时单击所需的各个图形，可以同时选中多个图形。

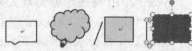

图 6-2-23　几种标图形

（2）移动和复制图形：将鼠标指针移至要移动的图形上，鼠标指针变为四个箭头形状时拖动，即可将图形移动。如果按住【Shift】键的同时拖动图形，则可以限制图形只在水平方向移动。可以通过直接按光标移动键来移动选中的图形。如果按住【Alt】键，同时按光标左移和右移键，可以顺时针或逆时针旋转选中的图形。

按住【Ctrl】键，同时拖动移动图形到达目标处，然后松开鼠标左键，即可复制该图形。

（3）精确调整图形的位置：选中要移动的图形，切换到"绘图工具"的"格式"选项卡（见图 6-2-6）。单击"排列"组内的"位置"按钮，弹出"位置"面板，如图 6-1-7 所示。单击该面板内的"其他布局选项"命令，弹出"布局"对话框，"位置"选项卡，如图 6-1-68 所示。利用该对话框可以精确调整选中图片的位置，设置图片和文字的对齐方式，图片和文字的间距等。

（4）调整图形大小：将鼠标指针移至被选中图形的某一方形控制柄处，鼠标指针会变为双向箭头形状，拖动鼠标即可在某一方向调整图形大小。如果按住【Shift】键的同时拖动鼠标，可以在保持原图形比例的情况下调整图形大小。如果按住【Ctrl】键的同时拖动鼠标，可以以图形中心基点为中点，对称调整图形大小。

（5）精确调整图形大小：切换到"绘图工具"的"格式"选项卡，在"大小"组中可以精确调整选中图形的大小。还可以单击"大小"组的对话框启动器，弹出"设置自选图形格式"对话框，利用该对话框精确调整选中图形的高度和宽度。

（6）调整图形形状：对于一些图形，在选中它们后，图形中会有一个或多个菱形黄色控制柄。拖动控制柄，可以改变原图形的形状。具体方法如下：

◎ 切换到"绘图工具"的"格式"选项卡（见图 6-2-6）。单击"插入形状"组内的"编辑形状"按钮，弹出"编辑形状"菜单，将鼠标指针移到该菜单内的"更改形状"命令之上，会弹出"形状"面板（见图 6-2-4）。利用该面板可以改变选中图形的形状。

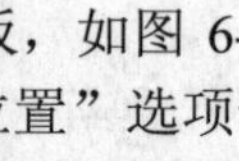

◎ 按照上述方法单击"编辑形状"菜单，单击该菜单内的"编辑顶点"命令，即可在选中图形的顶点处显示黑色小正方形的控制点。例如，选中菱形流程图形状图形，单击"编辑顶点"命令后，菱形流程图图形如图 6-2-24 所示。拖动黑色小正方形控制点，可改变图形形状，如图 6-2-25 所示。

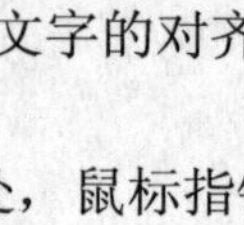

图 6-2-24　菱形流程图

图 6-2-25　改变图形形状

（7）调整图形填充：选中图形，单击"形状样式"组中的"形状填充"按钮，弹出"形状填充"面板（见图 6-2-7）。利用该面板可以调整选中图形填充的颜色、渐变色

和纹理类型，还可以填充图像。

（8）调整图形轮廓：选中图形，单击"形状样式"组中的"形状轮廓"按钮，弹出"形状轮廓"面板，如图 6-2-9 所示。利用该面板可以改变选中图形轮廓的颜色、宽度、线型等。

（9）调整图形的形状效果：给绘制的图形添加阴影或三维效果，可以使图形立体化，使图形更加生动自然。

（10）排列图形：利用"排列"组内的工具可以组合、对齐和重排图形。具体操作方法与图片"排列"组内工具的操作方法一样。

调整图形填充和设置形状效果的方法与给艺术字的形状效果设置方法基本一样，将在下面单独详细介绍。

3．调整图形填充

选中图形后，单击"形状样式"组中的"形状填充"按钮 形状填充 ▼，弹出"形状填充"面板（见图 6-2-7）。利用调整图形填充的具体操作方法如下。

（1）填充颜色：单击"主题颜色"或"标准色"栏内的色块，即可填充相应颜色，单击"无填充颜色"色块，不填充颜色，透明。单击"其他填充颜色"命令，可以弹出"颜色"对话框，可以用来设置其他多种颜色。

（2）填充图片：单击"图片"命令，弹出"插入图片"对话框，利用该对话框可以给图形内插入一幅外部图像，作为图形的填充图片。

（3）填充渐变：单击"渐变"命令，弹出"渐变"面板，如图 6-2-26 所示。单击该面板内的图案，可给形状图形内填充相应的渐变效果。单击"其他渐变"命令，可以弹出"设置形状格式"对话框，选中"渐变填充"单选按钮，此时对话框如图 6-2-27 所示。

◎ 单击"预设颜色"按钮，弹出"预设颜色"面板，如图 6-2-28 所示。单击其内的图案，可以给形状图形填充相应的一种渐变颜色。

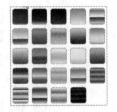

图 6-2-26 "渐变"面板　　图 6-2-27 "设置图片格式"对话框　　图 6-2-28 "预设颜色"面板

◎ 单击"类型"按钮，弹出"类型"菜单，其内有"线性"、"射线"、"矩形"和"路径"菜单选项，用来设置不同类型的渐变效果。单击其内的图案，可以给形状图形填充相应的一种渐变颜色。单击"方向"按钮，可以弹出"方向"面板，如图 6-2-29 所示。单击其内的图案，可以给形状图形填充相应的一种方向的渐变效果。

图 6-2-29 "方向"面板

在"类型"菜单中选择不同选项时，"方向"面板内的图案会不一样。例如在"类型"菜单中选择"线性"选项后，"方向"面板如图 6-2-29 所示。

（5）填充纹理：单击"纹理"命令，弹出"纹理"面板（见图 6-2-8）。单击其内的纹理图案，即可填充该纹理。单击"其他纹理"命令，弹出"设置图片格式"对话框，选中

"图片或纹理填充"单选按钮，此时对话框如图 6-2-30 所示。利用该对话框可以更换纹理，调整纹理形状和透明度，还可以更改为图片、渐变和纯色填充。

（6）填充图案：单击"设置图片格式"对话框内的"图案填充"单选按钮，可以切换到"设置形状格式"对话框，如图 6-2-31 所示。利用该对话框可以填充各种图案，可以调整图案的前景色和背景色、调整图案的形状等。

图 6-2-30　选中"图片式纹理填充"单选按钮

图 6-2-31　选中"图案填充"单选按钮

4．艺术字格式设置

选中艺术字，切换到"绘图工具"的"格式"选项卡（见图 6-2-6）。利用该选项卡可以设置艺术字的格式。具体方法如下。

（1）形状样式设置：单击"形状样式"组内的"形状样式"列表框内右下角的按钮，展开"形状样式"列表框，如图 6-2-32 所示。选中该列表框内的一种形状样式图案，可以将该形状样式应用于选中的艺术字。

将鼠标指针移到"形状样式"列表框内的"其他主题填充"命令之上，弹出"其他主题填充"面板，如图 6-2-33 所示。单击该面板内的一个填充样式图案，即可将这种填充样式应用于选中的艺术字。

将鼠标指针移到一种形状样式或填充样式图案之上，选中的艺术字会显示相应的效果。

图 6-2-32　艺术字的"形状样式"列表框

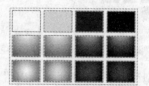
图 6-2-33　"其他主题填充"面板

（2）艺术字样式设置：选中艺术字，切换到"绘图工具"的"格式"选项卡（见图 6-2-6）。单击"艺术字样式"组内"艺术字样式"列表框右下角的"其他"按钮，展开"艺术字样式"列表框，如图 6-2-34 所示，单击该面板内的图案，可以更改艺术字的样式。

（3）利用对话框设置文本效果格式：单击"艺术字样式"组内的对话框启动器按钮，弹出"设置文本效果格式"对话框，单击其内左边栏中的"文本填充"选项，切换到"设置文本格式（文本填充）"选项卡，如图 6-2-35 所示。利用该选项卡可以设置艺术字的填充效果等。

　　单击该对话框内左边栏中的文字，可以切换到其他选项卡，进行艺术字的其他格式设置。

　　在下面介绍的单击"文本效果"菜单内不同的命令所弹出的面板中，都有"××选项"命令，单击该命令都可以弹出"设置形状格式"对话框，只是不同的选项卡。利用"设置形状格式"对话框不同的选项卡可以进行各种文本效果的设置。

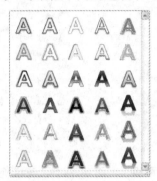

图 6-2-34　"艺术字样式"列表框　　图 6-2-35　"设置文本效果格式"（文本填充）对话框

　　（4）艺术字文本效果：单击"艺术字样式"组中的"文本效果"按钮 A 文本效果 ，弹出"文本效果"面板，如图 6-2-36 所示。单击该面板内不同的图案（即命令），可以弹出不同的面板，单击面板内的图案，可给选中的艺术字添加相应的文字效果。简介如下：

　　◎ 单击该面板内的"阴影"图案，弹出"阴影"面板，如图 6-2-37 所示。单击其内的图案，可以给选中的艺术字添加指定的阴影效果。

　　◎ 单击"文本效果"面板内的"映像"图案，弹出"映像"面板，如图 6-2-38 所示。单击其内的图案，可以给选中的艺术字添加指定的映像效果。

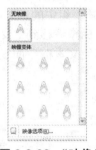

图 6-2-36　"文本效果"面板　　图 6-2-37　"阴影"面板　　图 6-2-38　"映像"面板

　　◎ 单击"文本效果"面板内的"发光"图案，弹出"发光"面板，如图 6-2-39 所示。单击其内的图案，可以给选中的艺术字添加指定的发光效果。

　　◎ 单击"文本效果"面板内的"棱台"图案，弹出"棱台"面板，如图 6-2-40 所示。单击其内的图案，可以给选中的艺术字添加指定的棱台效果。

　　◎ 单击"文本效果"面板内的"三维旋转"图案，弹出"三维旋转"面板，如图 6-2-41 所示。单击其内的图案，可以使选中的艺术字按照指定的三维旋转效果。

　　◎ 单击"文本效果"面板内的"转换"图案，弹出"转换"面板，如图 6-1-36 所示。单击其内的图案，可以使选中的艺术字获得指定的转换效果。

　　（5）"文本填充"和"文本轮廓"设置：在"艺术字样式"组中的还有"文本填充"按钮和"文本轮廓"按钮。单击"文本填充"按钮，弹出"文本填充"面板，它与图 6-2-7 所示的"形状填充"面板基本一样，使用方法也一样；单击"文本轮廓"按钮，弹出"文本轮廓"面板，它与图 6-2-9 所示的"形状轮廓"面板基本一样，使用方法也一样。

（6）编辑艺术字文字：利用"文本"组可以设置艺术字文字方向、设置艺术字文字对齐方式等。利用"开始"选项卡，可以像设置普通文字那样设置艺术字的各种属性。

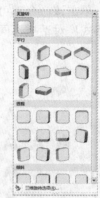

图 6-2-39 "发光"面板　　图 6-2-40 "棱台"面板　　图 6-2-41 "三维旋转"面板

5. 创建和编辑文本框

文本框是一个可以存放文字、图片和图形等对象，可以移动、调节大小、编辑其内对象的容器。文本框可以像编辑图形那样进行任意移动和调节大小，可以在文档的任意位置放置多个文本框，可以使文字按照与文档中其他文字不同的方向排列。文本框与前边介绍的艺术字和图片不同，它不受光标所能达到范围的限制，也就是说使用鼠标拖动文本框可以移动到文档任何位置。创建和编辑文本框的方法如下。

（1）创建文本框：切换到"插入"选项卡，在没有选中任何艺术字的情况下，单击"文本"组中的"文本框"按钮，弹出"文本框"面板，如图 6-2-42 所示。如果选中艺术字，则单击"文本"组中的"文本框"按钮，弹出的"文本框"菜单中没有上边的三行文本框图案。

将鼠标指针移到"文本框"面板内的"Office.com 中的其他文本框"命令之上时，会弹出"其他文本框"面板，如图 6-2-43 所示。

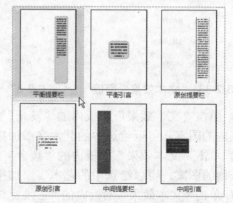

图 6-2-42 "文本框"面板　　　　图 6-2-43 "其他文本框"面板

"文本框"面板和"其他文本框"面板内的文本框图案提供了几种不同的文本框模板，单击这些文本框图案，可以在文档中插入相应的文本框模板，利用文本框模版可以更容易制作出所需要的文本。

单击该菜单内的"绘制文本框"命令，鼠标指针变成十字形状，拖动绘制一个矩形文本框，如图 6-2-44 左图所示。单击"文本框"菜单中的"绘制竖排文本框"命令，鼠标指针变成十字形状，拖动绘制一个竖排矩形文本框，如图 6-2-44 右图所示。两种文本框的区别在于文本框内的文字排列方法不同，前者为横排，后者为竖排，如图 6-2-45 所示。

图 6-2-44 文本框和竖排文本框　　　　图 6-2-45 文本框内的横排和竖排文本

（2）编辑文本框：选中文本框，单击"艺术字样式"组内对话框启动器按钮，弹出"设置文本效果格式"对话框的"文本框"选项卡，如图 6-2-46 所示。利用该选项卡可以设置文本框内文字的各种格式，切换到其他选项卡，还可以设置文本框的填充颜色（或渐变、纹理、图案或图片）和透明度，设置线条的类型、粗细、虚实和颜色等。

6．给文本框添加对象

（1）插入对象：在文本框中插入图片、图形和艺术字等对象的方法与在文档中插入这些对象的方法一样，而且文本框的大小会自动调整其本身的大小，以便能显示整个对象。

（2）改变文字方向：单击要改变文字方向的文本框内部，使光标出现在该文本框内，右击弹出它的快捷菜单，单击该菜单内的"文字方向"命令，弹出"文字方向-文本框"对话框，如图 6-2-47 所示。单击选中其"方向"栏中的一种图案。在"预览"栏中，可以查看文本框内文字的显示效果。单击"确定"按钮，文本框中的文字方向即可改变。

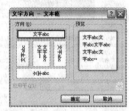

图 6-2-46 "设置文本框格式"对话框"文本框"选项卡　图 6-2-47 "文字方向-文本框"对话框

（3）链接文本框：可以使用文本框将文档中的内容以多个文字块的形式显示出来，这种效果是分栏功能所不能达到的。例如，文本从第一列第一行的文本框排到下边第一列第二行的文本框，再排到第二列第一行的文本框。操作方法如下。

◎ 在文档中创建三个矩形文本框，选中左上角的文本框，如图 6-2-48 所示。

◎ 选中左上角的文本框，切换到"文本框工具"的"格式"选项卡，单击"文本"组中的"创建链接"按钮，此时鼠标指针呈状。将鼠标指针移动到左下角的文本框中，鼠标指针变成下倾杯形状，如图 6-2-49 所示，单击创建第一个链接。然后，选中左下角的文本框，单击"创建链接"按钮，再单击右上角的文本框，创建第二个链接。

◎ 在左上角的文本框中输入文本或者复制粘贴文本，当第一列第一行的文本框被写满后，文本会自动排到第一列第二行的文本框中；当左下角的文本框被写满后，文本会自动排到第二列第一行文本框中，如图 6-2-50 所示。

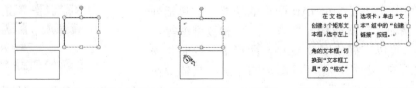

图 6-2-48 创建三个文本框　图 6-2-49 创建第一个链接　图 6-2-50 输入文字

◎ 断开链接：选中需停止文本继续写入的文本框，单击"断开链接"按钮，文字会截至于该文本框，不再写入下面的文本框及其后所有链接的文本框。一个链接断开为两个链接。

一个文字部分最多可以包含 31 个链接，也就是可以连接 32 个文本框。如果文本在链接文本框中无法完整显示，可以缩小文本或者放大文本框。

思考与练习6-2

1．修改本案例，在文字内插入一个文本框，文本框内插入一幅图像。修改对联的旗帜图形的填充和轮廓线。

2．制作一个"欢庆春节"文档，如图 6-2-51 所示。该文档有图片水印、绘制有各种图形、创建有文本框、文本框内输入有文字、插入有图片、图片四周有文字环绕等效果。

3．绘图制如图 6-2-52 所示的四幅图形。注意图形的层次关系。

图 6-2-51 "欢庆春节"文档

图 6-2-52 四幅形状图形

4．制作一个"共庆国庆"文档，该文档内绘制有三维图形和有阴影的图形，创建有立体艺术字，插入有图片，图片环绕文字。

5．制作一个"福"字文档，"福"字的颜色为红色，有阴影，边框为金色。

6.3 【案例 11】公司组织结构图

6.3.1 案例效果和操作

本案例制作一个"公司组织结构图"文档，如图 6-3-1 所示。该文档页面使用纵向纸型，使用了 SmartArt 图形来制作结构图，同时还插入了艺术字。

Word 2010 提供了 SmartArt 图形的功能，它包括列表、流程、循环、层次结构、关系、矩阵和棱锥图等。通过本案例，可以掌握使用 SmartArt 图形工具绘制和编辑各种层次结构、流程、循环等图形的方法。具体操作方法如下。

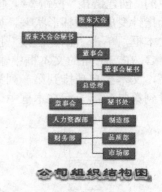

图 6-3-1 "公司组织结构图"文档

1. 插入 SmartArt 图形

（1）启动 Word 2010。创建一个名为"文档 1"的空白文档。然后，再以名称"【案例 11】公司组织结构图.docx"保存。

（2）切换到"页面布局"选项卡，单击"页面设置"组内对话框启动器按钮，弹出"页面设置"对话框"页边距"选项卡，单击按下"纵向"按钮，在"上"、"下"、"左"和"右"数值框中均输入 2。单击"确定"按钮，完成页面设置。

（3）切换到"插入"选项卡，单击"插图"组中的 SmartArt 按钮，弹出"选择 SmartArt 图形"对话框。单击左边列表内的"层次结构"选项，选择"层次结构"类型，单击选中中间列表框内第一行第一个布局类型图案，如图 6-3-2 所示。

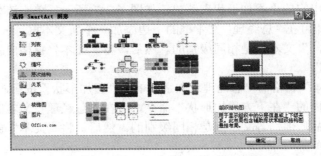

图 6-3-2　"选择 SmartArt 图形"对话框

（4）单击"确定"按钮，关闭"选择 SmartArt 图形"对话框，此时选择的 SmartArt 图形已经插入到文档中，如图 6-3-3 所示。单击 SmartArt 图形左边的按钮，可以在其左边展开一个"文本"窗格，如图 6-3-4 所示。单击该窗格内右上角的按钮，可以关闭该窗格。

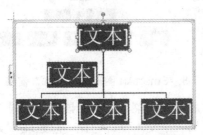 

图 6-3-3　插入 SmartArt 图形　　　　图 6-3-4　"文本"窗格

（5）在左侧"文本"窗格内第一行，输入"总经理"文字；再单击第二行，输入"监事部"文字；接着将下边的文字依次改为"制造部"、"人力资源"和"市场部"，此时 SmartArt 图形内第三行的三个文本框内文字改为相应的文字，如图 6-3-5 所示。

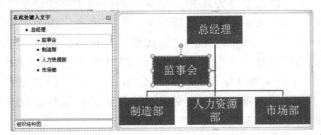

图 6-3-5　修改"文本"窗格内的和 SmartArt 图形中的文字

2. 添加 SmartArt 图形的形状

（1）选中"文本"窗格内第一行"总经理"文本框，单击"SmartArt 工具"内的"设计"标签，切换到"设计"选项卡，如图 6-3-6 所示。

图 6-3-6 "SmartArt 工具"内的"设计"选项卡

（2）切换到"SmartArt 工具"的"格式"选项卡，单击其内"创建图形"组中的"添加形状"按钮，弹出它的"添加形状"菜单，如图 6-3-7 所示。单击该菜单内的"在下方添加形状"命令，即可在"总经理"文本框的下边添加一个新文本框，它与"制造部"、"人力资源"和"市场部"文本框是相同级别的。然后，将"文本"窗格内新增的一行文本的文字改为"品质部"。

（3）选中"文本"窗格内"总经理"文字，单击"添加形状"按钮，弹出"添加形状"菜单，单击该菜单内的"在下方添加形状"命令，可在"总经理"文本框的下边添加一个新文本框，它与"品质部"等文本框是相同级别的。然后，将"文本"窗格内新增的一行文本文字改为"财务部"。

（4）选中"监事会"文本框，弹出"添加形状"菜单，单击该菜单内的"在后面添加形状"命令，在"监事会"文本框的右边添加一个新文本框，它与"监事会"文本框是相同级别的。再将"文本"窗格内新增的一行文本文字改为"秘书处"，如图 6-3-8 所示。

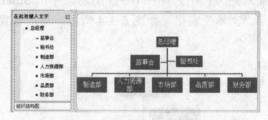

图 6-3-7 "添加形状"菜单　　　图 6-3-8 SmartArt 图形和"文本"窗格

（5）选中"总经理"文本框，弹出"添加形状"菜单，单击该菜单内的"在上方添加形状"命令，在"总经理"文本框的上边添加一个文本框，它比"总经理"文本框的级别高一层。再将"文本"窗格内新增的一行文本文字改为"董事会"。此时，SmartArt 图形内文本框布局自动进行了改变，如图 6-3-9 所示。

（6）按照上述方法，再在"董事会"文本框之上添加一个文本框，命名为"股东大会"。

（7）选中"董事会"文本框，弹出"添加形状"菜单，单击该菜单内的"添加助理"命令，在"董事会"文本框的左下方添加一个文本框，拖动移动该文本框到"董事会"文本框的右下方。然后，将"文本"窗格内新增的一行文本文字改为"董事会秘书"。

（8）选中"股东大会"文本框，单击"添加形状"按钮，弹出"添加形状"菜单，单击该菜单内的"添加助理"命令，在"股东大会"文本框的左下方添加一个文本框，再将"文本"窗格内新增的一行文本文字改为"股东会秘书"。如果新添加的文本框不在"股东大会"文本框的左下方，可以拖动移动该文本框的位置进行调整。此时，SmartArt 图形内文本框和"文本"窗格如图 6-3-10 所示。

（9）选中"人力资源部"文本框，拖动它到"制造部"文本框左边垂直线的左边；拖动"财务部"文本框到"品质部"文本框左边垂直线的左边；拖动"市场部"文本框到"品质部"文本框下边。此时，SmartArt 图形和如图 6-3-11 所示。

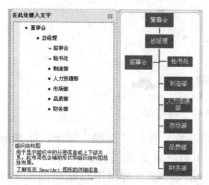

图 6-3-9　SmartArt 图形和"文本"窗格

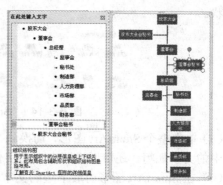

图 6-3-10　SmartArt 图形和"文本"窗格

3. 美化 SmartArt 图形

（1）单击一个文本框，拖动它四周的控制柄，可以调整文本框的大小。单击选中一个文本框。切换到"SmartArt 工具"的"格式"选项卡，在"大小"组内的两个数字框内调整数值，可以分别调整文本框的宽度和高度。

按住【Shift】键，同时单击所有文本框，切换到"SmartArt 工具"的"格式"选项卡，在"大小"组内的"高度"数字框内输入 1，设置所有文本框的值为 1 厘米。

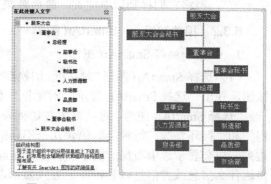

图 6-3-11　SmartArt 图形和"文本"窗格

（2）按住【Shift】键，同时选中所有线条，如图 6-3-12 所示。切换到"格式"选项卡，单击"形状样式"选项卡内列表框中的第二行第四列的线条样式，改变线条的颜色和粗细；单击"形状样式"选项卡内"形状轮廓"按钮，弹出"形状轮廓"面板，利用该面板可以调整线条的颜色、粗细和形式等。

（3）选中 SmartArt 图形框，再切换到"SmartArt 工具"的"格式"选项卡，单击"SmartArt 样式"组的"更改颜色"按钮，弹出"更改颜色"列表框，如图 6-3-13 所示，单击该列表框中"彩色"栏内的第三行第二个图案，设置 SmartArt 图形内所有文本框的填充色。

图 6-3-12　选中所有线条

图 6-3-13　"更改颜色"列表框

（4）单击"SmartArt 样式"组内列表框右下角的按钮 ，展开"SmartArt 样式"列表框，如图 6-3-14 所示，单击该列表框中上边栏内的第五个图案，设置图形内文本框为蓝色立体状。

图 6-3-14 "SmartArt 样式"列表框

（5）单击整个 SmartArt 图形，切换到"开始"选项卡，单击"加粗"按钮，使 SmartArt 图形中的文字加粗。还可以设置文字的字体、大小和颜色等文字属性。

（6）在 SmartArt 图形内最下边的文本框下边，插入一幅"公司组织结构图"艺术字，按照前面介绍过的方法，分别设置艺术字和整个 SmartArt 图形的文字环绕方式为"浮于文字上方"，再将它们移到居中位置。最后效果如图 6-3-1 所示。

6.3.2 相关知识——SmartArt 图形

1. 插入和编辑 SmartArt 图形

（1）"选择 SmartArt 图形"对话框：切换到"插入"选项卡，单击"插图"组内的"SmartArt"按钮，弹出"选择 SmartArt 图形"对话框，如图 6-3-2 所示。

"选择 SmartArt 图形"对话框内左边列表框内是 SmartArt 图形类型，例如"列表""流程"和"循环"等；每种类型包含几个不同的布局，中间列表框内给出了相应的布局；右边列表内会显示选中布局的图示和特点。在选择 SmartArt 图形的布局时，首先要清楚需要传达什么信息或者信息以某种特定方式显示，表 6-3-1 给出了不同类型的 SmartArt 图形的特点。

表 6-3-1 不同类型的 SmartArt 图形的特点

类型	模板数	要执行的操作	布局类型
列表	40 套	显示无序信息	蛇形、图片、垂直、流程、层次等
流程	44 套	在流程或时间线中显示步骤	水平流程、列表、垂直、蛇形、箭头、公式等
循环	21 套	显示连续的流程	图表、齿轮、射线等
层次结构	15 套	创建组织结构图	组织结构等
关系	40 套	对连接进行图解	漏斗、齿轮、箭头、棱锥、层次、目标列表、列表流程、公式、射线、循环等
矩阵	4 套	显示各部分与整体关联	以象限的方式显示整体与局部的关系
棱锥图	4 套	显示与顶部或底部最大一部分之间的比例关系	用于显示包含、互连或层级关系
图形	36 套	显示各种图片	用于显示各种不同排列的图片
Office.com	17 套	显示其他各种结构图	附加的各种不同类型的结构图

（2）"文本"窗格：创建 SmartArt 图形时，"文本"窗格显示在 SmartArt 图形的左侧，在"文本"窗格内可以输入和编辑在 SmartArt 图形中显示的文字。"文本"窗格的工作方式类似于大纲或项目符号列表，该窗格将信息直接映射到 SmartArt 图形，在"文本"窗格内每一行对应 SmartArt 图形中的一个文本框，该行的文字就是文本框内的文字。

（3）文本框级别的调整：利用"SmartArt 工具"的"设计"选项卡内的"创建图形"组内的工具，可以调整 SmartArt 图形内各文本框的级别，方法如下。

◎ 文本框降级：选择要降级的文本框或"文本"窗格内相应的文本行，单击"创建图形"组中的"降级"按钮，选中的文本框即可降一级，同时"文本"窗格中对应的文本行缩进一级。

◎ 文本框升级：选择要升级的文本框或"文本"窗格内相应的文本行，单击"创建图形"组中的"升级"按钮，选中的文本框即可升一级，同时"文本"窗格中对应的文本行也升一级。

在"文本"窗格中，选中要调整的文本行，按【Tab】键可以降级；按【Shift+Tab】键，可以升级。如果没有显示"文本"窗格，可以单击按下"创建图形"组内的"文本窗格"按钮。

> **注　意**
>
> 不能将文本框降下多级，也不能对顶层文本框进行降级。

◎ 文本框上移：在"文本"窗格内选中要上移的文本行，单击"创建图形"组中的"上移"按钮，"文本"窗格中选中的文本行即可上移一行。

◎ 文本框下移：在"文本"窗格内选中要下移的文本行，单击"创建图形"组中的"下移"按钮，"文本"窗格中选中的文本行即可下移一行。

◎ 从右向左：选择一个文本框或"文本"窗格内的文本行，单击"创建图形"组中的"从右向左"按钮，选中的文本框或与该文本框相关的文本框会从右边移到左边，或从左边移到右边。

（4）SmartArt 图形内添加和删除文本框：操作方法如下。

◎ 添加同级的文本框：选中一个文本框或"文本"窗格内相应的行，单击"SmartArt 工具"选项卡内"创建图形"组中的"添加形状"按钮，弹出它的"添加形状"菜单，单击该菜单内的"在后面添加形状"命令或按【Enter】键，都可以在选中文本框的下边或右边添加一个同级的新文本框；单击"添加形状"菜单内的"在前面添加形状"命令，可在选中文本框的上边或左边添加一个同级的新文本框。

◎ 添加不同级的文本框：选中一个文本框或"文本"窗格内相应的行，单击"添加形状"菜单内的"在上方添加形状"命令，可在选中文本框的上边添加一个高一级的文本框；单击"在下方添加形状"命令，可在选中文本框的下边添加一个低一级的文本框。

◎ 删除文本框：在 SmartArt 图形内，右击要删除的文本框，弹出其快捷菜单，单击该菜单内的"剪切"命令，即可删除右击的文本框；在"文本"窗格内，拖动选中要删除的文本框对应的文本行文字，按【Delete】删除键，即可删除对应文本框。

（5）添加项目符号：只有选中的布局的文本框支持带项目符号的文本时，该按钮才有效。单击"SmartArt 工具"选项卡内"创建图形"组中的"添加项目符号"按钮，即可在该文本框内添加项目符号，以及在"文本"窗格内增加相应的行。

（6）改变方向：选中 SmartArt 图形，单击"创建图形"组中的"从右向左"按钮。

2. SmartAr 图形的布局、样式、颜色

（1）切换 SmartArt 图形布局：可以快速轻松地切换 SmartArt 图形布局，尝试不同类型的不同布局，直至找到一个最适合对用户的信息进行图解的布局为止。当切换布局后，大部分文字和其他内容、颜色、样式、效果和文本格式会自动带入新布局中。操作方法如下。

选中要改变布局的 SmartArt 图形，切换到"设计"选项卡，单击"布局"组内列表框右下角的按钮 ，展开"布局"列表框，单击选中其内的一种布局图案，即可修改选中图形的布局。例如，图 6-3-15 左图所示"基本循环"布局图形切换为"基本拼图"布局后的效果如图 6-3-15 中图所示，切换为"分段循环"布局后的效果如图 6-3-15 右图所示。

图 6-3-15　切换布局后的效果

（2）更换 SmartArt 样式：切换到"SmartArt 工具"内的"设计"选项卡，在"SmartArt 样式"组内的列表框中提供了大量各种 SmartArt 样式，它们具有不同的形状填充、边距、阴影、线条样式、渐变和三维透视等。选中整个 SmartArt 图形或一个或多个文本框形状，单击"SmartArt 样式"组内右下角的按钮▽，展开"SmartArt 样式"列表框，将鼠标指针停留在其中任意一个图案之上时，即可看到相应 SmartArt 样式对 SmartArt 图形产生的影响。单击该 SmartArt 样式图案后，即可更换 SmartArt 图形的样式。

（3）更改 SmartArt 图形颜色：选中整个 SmartArt 图形或一个或多个文本框形状，切换到"SmartArt 工具"内的"设计"选项卡，单击其内"SmartArt 样式"组中的"更改颜色"按钮，弹出"更改颜色"列表框，如图 6-3-16 所示。该列表框内提供了各种不同的颜色选项，单击其中的一个图案，即可将选中的颜色应用于整个 SmartArt 图形中的形状图形。

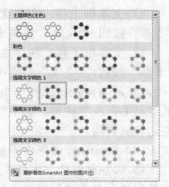

图 6-3-16　"更改颜色"列表框

（4）自定义 SmartArt 样式：如果"SmartArt 样式"列表框没有理想的样式，"更改颜色"列表框内没有理想的颜色，则可以自己来自定义 SmartArt 图形。包括设置整个 SmartArt 图形的背景填充、轮廓线和效果，设置其内各形状图形的填充、轮廓线和效果。

切换到"SmartArt 工具"内的"格式"选项卡，如图 6-3-17 所示。利用"形状"组内的工具可以改变 SmartArt 图形内各形状图形的形状类型和大小，只有选中 SmartArt 图形内一个或多个形状图形时，"形状"组才有效。

利用"形状样式"组内"形状样式"列表框的工具改变 SmartArt 图形内各形状图形的填充、轮廓、阴影和三维效果等，只有选中 SmartArt 图形内一个或多个形状图形时，"形状样式"列表框才有效。利用"形状样式"组内其他三个工具可以改变 SmartArt 图形内一个或多个形状图形以及整个 SmartArt 图形。如果选中的是整个 SmartArt 图形，则可以同时修改整个 SmartArt 图形，如果选中一个或多个形状图形，则只修改这些形状图形。

图 6-3-17　"SmartArt 工具"内的"格式"选项卡

利用"艺术字样式"组内的工具可以改变 SmartArt 图形内文字的填充、轮廓、阴影和三维效果等，将文字修改为艺术字效果；利用"排列"组内的工具可以调整形状的排列；在"大小"组内的数值框中可以调整形状的大小。如果选中的是整个 SmartArt 图形，则可以同时修改其内所有的文字，如果选中一个或多个形状图形，则只修改这些形状图形内的文字。

在修改 SmartArt 图形之后，仍可以更改为其他布局，同时将保留多数自定义设置。可以单击"设计"选项卡上的"重设图形"按钮，来删除所有格式，重新开始更改。右击 SmartArt

图形内选中的形状图形，弹出它的快捷菜单，单击该菜单内的"剪切"命令，可以删除选中的形状图形和其内的文字。

3. 插入和编辑 SmartArt 图形举例

下面简单介绍一些插入和编辑 SmartArt 图形的实例。

（1）创建一个"名花介绍"文档，效果如图 6-3-18 所示。具体操作方法简介如下：

① 使用"页面设置"对话框设置页面为"纵向"按钮，四边距边缘 2 厘米。

② 弹出"选择 SmartArt 图形"对话框。选择"列表"类型，单击选中中间列表框内第三行第二个"垂直图片列表"布局类型图案，如图 6-3-19 所示。

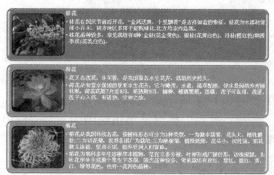

图 6-3-18 "名花介绍"文档   图 6-3-19 "选择 SmartArt 图形"对话框

③ 单击"确定"按钮，插入 SmartArt 图形，如图 6-3-20 所示，它的"文本"窗格如图 6-3-21 所示。

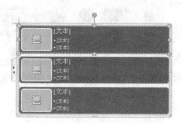 

图 6-3-20 插入 SmartArt 图形   图 6-3-21 "文本"窗格

④ 单击第一行框架内左边的图标，弹出"插入图片"对话框，利用该对话框插入一幅"桂花"图片。接着在第二、三行框架内分别插入"荷花"和"菊花"图片。

⑤ 在三框架内共六行文本行中分别输入相应的文字，效果如图 6-3-22 所示。它的"文本"窗格如图 6-3-23 所示。

⑥ 单击选中整个 SmartArt 图形，切换到"SmartArt 工具"内的"设计"选项卡，单击"SmartArt 样式"组内"SmartArt 样式"列表框中的"三维"栏内第三个"卡通"图案，给整个 SmartArt 图形添加三维效果。

⑦ 单击"SmartArt 样式"组的"更改颜色"按钮，弹出"更改颜色"列表框，如图6-3-13 所示。单击其内"彩色"栏第五个图案，将选中颜色应用于整个 SmartArt 图形中的形状图形。

⑧ 单击选中整个 SmartArt 图形，切换到"开始"选项卡，利用该选项卡内"字体"组工具设置整个 SmartArt 图形中的文字为宋体、加粗、14 号字大小、白色。

⑨ 水平向右拖动 SmartArt 图形右边中间的控制柄，将 SmartArt 图形调宽，垂直向下拖动 SmartArt 图形下边中间的控制柄，将 SmartArt 图形调高。最后效果如图 6-3-18

所示。

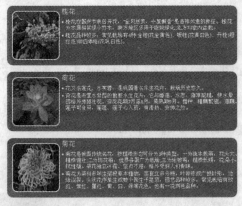

图 6-3-22　"名花介绍"文档初步结果　　　　　图 6-3-23　"文本"窗格

（2）创建一个"学校行政图"文档，效果如图 6-3-24 所示。具体操作方法简介如下：

① 弹出"选择 SmartArt 图形"对话框。选择"关系"类型，单击选中中间列表框内最后一行第三个"射线维恩图"布局类型图案，如图 6-3-25 所示。

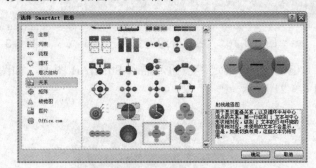

图 6-3-24　"学校行政图"文档　　　　　图 6-3-25　"选择 SmartArt 图形"对话框

② 单击"确定"按钮，插入 SmartArt 图形，如图 6-3-26 所示，它的"文本"窗格如图 6-3-27 所示。

③ 在五个圆形内的五个文本框中，即"文本"窗格内的五行文本行中分别输入相应的文字。单击选中整个 SmartArt 图形，切换到"开始"选项卡，利用该选项卡内"字体"组工具设置整个 SmartArt 图形中的文字为宋体、加粗、16 号字大小、红色。

图 6-3-26　插入 SmartArt 图形　　　　　图 6-3-27　"文本"窗格

④ 选中上边的圆形图形，切换到"SmartArt 工具"的"格式"选项卡，在"大小"组内的"宽度"和"高度"数字框内分别输入 4（厘米），设置圆形图形半径为 2 厘米。按照形同的方法，设置左边、右边和下边圆形图形的半径为 2 厘米。此时，SmartArt 图形如图 6-3-28 所示。它的"文本"窗格如图 6-3-29 所示。

图 6-3-28　"学校行政"文档初步结果

图 6-3-29　"文本"窗格

⑤ 在"文本"窗格内选中"高中部"文本行，切换到"SmartArt 工具"的"设计"选项卡，单击"创建图形"组内的"添加项目符号"按钮，进入"高中部"文本行下一级的编辑状态，如图 6-3-30 所示。

输入"高一"文字，按【Enter】键，光标移到下一行，继续输入"高二"文字，再按【Enter】键，光标移到下一行，继续输入"高三"文字。

按照上述方法，输入"初中部"文本行下一级的"初一"、"初二"和"初三"三行文字；输入"后勤部"文本行下一级的"宿舍"、"食堂"和"保卫处"三行文字。

⑥ 拖动选中"高中部"文本行下一级三行文字，切换到"开始"选项卡，利用该选项卡内"字体"组工具设置整个选中文字为宋体、加粗、16 号字大小、蓝色、居中分布。

按照上述方法，设置"初中部"文本行下一级的三行文字和"后勤部"文本行下一级的三行文字均为宋体、加粗、16 号字大小、蓝色、居中分布。此时，"文本"窗格和 SmartArt 图形如图 6-3-31 所示。

图 6-3-30　"文本"窗格

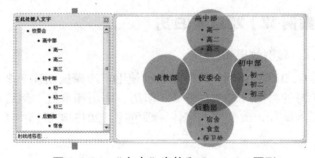

图 6-3-31　"文本"窗格和 SmartArt 图形

⑦ 单击选中整个 SmartArt 图形，切换到"SmartArt 工具"内的"设计"选项卡，单击"SmartArt 样式"组内"SmartArt 样式"列表框中的"三维"栏内第二个"嵌入"图案，如图 6-3-32 所示，给整个 SmartArt 图形添加三维效果。同时所有文字都改为黑色。

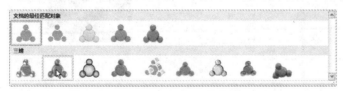

图 6-3-32　"SmartArt 样式"列表框

⑧ 单击"SmartArt 样式"组的"更改颜色"按钮，弹出"更改颜色"列表框。单击其内"彩色"栏第四个图案，将选中颜色应用于整个 SmartArt 图形中的形状图形。

⑨ 按照前面介绍过的方法，设置"校委会"文字为红色、24 号字、居中分布，设置"高中部"、"初中部"、"后勤部"和"成教部"文字为红色、18 号字、居中分布，设置其他文字为蓝色、16 号字、居中分布。最后效果如图 6-3-24 所示。

思考与练习6-3

1. 参考本案例"公司组织结构图"文档的制作方法，制作一个"公司结构图"文档。

2. 制作一个"教学学科"文档，如图 6-3-33 所示。

3. 制作一个"教学行政图 1"文档，如图 6-3-34 所示。

4. 制作一个"教学行政图 2"文档，如图 6-3-35 所示。要求每个框架内左边插入一幅图片。

5. 制作如图 6-3-36 所示的小区物业管理责任图。

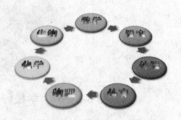

图 6-3-33 "教学学科"文档

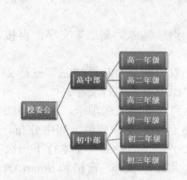  

图 6-3-34 "教学行政图 1"文档　图 6-3-35 "教学行政图 2"文档　图 6-3-36 "小区物业"文档

6.4 【案例 12】2013 年日历

6.4.1 案例效果和操作

制作"2013 年日历"文档是通过使用日历模板创建一个 2013 年日历，它包括 2013 年的 12 个月的月历，每个月中显示阳历、阴历和节气。然后再根据自己的喜好编辑文档，例如：插入图片，改变文本字体、颜色等。2013 年日历中 1 月的日历如图 6-4-1 所示。

图 6-4-1 "2013 年 1 月日历"文档

Word 提供一种与向导功能类似的模板功能。它将格式设置大同小异的一类文档制成一个模板，用户只需要填写具体内容，不必再为设置文档格式消耗时间。例如：传真模板、信函模板等等。模板决定文档的基本结构和文档的格式设置等。模板一般分为共用模板和文档模板两种。共用模板中的空白模板适用于所有新建的文档，前面所有文档都是以空白模板为基础的。文档模板所含设置仅适用于以该模板为基础的文档。通过日历模板创建一个 2013 年日历的具体操作方法如下。

1．弹出日历模板

（1）启动 Word 2010。单击"文件"标签，切换到"文件"窗格。单击"文件"窗格内左边栏中的"新建"选项，此时"文件"窗格如图 6-4-2 所示。

图 6-4-2　"文件"窗格

（2）垂直向下拖动滑块，显示出"Office.com 模板"栏内的"日历"模板，单击"日历"模板图标，切换到"日历"模板选项栏，如图 6-4-3 所示。

图 6-4-3　"文件"窗格"日历"模板选项栏

（3）选中"2010 年日历（1 页，横向，星期一至星期日）"选项图标，切换到到"2010 年日历模板"选项栏，单击选中"2010 年花卉日历（含农历）"模板选项，如图 6-4-4 所示。

（4）单击右边栏内的"下载"图标，稍等片刻后，即可下载"2010 年花卉日历（含农历）"模板，如图 6-4-5 所示。

2．加工日历

（1）单击日历，右击日历文本框的控制柄 ▯ ，弹出它的快捷菜单，单击该菜单内的"组合"→"取消组合"命令，取消日历的组合。再单击选中右上角 "2010"和"1"文字的组合，右击文本框的控制柄 ◾，弹出它的快捷菜单，单击该菜单内的"组合"→"取消组合"命令，取消"2010"和"1"文字的组合。

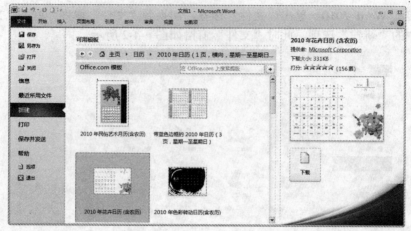

图 6-4-4　选中"2010 年花卉日历（含农历）"模板选项

（2）按照图 6-4-1 所示将 2010 年 1 月的日历修改为 2013 年 1 月的日历。

（3）单击"开始"选项卡"字体"组内"字体颜色"按钮 <u>A</u>，弹出"颜色"面板，单击其中的红色色块，给选中的"2013"文字着红色。

（4）拖动选中右上角的"2010"文字，在"开始"选项卡"字体"组内"字号"下拉列表框中选中"小初"字号选项，再单击"增大字体"按钮 **A**′，使选中的"2013"文字字号增到 48。此时"2013"文字如图 6-4-6所示。

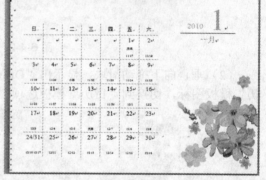

（5）选中"2013"文字周围的文本框，　　图 6-4-5　"2010 年花卉日历（含农历）"模板
拖动文本框右上角的控制柄，调整文本框的大小。将鼠标指针移到"2013"文字周围的文本框线之上，当鼠标呈双箭头状时，如图 6-4-7 所示，拖动调整"2013"文字的位置。

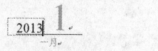

图 6-4-6　"2013"文字调整　　　　　图 6-4-7　拖动调整"2013"文字的位置

（6）单击"插入"选项卡"文本"组内"文本框"按钮，弹出它的菜单，单击该菜单内的"简单文本框"选项，创建一个文本框，将该文本框移到日历上边居中处。然后，再该文本框内输入红色、72 字号、隶书文字"2013 年"，如图 6-4-1 所示。

（7）右击日历右边文本框内的图像，弹出它的快捷菜单，单击该菜单内的"另存为图片"命令，弹出"插入图片"对话框。选中"素材"→"更改图片"文件夹内的"宝宝 1.jpg"图像，如图 6-4-8 所示。单击"插入"按钮，即可用"宝宝 1.jpg"图像替代原来的图片，然后调整图像和文本框的大小与位置，此时的月历如图 6-4-1 所示。

（8）按照上述方法，修改各页日历的文字，更换各页日历中的图片为不同的图像并调整图像的大小和位置。

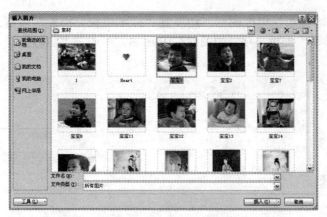

图 6-4-8 "2010 年花卉日历（含农历）"模板

6.4.2 相关知识——模板和文档打印

1．模板

Word 模板是指 Microsoft Word 中内置包含固定格式、样式、各种设置和版式设置的模板文件（扩展名为".dotm"），用于帮助用户快速创建十分出色的、具有特定类型的 Word 文档。这些模版具有共用性，模板中的全部样式和设置都能够应用在所有应用该模板新建的 Word 文档中。在 Word 2010 中除了提供通用型的空白文档模板（Normal）之外，还内置了多种文档模板，包括信函、传真、指南、简历、书法、博客文章和报告等。

另外，除了使用 Word 2010 已安装的模板，用户还可以使用自己创建的模板、Office.com 提供的模板、Office 网站与其他网站提供的大量各种特定功能的模板。借助这些模板，用户可以创建比较专业的 Word 文档。Office.com 模板提供了小册子、日历、名片、奖状、书法和各种商业文档等模板。在下载 Office.com 提供的模板时，Word 2010 会进行正版验证，非正版的 Word 2010 版本无法下载 Office Online 提供的模板。

下面以传真模板和贺卡模板为例，介绍模板的使用方法。使用 Word 2010 的传真模板，可以制作出精美且外观专业化的贺卡，操作方法如下。

（1）利用 Word 2010 已安装的传真模板制作一个传真文档，具体方法如下：

① 启动 Word 2010。单击"文件"标签，切换到"文件"窗格。单击"文件"窗格内左边栏中的"新建"选项，此时"文件"窗格如图 6-4-2 所示。在"可用模板"栏内可以看到有"样本模板"选项，如图 6-4-9 所示。

图 6-4-9 "文件"窗格

② 单击"样本模板"模板图标，切换到"样本模板"模板选项栏，垂直向下拖动滑块，选中"市内传真"模板选项，如图 6-4-10 所示。单击左上边的按钮 ，可以回到上一个操作状态。

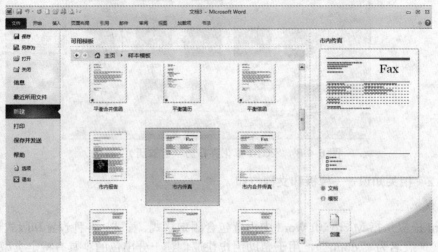

图 6-4-10 "文件"窗格"样本模板"模板选项栏

③ 选中右边栏内的"文档"或"模板"单选按钮，此处选中"文档"单选按钮，再单击"创建"按钮，即可创建用"市内传真"模板制作的传真文档，如图 6-4-11 所示。

图 6-4-11 用"市内传真"模板制作的传真文档

④ 在文档内各文本框中按照提示输入相应的文字，同时删除提示文字，还可以在"传真"文字所在的文本框内插入图片。

⑤ 单击"文件"标签，切换到"文件"窗格。单击"文件"窗格内左边栏中的"另存为"选项，弹出"另存为"对话框，利用该对话框保存制作好的传真文档。

（2）利用 Office.com 模板制作一个贺卡文档，具体方法如下：

① 启动 Word 2010。单击"文件"标签，切换到"文件"窗格。单击"文件"窗格内左边栏中的"新建"选项，此时"文件"窗格如图 6-4-2 所示。垂直向下拖动滑块，显示出"Office.com 模板"栏内的"贺卡"模板选项，如图 6-4-12 所示。

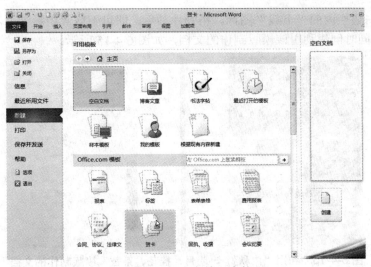

图 6-4-12　"文件"窗格

② 单击"贺卡"模板图标，切换到"贺卡"模板选项栏，如图 6-4-13 所示。

图 6-4-13　"文件"窗格"贺卡"模板选项栏

③ 单击"节日"文件夹，打开其内的贺卡模版选项，再选中"中秋贺卡-明月、桂花、茶香"选项图标，如图 6-4-14 所示。

图 6-4-14　选中"中秋贺卡-明月、桂花、茶香"选项

④ 单击右边栏内的"下载"图标，稍等片刻后，即可下载"中秋贺卡-明月、桂花、茶香"模板，同时创建利用该模版制作的文档，如图 6-4-15 所示。

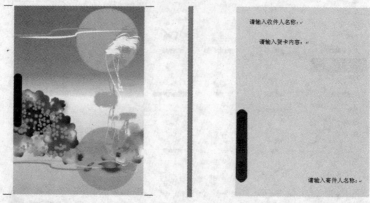

图 6-4-15　利用"中秋贺卡-明月、桂花、茶香"模版制作的文档

⑤ 单击"请输入收件人姓名："文本框，在其内输入收件人姓名"张伦"，如图 6-4-16 所示。然后删除原来的"请输入收件人姓名："文字。按照相同方法，再在其他两个文本框内分别输入和卡内容和寄件人姓名，将原来的文字删除。

⑥ 切换到"文件"窗格。单击"文件"窗格内左边栏中的"另存为"选项，弹出"另存为"对话框，将文档以名称"中秋贺卡.docx"保存。

图 6-4-16　输入收件人姓名"张伦"

（3）如果不需要把文档打印出来，只是保存并发送，可以单击"文件"标签，切换到"文件"窗格。单击"文件"窗格内左边栏中的"保存并发送"选项，此时"文件"窗格如图 6-4-17 所示。以后根据需要进行相应的操作。

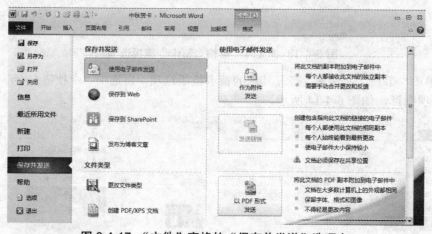

图 6-4-17　"文件"窗格的"保存并发送"选项卡

2. 文档打印

启动 Word 2010，打开要打印的文档，例如打开"中秋贺卡.docx"。单击"文件"标签，切换到"文件"窗格。单击"文件"窗格内左边栏中的"打印"选项，此时"文件"窗格的"打印"选项卡，如图 6-4-18 所示。其内窗格选项的作用如下。

（1）打印预览：在"打印"选项卡内右边显示出打印预览结果，下边会显示出该文档的页数和当前页码数，右下角控制器用来调整预览内容的大小。单击页数右边的"下一页"按钮，可以预览下一页文档；单击页数左边的"上一页"按钮 ◀，可以预览上一页文档。

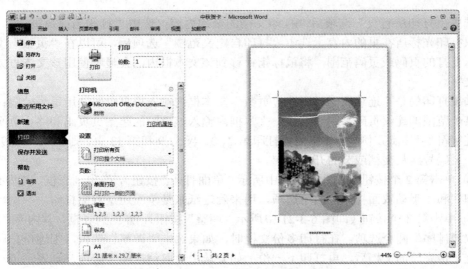

图 6-4-18 "文件"窗格的"打印"选项卡

（2）打印份数：在"打印"选项卡内上边的"打印"按钮右边有一个"份数"下拉列表框，单击该下拉列表框的两个按钮 ▲ 和 ▼，可以增加和减少打印的份数。

图 6-3-19 "打印机"设置

（3）打印机设置：单击"打印机"选项下边的按钮，弹出它的菜单，如图 6-3-19 所示。在该菜单内可以选择需要的打印设备。如果连接了新的打印设备并安装了驱动程序，则单击"添加打印机"命令，可以弹出"查找打印机"对话框，用来添加新打印机。

单击该按钮下边的"打印机属性"链接文字，可以弹出相应打印机的属性设置对话框，如图 6-3-20 所示。利用该对话框的"页面"选项卡可以设置纸张类型、打印页面的大小和打印方向。切换到"高级"选项卡，可以输出格式和文档的默认文件夹。

（4）打印文档设置：在"打印"选项卡内左边"设置"栏（如图 6-3-21 所示）内的选项可以用来设置打印文档的属性。具体方法如下：

① 单击第 1 个按钮（即图 6-3-21 中所示"打印所有页"按钮），弹出列表框，如图 6-3-22 所示。其中，"文档"栏内四个选项用来设置打印文档页的范围；下边的三个复选框用来设置只打印有标记页、奇数页或偶数页。"文档属性"栏用来确定打印的内容，例如，文档属性、列表、样式或者快捷键指定方案等。

图 6-3-20 打印机属性设置

图 6-3-21 打印文档设置

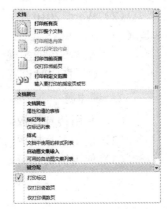

图 6-3-22 第 1 个按钮的列表框

选中"打印所有页"选项后，打印文档的全部内容；选中"打印当前页页面"选项后，只打印光标所在页的内容。选中"打印自定义范围"选项后，可以在"页数"文本框内输入要打的页码或页码范围，将鼠标指针移到该文本框内，会显示使用该文本框方法的提示文字。

如果打印的是非连续页码，则在"页数"文本框内输入每页页码并用逗号分隔；如果打印某个范围的连续页码，则"页数"文本框内输入该范围的起始页页码和终止页页码，并用连字符"-"相连。例如，如果需要打印第2、3、4、5、9和第13页，则输入"2-5,9,13"。注意，页码号应从文档或节的开头算起。

② 单击第2个按钮（即图6-3-21中所示"单面打印"按钮），弹出列表框，其内有"单面打印"和"手动双面打印"两个选项，用来确定纸张是单面还是双面打印。

③ 单击第3个按钮（即图6-3-21中所示"调整"按钮），弹出列表框，其内有"调整"和"取消排序"两个选项。在打印多份文档时，如果选中"调整"选项，则逐份打印，即打印完一份完整的文档后，再打印下一份；如果选中"取消排序"选项，则表示每一页打印完设定的份数后，再打印下一页。

④ 单击第4个按钮（即图6-3-21中所示"纵向"按钮），弹出列表框，其内有"纵向"和"横向"两个选项，用来确定纸张是纵向还是横向打印。

⑤ 单击第5个按钮（即图6-3-21中所示"A4"按钮），弹出列表框，用来设置打印纸张的大小。

⑥ 单击第6个按钮（即图6-3-21中所示"自定义边距"按钮），弹出列表框，用来设置打印纸张四周的边距。单击其内的"自定义边距"命令，可弹出"页面设置"对话框，见图6-1-2、图6-1-3，用来设置纸张四周边距等参数。

⑦ 单击第7个按钮（即图6-3-21中所示"每版打印1页"按钮），弹出列表框，用来设置每页要打印的页面数量。将鼠标指针移到列表框内的"缩放纸张大小"命令之上，会弹出它的菜单，利用该菜单可以选择打印纸张的类型。

思考与练习6-4

1. 选择题

（1）如果需要打印第1、4、6、7、9、10、11和12页的内容，则在"打印"对话框的"页码范围"文本框中，输入（　　）不能达到要求。

    A. 1,4,6,7,9,10,11,12   B. 1,4,6-7,9-12

    C. 1,4-7,9-12   D. 1,4,6,7,9-12

（2）Word 2010中，在不改变文本的情况下打印文档的奇数页，以下说法正确的是（　　）。

    A. 不可能实现   B. 删除偶数页

    C. 打印时设置"奇数页"   D. 编辑时设置"只打印奇数页"

2. 操作题

（1）利用传真模板，制作一个"新春传真"Word文档。

（2）使用名片模板，制作个人名片。

（3）使用简历模板，制作个人简历。

第7章 长文档编辑

本章通过制作、编辑、整理和审批某书 2.1 节的部分内容，介绍了创建、更改和应用样式，创建和编辑页眉与页脚，插入页码和分页，创建和更新目录，显示文档大纲，文档结构图应用，插入批注和修订，插入脚注和尾注，插入标签等知识。掌握这些知识后，可以制作论文和书稿等类型的长文档。

7.1 【案例13】编辑长文章

7.1.1 案例效果和操作

本案例制作一个"编辑长文章"文档，以名称"【案例13】编辑长文章.docx"保存。该文档是一本教材书稿 2.1 节的部分内容，它有四级标题，文档内有文字、表格、文本框和图片。图 7-1-1 是该文档中的第 1 页，图 7-1-2 是该文档的第 2 页。通过本案例，可以掌握将样式应用于各级标题、更改样式等操作方法。

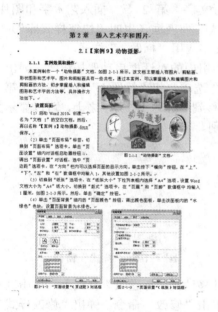

图 7-1-1 "编辑长文章"文档第 1 页

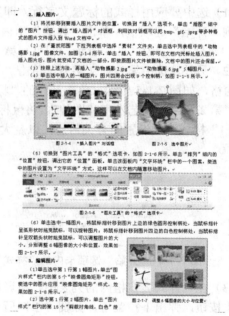

图 7-1-2 "编辑长文章"文档第 2 页

1. 设置文档的页面和输入文字

（1）创建一个空白文档，切换到"页面布局"选项卡，单击"页面设置"组内的对话框启动器 ，弹出"页面设置"对话框。切换到"页边距"选项卡，在"上"和"下"文本框中输入"2 厘米"，在"左"和"右"文本框中输入"2 厘米"，如图 7-1-3 左图所示。

（2）切换到"纸张"选项卡，在"纸型"下拉列表框中选中"A4"选项。切换到"版式"选项卡，不选中"奇偶页不同"和"首页不同"复选框，在"页眉"和"页脚"文本框中均输入"1.5 厘米"，如图 7-1-3 中图所示。

（3）选中"文档网格"选项卡，选中"指定行和字符网格"单选按钮，在"每行"和"每页"文本框中分别输入"40"，如图 7-1-3 右图所示。单击"确定"按钮，完成页面设置。

（4）采用默认格式输入全部文字。然后，切换到"文件"窗格。单击左边栏的"另存为"选项，弹出"另存为"对话框，将文档以名称"【案例 13】编辑长文章"保存。

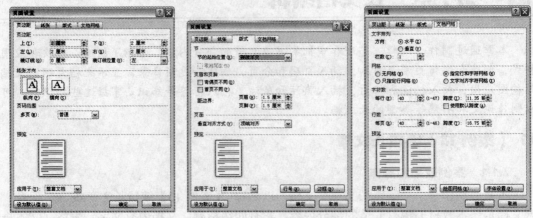

图 7-1-3 "页面设置"对话框的"页边距"、"版式"和"文档网格"选项卡

2．设置和应用"标题 1"样式

（1）选中要应用样式的标题文字行，即第一行文字"第 2 章 插入艺术字和图片"，切换到"开始"选项卡，单击"样式"组内"样式"列表框（也叫"快速样式库"）中的"标题 1"样式，如图 7-1-4 所示，即可给第一行文字应用"标题 1"样式。

（2）另外，选中第一行文字后，单击"样式"组内的对话框启动器按钮，弹出"样式"窗格，如图 7-1-5 所示。单击其内的"标题 1"选项，将"标题 1"样式应用于第 1 行文字"第 2 章 插入艺术字和图片"。将鼠标指针移到"标题 1"文字之上，可以显示关于"标题 1"样式格式设置的有关信息，以及大纲级别。

图 7-1-4 "开始"选项卡内的"样式"组　　　　图 7-1-5 "样式"窗格

（3）在"样式"窗格内的列表中，将鼠标指针移动到"标题 1"样式上，单击其右边的箭头按钮，弹出下拉菜单，如图 7-1-6 所示。单击"修改"命令，弹出"修改样式"对话框，如图 7-1-7 所示（还没有修改设置）。

（4）在"修改样式"对话框"属性"栏内的"名称"文本框中会显示选中的样式名称；在"样式类型"下拉列表框内会显示样式的类型。在"样式基准"下拉列表框中，可以选择一种样式作为基准，也就是说新建的样式中包含基准样式中的所有设置，并在此基础之上进行格式修改，此处选择"（无样式）"选项。

（5）在"后续段落样式"下拉列表框中选择一种样式，Word 会自动对下一个段落应用选中的样式，此处选中"正文"选项，表示 Word 会自动对下一个段落应用"正文"样式。

（6）在"格式"栏内，可以设置样式的文字格式和段落格式，预览框下方显示当前已经设置的样式格式。此处，设置"字体"为"宋体"，"字号"为"三号"，"文字颜色"为黑色（自动），设置字形为"加粗"，居中分布，其他设置如图 7-1-7 所示。

（7）在"格式"栏中，如果选中"添加到模板"复选框，则样式可以用于基于该模板新建的文档；如果没有选中此复选框，则只将样式添至当前文档中；如果选中"自动更新"

复选框，则会自动更新文档中用此样式设置格式的所有段落。

（8）单击"格式"按钮，弹出它的"格式"菜单，如图 7-1-8 所示。单击该菜单内的"字体"命令，弹出"字体"对话框，如图 7-1-9 所示。可以利用该对话框设置字体更多的格式。单击"确定"按钮，完成样式的字体格式设置，返回"修改样式"对话框。

图 7-1-6 菜单　　　　图 7-1-7 "修改样式"对话框　　　　图 7-1-8 "格式"菜单

（9）单击"格式"菜单内的"段落"命令，弹出"段落"对话框。在"对齐方式"下拉列表框中选中"居中"选项，在"大纲级别"下拉列表框中选中"1 级"选项，在"段前"和"段后"数值框中分别输入"10 磅"，在"行距"下拉列表框内选中"多倍行距"选项，如图 7-1-10 所示。单击"确定"按钮，完成样式的段落格式设置，返回"修改样式"对话框。

图 7-1-9 "字体"对话框　　　　图 7-1-10 "段落"对话框

（10）单击"格式"菜单内的"边框段落"命令，弹出"边框和底纹"对话框，切换到"底纹"选项卡。在"填充"下拉列表框内单击选中"无颜色"选项，在"样式"下拉列表框内选中"12.5%"灰色色块，在"颜色"下拉列表框内选中"自动"选项，如图 7-1-11 所示。单击"确定"按钮，完成样式的底纹格式设置，返回"修改样式"对话框。

（11）完成所有格式设置后，单击"修改样式"对话框中的"确定"按钮。此时，第一行文字"第 2 章　插

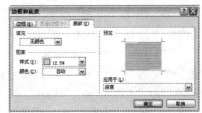

图 7-1-11 "边框和底纹"对话框

入艺术字和图片"如图 7-1-12 所示。

3．设置和应用"标题 2"样式

（1）选中第二行文字"2.1【案例 9】动物摄影"，切换到

图 7-1-12　第 1 行标题文字

"开始"选项卡，单击"样式"组内"样式"列表框中的"标题 2"样式，给第二行文字应用"标题 2"样式。

（2）单击"样式"组内的对话框启动器按钮 ，弹出"样式"窗格，见图 7-1-5。将鼠标指针移到"样式"窗格内的"标题 2"样式上，单击其右边的箭头按钮，弹出下拉菜单，与图 7-1-6 所示相似。单击"修改"命令，弹出"修改样式"对话框。

（3）单击"格式"按钮，在弹出的下拉菜单中单击"字体"命令，弹出"字体"对话框。在"中文字体"下拉列表框中选中"楷体_GB2312"选项，在"西文字体"下拉列表框中选中"+西文标题"选项，在"字号"列表中选中"四号"选项，在"字形"列表中选中"加粗"选项。单击"确定"按钮，完成样式的字体格式设置，返回"修改样式"对话框。

（4）单击"格式"菜单内的"段落"命令，弹出"段落"对话框。在"对齐方式"下拉列表框中选中"居中"选项，在"大纲级别"下拉列表框中选中"2 级"选项，在"段前"和"段后"数值框中分别输入"6 磅"，在"行距"下拉列表框内选中"单倍行距"选项。单击"确定"按钮，完成样式的段落格式设置，返回"修改样式"对话框。

（5）单击"修改样式"对话框中的"确定"按钮。修改完应用于第二行文字的"标题 2"样式，效果如图 7-1-13 所示。

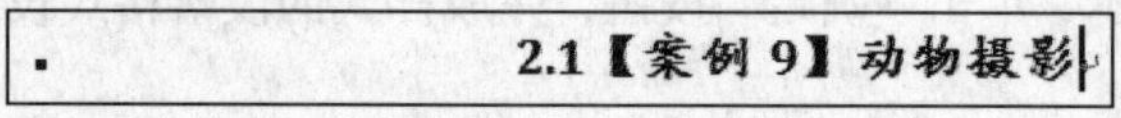

2.1【案例 9】动物摄影

图 7-1-13　应用"标题 2"样式

4．设置和应用"标题 3"和"标题 4"样式

（1）选中第三行文字"2.1.1　案例效果和操作"，切换到"开始"选项卡，单击"样式"组内"样式"列表框中的"标题 3"样式，给第三行文字应用"标题 3"样式。

（2）单击"样式"组内的对话框启动器按钮 ，弹出"样式"窗格，见图 7-1-5。将鼠标指针移到"样式"窗格内的"标题 3"样式上，单击其右边的箭头按钮，弹出下拉菜单，见图 7-1-6。单击"修改"命令，弹出"修改样式"对话框。

（3）按照上述方法设置字体格式，"中文字体"为"宋体"，"西文字体"为"+西文标题"，"字号"为"小四号"，"字形"为"加粗"。按照上述方法设置段落格式，"对齐方式"为"左对齐"，"大纲级别"为"3 级"，在"段前"和"段后"均为"6 磅"，"行距"为"单倍行距"，"左侧"为"4 字符"，"右侧"为"0 字符"，"首行缩进"为"0 字符"。

（4）单击"修改样式"对话框中的"确定"按钮。修改完"标题 3"样式。

（5）选中文字"1．设置页面"第四行，切换到"开始"选项卡，单击"样式"组内"样式"列表框中的"标题 4"样式，给第四行文字应用"标题 4"样式。

（6）单击"样式"组内的对话框启动器按钮 ，弹出"样式"窗格，见图 7-1-5。右击其内的"标题 4"样式，弹出它的菜单，单击"修改"命令，弹出"修改样式"对话框。

（7）按照上述方法设置字体格式，"中文字体"为"宋体"，"西文字体"为"+西文标题"，"字号"为"五号"。按照上述方法设置段落格式，"对齐方式"为"左对齐"，"大纲级别"为"4 级"，在"段前"和"段后"均为"3 磅"，"行距"为"单倍行距"，"左侧"为"4 字符"，"右侧"为"0 字符"，"首行缩进"为"2 字符"。

（8）单击"修改样式"对话框中的"确定"按钮。修改完"标题 4"样式。

5．新建样式和应用样式

（1）单击"样式"面板内的"新建样式"按钮，弹出"根据格式设置创新新样式"对话框，该对话框与"修改样式"对话框基本一样。

（2）在该对话框内"名称"文本框中输入"图注"，在"样式类型"下拉列表框中选择"段落"选项，在其下面的两个下拉列表框中均选择"正文"选项，如图 7-1-14 所示。

（3）按照上述方法设置字体格式，"中文字体"为"宋体"，"字号"为"小五号"。按照上述方法设置段落格式，"对齐方式"为"居中"，"大纲级别"为"正文文本"，在"段前"为 0，"段后"为"0.5行"，"行距"为"单倍行距"。

图 7-1-14　"根据格式设置创新新样式"对话框

（4）单击"根据格式设置创新新样式"对话框中的"确定"按钮。完成新建"图注"样式的工作，在"样式"面板内会增加一个名称为"图注"的新样式。

（5）选中"图 2-1-1 "动物摄影"文档"文字行，单击"样式"面板内的"图注"样式，将"图注"样式应用于选中的"图 2-1-1"动物摄影"文档"文字。

（6）再按照上述方法创建一个名字为"插图"的样式，设置段落格式，"对齐方式"为"居左"，"大纲级别"为"正文文本"，"段前"和"段后"均为 0，"行距"为"最小值"，"设置值"为 0。然后，将"插图"样式应用于第一幅图像。

（7）选"2.1.1　案例效果和操作"第三行，双击"开始"选项卡"剪贴板"组内的"格式刷"按钮，再单击其他三级标题（例如，"2.1.2　相关知识—图片和剪贴画格式设置"），将"标题 3"样式也应用于这些标题。再单击"格式刷"按钮，取消格式刷作用。

（8）选中"1．设置页面"标题行，双击"开始"选项卡"剪贴板"组内的"格式刷"按钮，再单击其他四级标题（例如，"2．图片的排列调整"），将"标题 4"样式也应用于这些标题。然后，单击"格式刷"按钮，取消格式刷的选取。

（9）选中"图 2-1-1"动物摄影"文档"文字所在行，双击"开始"选项卡"剪贴板"组内的"格式刷"按钮，再单击其他图像下边的图注，将"图注"样式也应用于这些标题。然后，单击"格式刷"按钮，取消格式刷的选取。

（10）选中第一幅图像所在行，双击"开始"选项卡"剪贴

图 7-1-15　"导航"窗格

板"组内的"格式刷"按钮，再单击其他图像所在行，将"插图"样式也应用于这些图像。然后，单击"格式刷"按钮，取消格式刷的选取。最后再调整图像的水平位置。

（11）切换到"视图"选项卡，选中"文档视图"组内的"导航窗格"复选框，即可在文档左边弹出"导航"窗格，列出了该文档的 4 级标题结构，如图 7-1-15 所示。该窗格内列表框中以树形结构列出了四个大纲级别的标题，单击图标，可以折叠其下边的大纲级别内容；单击图标，可以展开折叠的大纲级别内容。

（12）将该文档以名称"【案例 13】编辑长文章"保存。

7.1.2　相关知识——样式、大纲和导航

1．样式

样式是一个由字体和段落等格式设置特性组合而成的、并被命名和存储的集合，利用

它可以快速改变文本的格式。例如，要设置一段文字或一行文字的字体为"宋体"、字号为"五号"、"居中"分布，不必分三步设置格式，只需应用一种事先设置好的样式即可。可以使用内置样式，也可以创建新样式。

关于样式的有关工具主要都在"开始"选项卡的"样式"组内。这些工具主要用来创建、修改、显示、删除和管理样式。下面介绍这些工具的主要作用和使用方法。

（1）"样式"列表框：它也叫快速样式库。切换到"开始"选项卡，单击"样式"列表框右下角的"其他"按钮，可以展开"样式"列表框，如图 7-1-16 所示。快速样式库内保存有内置和自定义的一些样式，也叫快速样式。"样式"列表框的应用方法简介如下：

图 7-1-16 "样式"列表框

◎ 应用样式：选中要应用样式的文字或图像，单击"样式"列表框中的一种样式，即可将单击的样式应用于选中的文字或图像。

◎ 定义新快速样式：选中文字或图像，单击"样式"列表框内的"将所选内容保存为新快速样式"命令，弹出"根据格式设置创建新样式"对话框，如图 7-1-17 所示。在"名称"文本框内可以输入新快速样式的名称，单击"修改"按钮，会弹出下一个"根据格式设置创建新样式"对话框，它与图 7-1-7 所示"修改样式"对话框基本一样，也是用来选中修改文字或图像的格式，同时也修改了新创建的快速样式的格式。

◎ 清除格式：选中要清除格式的文字或图像，单击"样式"列表框内的"清除格式"命令，将选中的文字或图像所应用的样式及其设置的格式清除。

◎ 应用样式：选中要应用样式的文字或图像，单击"样式"列表框内的"应用样式"命令，弹出"应用样式"对话框，如图 7-1-18 所示。在"样式名"下拉列表框内选择样式，单击"重新应用"按钮，即可将该列表框内选定的样式应用于选中的文字或图像。单击"修改"按钮，弹出"修改样式"对话框（见图 7-1-7）。

图 7-1-17 "根据格式设置创建新样式"对话框　　　图 7-1-18 "应用样式"对话框

（2）"样式"窗格：单击"样式"组内的对话框启动器按钮 ，弹出"样式"窗格，如图 7-1-19 所示，这是在完成本案例后的"样式"窗格。在前面介绍过利用"样式"窗格修改样式的方法，"样式"窗格的其他一些作用介绍如下：

◎ 在"样式"窗格内的列表中，将鼠标指针移动到一种样式名称之上（例如，"图注"样式名称），单击其右边的下三角按钮，弹出下拉菜单，如图 7-1-20 所示。单击"修改"命令，弹出"修改样式"对话框（见图 7-1-7）。单击"更新图注以匹配所选内容"命令，可以将"样式"窗格内选中的样式更新文档中选中的内容。

◎ 单击该菜单内的"删除'图注'"命令，弹出一个提示框，如图 7-1-21 所示。单击"是"按钮，即可将文档中的"图注"样式彻底删除，在"样式"列表框（即快速样式库）

和"样式"窗格内均删除"图注"。

图 7-1-19　"样式"窗格　图 7-1-20　"图注"下拉菜单　图 7-1-21　删除图注提示框

◎ 单击该菜单内的"从快速样式库中删除"命令，即可将选中的样式（此处是"图注"样式）从"样式"列表框中删除。

◎ 单击该菜单内的"选择所有 18 个实例"命令，可以选中所有应用了选中样式（此处为"图注"样式）的内容，同时提示文档中有 18 处（即 18 个实例）应用了该样式。单击"清除 18 个实例的格式"命令，即可将实例应用的样式清除，使该实例内容不应用任何样式。

◎ 选中"样式"面板内的"显示预览"复选框，此时在"样式"面板内看到的样式名称具有格式设置的特点，如图 7-1-22 所示。

◎ 单击"样式"面板内的"新建样式"按钮，弹出"根据格式设置创新新样式"对话框（见图 7-1-14）。该对话框与"修改样式"对话框基本一样，也用来设置样式的格式。

（3）"样式检查器"窗格：单击"样式"面板内的"样式检查器"按钮，弹出"样式检查器"面板，如图 7-1-23 所示。其内一些选项的作用简介如下：

◎ "段落格式"下拉列表框中显示选中内容或光标所在行应用的样式名称。将鼠标指针移到该下拉列表框之上，会显示该样式的格式设置情况，及其箭头按钮，如图 7-1-24 所示。

◎ 该面板内有六个图标按钮，将鼠标指针移到它们之上，会显示其作用。

图 7-1-22　"样式"窗格　图 7-1-23　"样式检查器"面板　图 7-1-24　显示提示信息和箭头按钮

◎ 单击"段落格式"下拉列表框，弹出"段落格式"菜单，如图 7-1-25 所示。单击其中的"全部删除"命令，或单击"样式检查器"面板内的"全部删除"按钮，均可以将当前文档所应用的样式全部删除，使文档中的所有文字和图像均不应用任何样式。

◎ 单击"段落格式"菜单内的"显示格式"命令，或者单击"样式检查器"面板内的"显示格式"按钮，都可以弹出"显示格式"窗格，如图 7-1-26 所示，其内显示选中样式的字体和段落等格式设置情况。如果选中"与其他选定内容比较"复选框，会在该复选框上边增加一个文本框，在选中文档中应用其他样式的文字行，即可在"显示格式"窗格内显示两种样式字体和段落等格式的比较，如图 7-1-27 所示。

图 7-1-25 "段落格式"菜单　　图 7-1-26 "显示格式"窗格　　图 7-1-27 两种样式的比较

（4）"管理样式"对话框：单击"样式"面板内的"管理样式"按钮 ，弹出"管理样式"对话框，如图 7-1-28 和图 7-1-29 所示。它有四个选项卡，各选项卡的作用简介如下。

◎"编辑"选项卡：该选项卡如图 7-1-28（a）所示。"排序顺序"下拉列表框用来选择一种排序方式，下边"选择要编辑的样式"列表框内会按照选择的这种排序方式列出当前文档中的样式名称。如果选中"只显示推荐的样式"复选框，则列表框内会只显示推荐的样式名称。在该列表框下面会显示列表框中选中的样式的格式设置情况。在列表框内单击选中不同的样式，其下边显示的样式格式信息也会随之改变。

单击"修改"按钮，可以弹出图 7-1-7 所示的"修改样式"对话框。单击"新建样式"按钮，可以弹出图 7-1-14 所示的"根据格式设置创新新样式"对话框。

◎"推荐"选项卡：该选项卡如图 7-1-28（b）所示。它用来设置默认情况下选中的样式是否显示在推荐列表中，以及这些样式的显示顺序。单击"全选"按钮，可以选中上边列表框内全部样式；单击"选择内置样式"按钮，可以选中上边列表框内全部内置样式。

列表框中显示的样式名称左边的序号表示该样式顺序排序时的优先级，序号越小的样式越在上边。单击"上移"按钮，可以使选中的样式的优先级别序号减小，位置上移；单击"下移"按钮，可以使选中的样式的优先级别序号增大，位置下移；单击"置于最后"按钮，可以使选中的样式位置移到最下边；单击"指定值"按钮，会弹出"指定值"对话框，在其内数字框内输入一个数字，单击"确定"按钮，可将该数值作为优先级别序号赋予选中样式。

 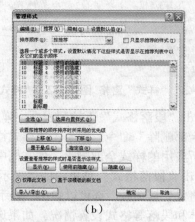

（a）　　　　　　　　　　　　　　　　（b）

图 7-1-28 "管理样式"对话框之"编辑"和"推荐"选项卡

单击"显示"按钮，可使列表框中选中的样式名称右边不显示文字，表示该样式在查看推荐的样式时显示；单击"使用前隐藏"按钮，可以使选中的样式名称右边显示"（使用前隐藏）"文字，表示该样式在查看推荐的样式时在使用前隐藏，使用后显示；单击"隐藏"按钮，可以使选中的样式名称右边显示"始终隐藏"文字，该行样式名称等文字变为浅灰色，表示该样式在查看推荐的样式时隐藏。

◎ "限制"选项卡：该选项卡如图 7-1-29（a）所示。它用来设置文档受保护时是否对选中的样式格式进行更改。单击"选择可见样式"按钮，即可在列表框内选中所有可见样式，即黑色显示的样式。

单击"允许"按钮，即可将选中的样式设置为可以进行样式格式更改（对被保护的文档），列表框中选中样式的左边不显示小锁图案；单击"限制"按钮，即可将选中的样式设置为不可以进行样式格式更改（对被保护的文档），列表框中选中样式的左边显示小锁图案。

◎ "设置默认值"选项卡：该选项卡如图 7-1-29（b）所示。它用来设置当前文档中文字取消任何样式后的字符和段落的格式。

（a）　　　　　　　　　　　（b）

图 7-1-29　"管理样式"对话框之"编辑"和"设置默认值"选项卡

（5）"管理器"对话框：单击"管理样式"对话框内下边的"导入/导出"按钮，弹出"管理器"对话框，如图 7-1-30 所示。该对话框的"样式"选项卡用来进行样式重命名、删除自定义样式和两个文档间的样式复制。

单击"关闭文件"按钮，可以关闭该列所有文件，将其上边列表框和下拉列表框内清空，该按钮改为"打开文件"按钮。单击"打开文件"按钮，可以弹出"打开"对话框，利用该对话框可以打开模版文件或 Word 普通文件，在"样式的有效范围"下拉列表框中添加打开的文件名称，在列表框内列出该文档的所有样式。在两边应该选择不同的文档。

选中列表框中一种或多种样式（按住【Ctrl】键同时单击样式名称，可选中多种样式），单击"删除"按钮，可以将列表框内和文档内选中的样式删除。在列表框内选中一个样式时，"重命名"按钮有效，单击该按钮，可以弹出"重命名"对话框，给选中的样式重新命名。单击"复制"按钮，可以将选中的样式复制到另一个文档中。

（6）"更改样式"菜单：单击"样式"组内的"更改样式"按钮，弹出"更改样式"菜单，如图 7-1-31 所示。利用该菜单内的命令可以更改当前文档中的样式集（一组样式），样式集颜色、字体和段落格式。

例如，将鼠标指针移到"样式集"命令之上，弹出"样式集"菜单，单击该菜单内的一种样式集名称命令，即可将该样式集应用于当前文档，改变快速样式库和"样式"面板内所有样式的格式；单击"字体"命令，可以弹出"字体"菜单，单击该菜单内的一种样式集名称命令，即可将该样式集应用于当前文档、快速样式库和"样式"面板内所有样式。

图 7-1-30 "管理器"对话框

图 7-1-31 "更改样式"菜单

2. 大纲视图

单击"视图"标签，切换到"视图"选项卡，其中"文档视图"和"显示"组如图 7-1-32 所示。单击"文档视图"组内的"页面视图"按钮，可以将当前文档切换到图 7-1-1 所示的状态，用来输入和编辑文档。单击"文档视图"组内的"大纲视图"按钮，

图 7-1-32 "视图"选项卡内的"文档视图"和"显示"组

可以将当前文档切换到"大纲视图"状态，同时在功能区弹出并切换到"大纲"选项卡。

"大纲视图"状态如图 7-1-33 所示，在"大纲视图"状态下，Word 简化了文本格式的设置，使用户将精力集中在文档结构上，用户可以清楚地了解文档的整体结构和层次关系。使用"大纲工具"组内的工具，可以轻松地调整标题及其文本在文档中的位置，标题的级别和相应的样式。"大纲工具"组内的工具的作用和操作方法介绍如下。

（1）显示大纲：单击"显示级别"下拉列表框的下三角按钮，弹出它的下拉列表，在其内选中要显示的级别，文档会只显示选中级别和它以下的文本。文本的级别是用户在创建和应用样式时设置的。一般来说，"标题 1"样式对应大纲 1 级，"标题 2"样式对应大纲 2 级……没有级别的为"正文文本"。如果在"显示级别"下拉列表框内选中"4 级"选项，则文档效果如图 7-1-34 所示。

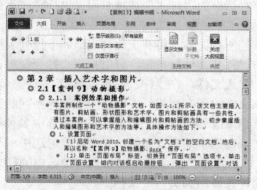

图 7-1-33 "大纲"视图下的文档

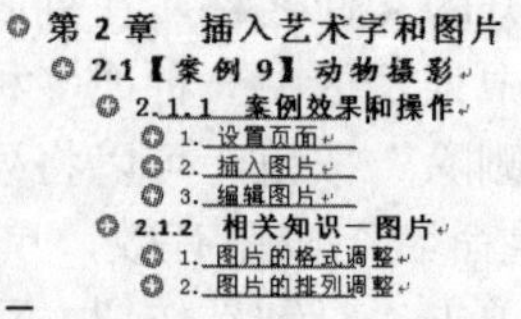

第 2 章　插入艺术字和图片
　2.1【案例 9】动物摄影
　　2.1.1　案例效果和操作
　　　1. 设置页面
　　　2. 插入图片
　　　3. 编辑图片
　　2.1.2　相关知识一图片
　　　1. 图片的格式调整
　　　2. 图片的排列调整

图 7-1-34 "显示级别"为 4 级的效果

（2）移动内容：单击选中标题行左边的标志 ⊕，即可选中该标题以及其下所有内容。再单击"大纲工具"组内的"上移"按钮 ▲，可以将选中的标题以及其下所有内容上移一行，即将它们与上一个标题及其下内容位置互换。单击"大纲工具"组内的"下移"按钮 ▼，可以将选中的标题以及其下所有内容下移一行。

（3）展开和折叠内容：将光标移动到需要展开的标题之上，单击"大纲工具"组中的

"展开"按钮╋，可以显示该标题下的所有内容；单击"大纲工具"组中的"折叠"按钮━，可以将该标题下的所有内容折叠。

（4）调整标题和文字的大纲级别：利用"大纲工具"组中的⬄ ⬅ 4级　　　▼ ➡ ⇒工具，可以改变选中的标题及其下内容的大纲级别。其内各工具的作用如下。

◎ "大纲级别"下拉列表框 4级　　　 ：显示当前光标所在标题或者正文的级别，如果要改变文本级别，则单击其下三角按钮，选择所需的级别，样式也相应改变。

◎ "提升至标题 1"按钮 ⬄ ：将光标所在标题或者正文的大纲级别变成第 1 级，样式也相应地改变为"标题 1"样式。

◎ "提升"按钮 ⬅ ：将光标所在标题或者正文的大纲级别提升一级，样式也相应改变。

◎ "降低"按钮 ➡ ：将光标所在标题或者正文的大纲级别降低一级，样式也相应改变。

◎ "降级为正文"按钮 ⇒ ：将光标所在标题或者正文的大纲级别降低为"正文文本"，样式也相应改变为"正文"。

（5）"显示文本格式"复选框：选中该复选框，则使用样式的字体格式显示大纲文字；不选中该复选框，则使用默认的普通字体格式显示大纲文字。

（6）"仅显示首行"复选框：选中该复选框后，只显示每个段落的首行内容。

3. "导航"窗格

如果文档标题的格式是应用 Word 的标题样式，则切换到"视图"选项卡，选中"显示"组内的"导航窗格"复选框，即可在文档左边弹出"导航"窗格（见图 7-1-15）。"导航"窗格的作用和使用方法简介如下。

（1）在"导航"窗格"标题"选项卡内按照大纲视图的形式显示文档的结构。单击"导航"窗格"标题"选项卡内的标题，可以跳转到相应的标题将光标定位到相应的标题处。

（2）在"导航"窗格"标题"选项卡列表框中，以树形结构列出了大纲级别的标题，单击图标 ◢ ，可以折叠其下边的大纲级别内容；单击图标 ▷ ，可以展开折叠的大纲级别内容。

（3）单击"浏览您的文档中的页面"标签，切换到"页面"选项卡，如图 7-1-35 所示。可以看到，在"页面"选项卡内的列表框内会显示所有缩小的页面。

（4）单击"浏览您当前搜索的结果"标签，切换到"搜索"选项卡，在其内文本框中输入要搜索的文本内容（例如"调整"文字），即可在列表框内心显示出搜索到包含"调整"文字的整段文字，如图 7-1-36 所示。同时，文档内所有搜索到的"调整"文字变为橙色。

（5）单击"浏览您的文档中的标题"标签，切换到"标题"选项卡（见图 7-1-15）。右击"导航"窗格"标题"选项卡内的一个标题，弹出"标题"菜单，如图 7-1-37 所示。该菜单内一些命令的作用简介如下：

◎ 单击"升级"命令后，可以使选中的标题升一级。

◎ 单击"降级"命令后，可以使选中的标题升一级。

◎ 单击"新标题之前"命令，可以在选中的标题之前添加一个新的同级空标题行。

◎ 单击"在后面插入新标题"命令，可以在选中的标题之后添加一个新的同级空标题行。

◎ 单击"新建副标题"命令，可以在选中的标题之后添加一个底一级空标题行。

◎ 单击"删除"命令，可以将选中的标题删除。

◎ 单击"选择标题和内容"命令，可以将文档中选中的标题和该标题下的所有内容选中。

图 7-1-35 "页面"选项卡　　　图 7-1-36 "搜索"选项卡　　　图 7-2-37 "标题"菜单

◎ 单击"打印标题和内容"命令，可以将文档中选中的标题和该标题下的所有内容打印

◎ 单击"全部折叠"命令，可以将列表框内所有标题折叠，只剩下"标题 1"样式的标题内容。

（6）显示制定标题及其以下所有标题：将鼠标指针移到"标题"菜单内的"显示标题级别"命令之上，会弹出它的"标题级别"菜单，如图 7-1-38 所示。单击"标题级别"菜单内的标题级别命令，即可显示该级别和比它小的所有级别的标题。例如，图 7-1-34 所示为单击"显示至标题 4"命令后，"导航"窗格内显示的文档结构图。

图 7-1-38 "标题级别"菜单

 思考与练习7-1

1．修改本案例"编辑长文章"文档中的样式，将"标题 1"样式的字体改为"黑体"，字号改为"小二"，颜色改为蓝色；将"标题 2"样式的字体改为"楷体"，字号改为"小三号"，颜色改为红色；将"标题 3"样式的字体改为"隶书"，字号改为"小四"。

2．参考本案例的制作方法，再制作一篇有 4 级样式的新文档。自行定义文档中第 1 级、第 2 级、第 3 级、第 4 级、图注和插图的样式名称、字体格式和段落格式，也可以将本案例的全部样式复制到新制作的文档中，再进行样式格式修改。

3．在"大纲视图"状态下和"导航"窗格内显示刚制作的新文档的结构图，尝试进行各种调整。

7.2 【案例 14】整理长文章

7.2.1 案例效果和操作

打开"【案例 13】编辑长文章.docx"Word 文档，设置页眉和页脚，添加页码，创建目录，然后以名称"【案例 14】整理长文章.docx"保存。整理后的 Word 文档第 1 页见图 7-2-1，图 7-2-2 是该文档的目录。通常，每章首页的页眉和页脚都是空白，此处为了讲解的需要，设置首页有页码、页眉和页脚。

Word 文档中每页顶端均显示的内容是页眉，每页底端均显示的内容是页脚。页眉和页脚可以包含页码、章节标题、日期或作者姓名等。通过本案例的学习，可以掌握插入页眉和页脚，插入页码、插入分页和创建目录等操作方法。具体操作方法如下。

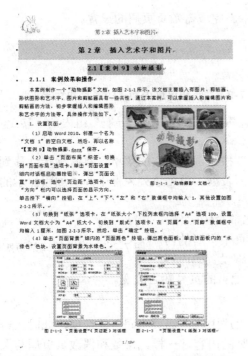

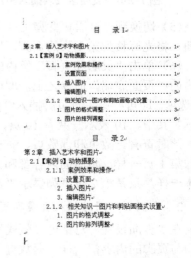

图 7-2-1　整理后的 Word 文档第 1 页　　**图 7-2-2　"整理长文章"文档的目录**

1．奇偶页相同时插入页眉和页脚

在上一节进行"页面设置"对话框"版式"选项卡的设置时，没有选中"奇偶页不同"和"首页不同"复选框，因此奇数页和偶数页、首页和其他页中页眉与页脚的内容都和第 1 页设置的内容一样，只是其他页页眉或页脚内显示页号时，页号的数字会随着页序号的不同而改变。此时，在"页眉和页脚工具"的"设计"选项卡中，单击"导航"组内的"下一节"和"上一节"按钮是无效的。在奇偶页相同时插入页眉、页脚和页码方法如下：

（1）将光标移到文档第 1 页，切换到"插入"选项卡，单击"页眉和页脚"组内的"页眉"按钮，弹出它的列表框，单击其内的"编辑页眉"命令，进入页眉的编辑状态，如图 7-2-3 所示，也激活页脚区域。同时弹出"页眉和页脚工具"的"设计"选项卡，如图 7-2-4 所示。文档上方页边距内虚线显示为页眉区域，文档下方页边距内虚线显示为页脚区域。

（2）单击"设计"选项卡"插入"组内的"图片"按钮，弹出"插入图片"对话框，利用该对话框将"兔子 1.jpg"图像插入到页眉内。调整该图片的大小。

图 7-2-3　页眉编辑区域

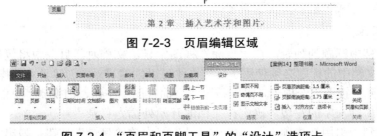

图 7-2-4　"页眉和页脚工具"的"设计"选项卡

（3）切换到"开始"选项卡，单击"段落"组内的"文本左对齐"按钮，使插入的图片在页眉区域内的左边，如图 7-2-5 所示。

（4）输入蓝色、宋体、加粗、小四号文字"第 2 章　插入艺术字和图片"，再在文字左边添加空格，使文字居中，如图 7-2-6 所示。完成奇数页页眉的设置。

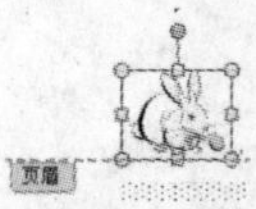

图 7-2-5　页眉区域内插入图片 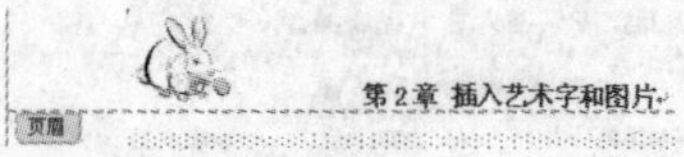　　　图 7-2-6　页眉区域内插入的图片和文字

（5）切换到"页眉和页脚工具"的"设计"选项卡，单击"导航"组内的"转至页脚"按钮，将光标移到第 1 页的页脚区域内。

（6）单击"页眉和页脚"组内的"页码"按钮，弹出它的菜单。将鼠标指针移到该菜单内的"页面底端"命令之上，即可显示其列表框。单击该列表框中的"加粗显示的数字2"选项，即可在第 1 页页脚插入"1/10"页码，如图 7-2-7所示。其中，10 表示一共有 10 页，1 表示当前页的编号。

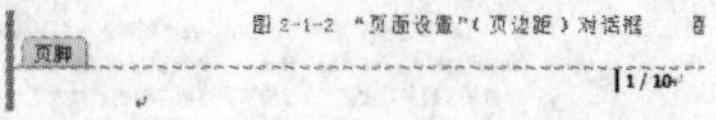

此时查看奇数页和偶数页、首页和其他页中页眉的内容与第 1 页一样，页脚的内容都和第 1 页页脚设置的内容

图 7-2-7　插入页码的页脚区域

基本一样，只是第 2 页页脚显示"2/10"，其他页的页号随之改变。

2. 奇偶页不同时插入页眉和页脚

在"页面设置"对话框"版式"选项卡内选中"奇偶页不同"复选框，此时，奇数页页眉与页脚的内容都一样，偶数页页眉与页脚的内容都一样。奇数和偶数页页眉与页脚的内容不一样。在奇偶页不同时插入页眉、页脚和页码方法如下：

（1）切换到"页面布局"选项卡，单击"页面设置"组内的对话框启动器，弹出"页面设置"对话框。切换到"版式"选项卡，选中"奇偶页不同"复选框，不选中"首页不同"复选框。

（2）按照上述方法在第 1 页页眉区域插入图片和"第 2 章　插入艺术字和图片"文字，在第 1 页页脚区域插入"页号/总页数"。此时，奇数页页眉区域都显示一幅图片和"第 2章　插入艺术字和图片"文字，页脚区域都显示"页号/总页数"（第 1 页为"1/10"）；偶数页页眉与页脚都无内容。

（3）单击"导航"组内的"下一节"按钮，切换到第 2 页的页脚区域内，按照上述方法在页脚区域插入页码，在第 2 页的页脚区域内显示的是"2/10"，完成偶数页页脚的设置。

（4）单击"导航"组内的"转至页眉"按钮，将光标移到第 1 页的页眉区域内，按照前面所述方法，在页眉区域内居中位置输入红色、宋体、小四号字"2.1【案例 9】动物摄影"文字，不插入图片，完成第 2 页的页眉设置，也完成偶数页页眉的设置。

（5）切换到"设计"选项卡，单击"关闭"组的"关闭页眉和页脚"按钮，退出页眉和页脚状态，完成页眉和页脚的设置。

3. 创建目录

目录是文档中标题的列表，在"页面"视图中显示文档时，目录中将包括标题文字和相应的页号。文档中的标题必须使用了样式，才可以创建目录。创建目录的操作方法如下：

（1）切换到"视图"选项卡，单击按下"页面视图"按钮，切换到"页面视图"状态，单击文档中第 1 行文字的左边，确定在文档的开始处插入目录。

（2）切换到"引用"选项卡，单击"目录"组内的"目录"按钮，弹出它的列表框，单击该列表框内的"插入目录"命令，弹出"目录"（目录）对话框，在"显示级别"数字框内选择 4，默认选中三个复选框，此时的"目录"（目录）对话框（见图 7-2-8）。

（3）单击"选项"按钮，弹出"目录选项"对话框，如图 7-2-9 所示，利用该对话框可以查看和修改目录级别；单击"修改"按钮，弹出"样式"对话框，利用该对话框可以修改样式。单击"确定"按钮，即可在文档开始处创建本文档的四级目录（见图 7-2-2）。

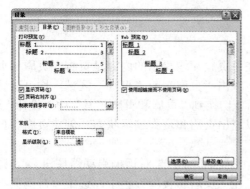

图 7-2-8　"目录"对话框　　　　　　　　　图 7-2-9　"目录选项"对话框

（4）如果目录采用链接形式，则需要在"目录"对话框内选中"使用超链接而不使用页码"复选框。当切换到"Web 版式视图"状态时（切换到"视图"选项卡，单击"文档视图"组内的"Web 版式视图"按钮，可以将当前文档切换到"Web 版式视图"状态），标题将显示为链接，用户可以单击链接跳转到某个标题。

（5）如果选中"显示页码"复选框，则在目录内每个标题的右边都会显示该标题所在页的页码，否则不显示页码。如果选中"页码右对齐"复选框，则在目录内每个标题行的最右边显示页码，否则在标题文字右边紧跟着显示页码。

"Web 浏览"列表框内会显示相应的"Web 版式视图"状态下的显示效果。"打印浏览"列表框内会显示相应的打印效果。

（6）如果需要将目录保存在另外一个文档中，可以拖动选中整个目录，再右击弹出快捷菜单，单击该菜单内的"剪切"命令，将选中的目录剪切到剪贴板内。新建一个空文档，它的页面设置与"【案例 13】编辑长文章.docx"文档的页面设置一样，右击该文档，弹出它的快捷菜单，单击该菜单内的"粘贴"菜单命令，将剪贴板内的目录粘贴到空文档中。然后将该文档以名称"【案例 14】书稿目录.docx"保存。

4．插入分页和目录修改

（1）插入分页：为了使每一章的文字都从新的一页开始，可以在每章的结尾处插入分页。方法是，将光标定位在第 1 章的结尾处，切换到"插入"选项卡，单击"页"组内的"分页"按钮，即可在目录之后插入分页。然后，按照上述方法，分别在各章之后插入分页。

如果在第 1 章前面添加了目录，则需要在目录之后插入分页，再将生成的多余空行删除。

（2）更新目录：如果文档内容发生了变化，则需要更新目录。切换到"引用"选项卡，单击"目录"组内的"更新目录"按钮，弹出"更新目录"对话框，如图 7-2-10 所示。如果文档需要在页码发生变化时自动更新目录中的页码，则需要选中"只更新页码"单选按钮；如果文档需要在标题发生变化时自动更新目录中的标题，则需要选中"更新整个目录"单选按钮。

此处，因为只是页码发生了变化，则选中"只更新页码"单选按钮。然后，单击"确定"按钮，即可自动更新目录。

图 7-2-10　"更新目录"对话框

（3）事实上，生成的目录并不是普通文本，而是一个 Word 域结果，因此它可以随时更新。单击或拖动选中目录，按【Shift+Ctrl+F9】键，就可以将 Word 域目录转换成普通的文本，如图 7-2-2 所示。此时，目录的深灰色背景色去掉了，以可以方便地进行修改，但是不可以自动更新目录。

7.2.2 相关知识——页眉和页脚

1. 创建页眉和页脚

在每页顶端均显示的内容是页眉，在每页底端均显示的内容是页脚。页眉和页脚经常包括页码、章节标题、日期和作者姓名。双击"页眉"或"页脚"区域，均可以进入页眉或页脚的编辑状态。编辑完页眉和页脚后，切换到"页眉和页脚工具"中"设计"选项卡，单击"关闭"组中的"关闭"按钮，可以退出页眉和页脚编辑状态。创建页眉和页脚方法如下：

（1）切换到"页面布局"选项卡，单击"页面设置"对话框启动器按钮 ，弹出"页面设置"对话框，选中"版式"选项卡。在"页眉和页脚"栏中，选中"奇偶页不同"复选框，则可以分别设置文档奇数页和偶数页的页眉和页脚。如果选中"首页不同"复选框，则可以单独设置首页的页眉和页脚。单击"确定"按钮。

另外，切换到"页眉和页脚工具"中"设计"选项卡，在"选项"组内，也有"奇偶页不同"复选框和"首页不同"复选框，同样可以进行上述设置。不选中"显示文档文字"复选框，则文档中的文字会消失。

（2）切换到"插入"选项卡，单击"页眉和页脚"组内的"页眉"按钮，弹出"页眉"列表框，单击该列表框内的"编辑页眉"命令，进入页眉和页脚编辑状态，并弹出"页眉和页脚工具"的"设计"选项卡。文档上方页边距内虚线显示为页眉编辑区域，文档下方页边距内虚线显示为页脚编辑区域。光标定位在光标所在页面的页眉编辑区域。

（3）单击"页眉和页脚"组内的"页眉"按钮，弹出"页眉"列表框，单击该列表框内的"编辑页眉"命令，进入页眉编辑状态，并弹出"页眉和页脚工具"的"设计"选项卡。光标定位在光标所在页面的页眉编辑区域。

单击"页眉和页脚"组内的"页脚"按钮，弹出"页脚"列表框，单击该列表框内的"编辑页脚"命令，进入页脚编辑状态，并弹出"页脚和页脚工具"的"设计"选项卡。光标定位在光标所在页面的页脚编辑区域。

（4）在页眉和页脚区域中，可以输入和编辑文本，可以设置文字的字体、大小、对齐方式、边框和底纹等属性。还可以插入图片、剪贴画、艺术字、图形和日期与时间等对象。

（5）单击"转至页脚"按钮，可以将光标切换到本页面的页脚区域；单击"转至页眉"按钮，可以将光标切换到本页面的页眉区域。

（6）用户只需要设置文档中的一页的页眉与页脚，或者一个奇数页与一个偶数页的页眉与页脚，Word 会自动更新所有页的页眉与页脚，使每一页的页眉和页脚均与设置相同。

2. 编辑页眉和页脚

（1）编辑页眉和页脚：双击页眉或页脚区域，进入页眉和页脚编辑状态，并弹出"页眉和页脚工具"的"设计"选项卡。将光标移到要编辑的页眉或者页脚区域内，删除或修改内容，Word 会自动将文档中与该页眉或页脚内容设置一致的所有内容进行删除或修改。

（2）删除页眉和页脚：单击"页眉和页脚"组内的"页眉"按钮，弹出列表框，单击该列表框内的"删除页眉"命令，即可删除页眉。单击"页眉和页脚"组内的"页脚"按钮，弹出列表框，单击该列表框内的"删除页脚"命令，即可删除页脚。

（3）调整页眉和页脚的垂直位置：单击"页面布局"选项卡中的"页面设置"按钮，弹出"页面设置"对话框，选中"版式"选项卡。在"页眉"数值框中，输入从纸张顶部边缘到页眉顶部的距离。在"页脚"数值框中输入从纸张底部边缘到页脚底部的距离。

也可以在"页眉和页脚工具"内"设计"选项卡内，分别在"位置"组内的"页眉顶端距离"和"页脚底端距离"数值框中输入从纸张顶部边缘到页眉顶部的距离和从纸张底部边缘到页脚底部的距离。

（4）调整页眉和页脚的高度：在页眉和页脚的编辑状态下，垂直标尺上的空白部分表示页眉或者页脚的高度。将鼠标移动到灰白两部分的交界处，鼠标指针变成双向箭头，拖动鼠标可以改变页眉或者页脚的高度。

3. 插入页码

前面已经简单介绍了在页眉或页脚编辑状态下插入页码的一般方法，下面继续介绍插入页码的其他方法：

（1）切换到"插入"选项卡，单击"页眉和页脚"组的"页码"按钮，弹出"页码"菜单，如图 7-2-11 所示。利用该菜单可以设置页码在页眉或者页脚内的位置和页码格式。

（2）将光标定位在第 2 页，将鼠标指针移到图 7-2-11 所示"页码"菜单内的"页边距"命令之上，弹出"页边距"列表框，如图 7-2-12 所示。单击该列表内一个选项，即可插入相应的有形状图形为背景的页码。例如，单击第二行第一项"箭头左侧"选项，即可在第 2 页内左上角添加一个有页码数的箭头标记➡。同时，也在偶数页内左上角添加一个有页码数的箭头标记➡。

（3）将光标定位在第 2 页，将鼠标指针移到图 7-2-11 所示"页码"菜单内的"当前位置"命令之上，弹出"当前位置"列表框，如图 7-2-13 所示。单击该列表内一个选项，即可插入相应的页码。例如，单击"马赛克"选项，则插入的页码为 ▦。

图 7-2-11　"页码"菜单

（4）单击"页码"菜单内的"设置页码格式"命令，弹出"页码格式"对话框，如图 7-2-14 所示。在"编码格式"下拉列表框中，选择数字的显示格式；在"页码编排"栏中，单击选中"起始页码"单选按钮，在其右边的数值框中输入文档的起始页码数，也就是首页的页码，可以是 1，也可以是其他数值，Word 会自动调整其他页的页码；如果选中"续前节"单选按钮，则遵循前一节的页码顺序继续编排页码。

图 7-2-12　"页边距"列表框

图 7-2-13　"页码格式"对话框

图 7-2-14　"页码格式"对话框

如果选中"包含章节号"复选框，则将与页码一起显示文档的章节号。在"章节起始样式"列表框中，可以选择文档中标题所用的样式。在"使用分隔符"列表框中，可以选择所需的章节号与页码之间的分隔符。设置完毕后，单击"确定"按钮。

（5）单击"页码"菜单内的"删除页码"命令，可以删除页码。

文字录入与文字处理案例教程（第二版）

思考与练习7-2

1．更改案例 14"整理长文章"文档中的页眉和页脚，使奇数页的页眉与偶数页的页眉内容互换，页脚的页码为中文数字。

2．修改本案例"整理长文章"文档中的页眉和页脚，使奇数页页眉显示"第 2 章　插入艺术字和图片"文字，偶数页页眉显示作者姓名和写作时间。

3．参考案例 14 中介绍的方法，将思考与练习 7-1 中制作的文档添加页眉和页脚，插入页码。然后，创建该文档的目录。

7.3 【案例 15】审批书稿

7.3.1 案例效果和操作

打开"【案例 14】整理长文章.docx"Word 文档，插入批注和修订等，其中一部分文字的批注和修订效果如图 7-3-1 所示，然后以名称"【案例 15】审批书稿.docx"保存。一个长文档完成后，常需要其他人审阅并提出意见，Word 2010 提供了文档批注和修订功能，可以帮助审稿人审阅，同时，文档作者也可以通过查看批注和修订，准确地了解审稿人的意见，并最终决定是否采纳这些意见。通过本案例，可以掌握在文档中插入批注和修订，审阅批注和修订，插入书签和定位书签，定位到特殊位置，插入脚注和尾注等操作方法。

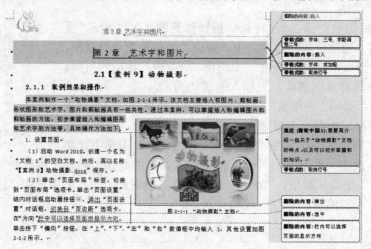

图 7-3-1　文档的"批注"和"修订"

1．插入批注

（1）打开案例 14 中制作的"【案例 13】整理长文章.docx"文档，再以名称"【案例 15】审批书稿.docx"保存。

（2）拖动选中第一段文字，切换到"审阅"选项卡，如图 7-3-2 所示。单击"批注"组中的"新建批注"按钮，进入第一段文字的批注状态，选中文字的背景变为红色，其右边有一个红色的"批注"文本框，并用红线与选中的文字相连接，如图 7-3-3 所示。

图 7-3-2　"审阅"选项卡内

（3）在"批注"文本框内输入批注内容"需要再介绍一些关于"动物摄影"文档的特点，以及可以掌握的知识。"文字，如图 7-3-4 所示。

图 7-3-3 选中的文字和它的"批注"文本框

单击"修订"组内的"审阅窗格"按钮，弹出它的菜单，单击该菜单内的"垂直审阅窗格"命令，在文档左边弹出一个"审阅"窗格，或者单击该菜单内的"水平审阅窗格"命令，在文档下边弹出一个"审阅"窗格，在"审阅"窗格内会显示同样的文字，如图 7-3-5 所示。

（4）按照相同的方法，对其他文字进行批注。

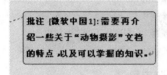

图 7-3-4 "批注"文本框内的批注文字

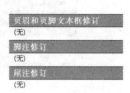

图 7-3-5 "审阅"窗格

2．插入修订

（1）切换到"审阅"选项卡，单击"修订"组内的"修订"按钮，弹出它的菜单，单击其内的"修订"命令，启用修订功能，在窗口底部的状态栏中会显示"修订：打开"文字。如果没有显示，可右击状态栏，弹出它的菜单，单击选中该菜单内的"修订"选项。

（2）将标题"1．设置页面"下面的两段文字进行修改，Word 会记录修订的所有操作，并一一标记显示在文档中，如图 7-3-6 所示。

（3）按照上述方法，进行其他文字的修订，包括修改页眉，将页眉的文字改为"第 2 章 艺术字和图片"。

（4）再次单击"审阅"工具栏中的"修订"按钮，可以关闭修订功能，同时窗口底部的状态栏显示："修订 关闭"。或者单击"修订：打开"文字，会使改文字变为"修订：关闭"。

3．显示标记

图 7-3-6 记录修订

如果要在文档中显示或不显示批注和修改标记，可以切换到"审阅"选项卡，单击"修订"组内的"显示标记"按钮，弹出"显示标记"菜单，如图 7-3-7 所示。利用该菜单内的命令和选项可以设置各种显示或不显示批注和修改标记的方法，简介如下。

（1）"显示标记"菜单有"批注"和"插入和删除"等许多选项，选中选项后，该选项左边会显示一个有对勾的方形 ☑，表示文档中可以显示相应的批注和修改标记内容。将鼠标指针移到"审阅者"命令之上，会显示其子菜单，如图 7-3-8 所示，它有两个选项，用来确定是否显示相应的内容。

（2）将鼠标指针移到"批注框"命令之上，会显示其子菜单，如图 7-3-9 所示。该菜单内有三个选项，其中只可以选中一个，用来设置如何显示批注和修改内容，简介如下：

图 7-3-7　"显示标记"菜单　　　图 7-3-8　"审阅者"菜单　　　图 7-3-9　"批注框"菜单

◎ 选中"在批注框中显示修订"选项后，在文档中的"批注"文本框内不但显示批注内容，还显示修改内容，另外，将光标移动到批注文字之上时，会弹出一个灰色矩形提示框，其内部也显示批注内容，如图 7-3-10 所示。

图 7-3-10　显示的批注和修改内容

◎ 选中"仅在批注框中显示批注和格式"选项后，在文档中的"批注"文本框内只显示批注和格式，不显示修改，也不会弹出提示框。

◎ 选中"嵌入方式显示所有修订"选项后，在文档中取消"批注"文本框，只在正文中显示修改内容，被批注的文字为红色，将光标移动到批注文字之上时，会弹出一个灰色矩形提示框，其内部也显示批注内容。

（3）显示以供审阅：切换到"审阅"选项卡，单击"修订"组中的"显示以供审阅"按钮，弹出"显示以供审阅"菜单，如图 7-3-11 所示。其命令简介如下：

◎ 单击选中"最终：显示标记"选项后，文档内显示最后修改结果，同时显示标记。

◎ 单击选中"最终状态"选项后，文档内显示最后修改结果，不显示任何标记。

◎ 单击选中"原始：显示标记"选项后，文档内显示原来内容，同时显示标记。

◎ 单击选中"原始状态"选项后，文档内显示原来内容，不显示任何标记。

4．审阅批注和修改

（1）接受修订：切换到"审阅"选项卡，单击"更改"组中的"接收"按钮，弹出"接收"菜单，如图 7-3-12 所示。单击"接受并移到下一条"命令，即可接受光标所在处的修订并移到下一个修订处；单击"接受修订"命令，即可接受光标所在处的修订；单击"接收对文档的所有修订"命令，即可接受所有修订。接受修订后，文字变为红色，修订符号取消。

（2）拒绝修订：单击"更改"组中的"拒绝"按钮，弹出"拒绝"菜单，如图 7-3-13 所示。单击"拒绝并移到下一条"命令，即可接受光标所在处的修订并移到下一个修订处；单击"拒绝修订"命令，即可接受光标所在处的修订；单击"拒绝对文档的所有修订"命令，即可接受所有修订。接受修订后的文字变为红色，修订符号取消。

图 7-3-11　"显示以供审阅"菜单　　图 7-3-12　"接收"菜单　　　图 7-3-13　"拒绝"菜单

（3）移到要审阅处：单击"批注"组中的"上一条"或"下一条"按钮，可移到要审阅的批注。单击"更改"组中的"上一条"或者"下一条"按钮，可移到要审阅的修订。

（4）修订选项：切换到"审阅"选项卡，单击"修订"组内的"修订"按钮，弹出"修订"菜单，单击该菜单内的"修订选项"命令，弹出"修订选项"对话框，如图 7-3-14 所示。在该对话框中，可以设置批注框的位置和连线，以及修订行的标记和颜色等属性。

（5）更改用户名：单击"修订"菜单内的"更改用户名"命令，弹出"Word 选项"对话框"常规"选项卡，如图 7-3-15 所示。在"用户名"和"缩写"文本框内可以修改它们。

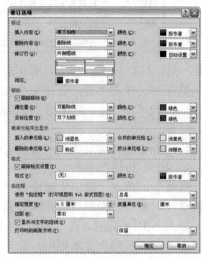

图 7-3-14　"修订选项"对话框

图 7-3-15　"Word 选项"对话框"常规"选项卡

5. 插入书签并定位到书签

Word 2010 中的书签与实际生活中使用的书签的作用是一样，书签是加以标识和命名的位置或选中的文本，以便以后引用。例如，可以使用书签来标识已经审阅的文本位置，下一次审阅时，可以直接定位到该位置，继续审阅文档。操作方法如下：

（1）将光标移到要添加书签的位置，此处是已经审阅完的一段文字的最后。切换到"插入"选项卡，单击"链接"组内的"书签"按钮，弹出"书签"对话框，如图 7-3-16 所示。

（2）在"书签名"列表框中输入书签名称"审稿人 1"，单击"添加"按钮，添加书签。然后，单击"取消"按钮。

图 7-3-16　"书签"对话框

（3）单击"链接"组内的"书签"按钮，弹出"书签"对话框，选中"书签名"列表中的一个标签名称，例如，"审稿人 1"选项，再单击"定位"按钮，Word 会自动将光标移动到插入该书签的位置，"取消"按钮变为"关闭"按钮。单击"关闭"按钮。

7.3.2　相关知识——批注、修订和长文档浏览

1. 选择浏览对象定位

（1）定位到特定位置：在检查文档时，通常是分类别进行的。例如，先检查表格，然后再检查图片等。使用 Word 2010 选择浏览对象的功能，可以方便、快速地分类检查整个文档。操作步骤如下：

① 单击窗口右侧垂直滚动条上的"选择浏览对象"按钮，弹出它的菜单，如图 7-3-17 所示，可以浏览相应

图 7-3-17　"选择浏览对象"菜单

的内容。例如，单击"按图形浏览"按钮![图标]，Word 会自动定位到光标位置以下的第一个图像处，同时"选择浏览对象"按钮![图标]上方和下方的按钮变成蓝色。

各选择浏览对象的图标及其功能见表 7-3-1。

表 7-3-1 选择浏览对象图标及其功能

图 标	功 能	图 标	功 能	图 标	功 能
	按页浏览		按表格浏览		按尾注浏览
	按节浏览		按图形浏览		找到某个特定的对象
	按批注浏览		按标题浏览	{a}	按域浏览
	按脚注浏览		按编辑位置浏览		选择要定位的对象类型

② 单击"下一张图形"按钮![图标]，浏览下一幅图像，光标移动到下一幅图像所在的位置。再次单击"下一张图形"按钮![图标]，可以继续向下浏览图形。单击"前一张图形"按钮![图标]，浏览上一个图像，光标移动到上一幅图像所在的位置。再次单击"前一张图形"按钮![图标]，可以继续向上浏览图像。

③ 如果浏览完成，则单击默认选项"按页浏览"![图标]，Word 会自动定位到光标位置以下的第 1 页首行，同时"上一张图形"按钮![图标]和"下一张图形"按钮![图标]恢复成灰色。

（2）定位到页、表格或其他项目：切换到"开始"选项卡，单击"编辑"组中的"查找"按钮，弹出"查找"菜单，单击该菜单内的"高级查找"命令，弹出"查找和替换"对话框，单击"定位"标签，切换到"定位"选项卡，如图 7-3-18 所示。在"定位目标"列表中，选择要定位的项目类型。如果要定位某页，则在"输入页码"文本框中，输入所需的页码。如果要定位到下一个或前一个同类项目，则不要在"输入页号"文本框中输入内容，直接单击"下一处"或"前一处"按钮。

Word 2010 可以记录输入或编辑文字的最后三个位置。按【Shift+F5】快捷键，可以移动到上一个编辑位置。即使在保存了文档之后，仍然可以使用此功能回到以前进行编辑的位置。

2. 脚注和尾注

脚注和尾注一般为文本提供注释说明、解释或相关的参考资料等。脚注与尾注的区别是在文档中所处的位置不同，在默认情况下，脚注在每页底端，尾注居于文档结尾处。将光标移动到要插入脚注或尾注处。切换到"引用"选项卡，单击"脚注"组内的"插入脚注"或"插入尾注"按钮，可以分别插入脚注或尾注。

切换到"引用"选项卡，单击"脚注"组内的"脚注"对话框启动器![图标]，弹出"脚注和尾注"对话框，如图 7-3-19 所示。该对话框内各选项的作用简介如下。

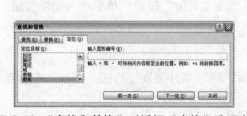

图 7-3-18 "查找和替换"对话框"定位"选项卡 图 7-3-19 "脚注和尾注"对话框

（1）"位置"栏：如果选中"脚注"单选按钮，其右边的下拉列表框用来设置脚注的位置，它有"页面底端"和"文字下方"两个选项。选中"尾注"单选按钮，在其右边的下拉列表框有"页面底端"和"文字下方"两个选项，用来设置尾注的位置。

在有脚注和尾注时，"转换"按钮才有效，单击该按钮，弹出 "转换注释"对话框，如图 7-3-20 所示。选中不同的单选按钮，具 有不同的功能，然后单击"确定"按钮，分别可以将"尾注转换 成脚注"、"脚注转换成尾注"或"尾注与脚注呼唤"。

图 7-3-20　"转换注释" 对话框

（2）"格式"栏："编号格式"下拉列表框用来选择脚注引用 标记的编号格式。如果要自定义引用标记，则在"自定义标记" 文本框中输入标记，或者单击"符号"按钮，弹出"符号"对话框，插入符号。"起始编 号"数字框用来输入编号的起始号码。在"编号"下拉列表框中，可以选择重新编号的形 式，通常选中"连续"选项。

（3）在"应用更改"栏的"将更改应用于"下拉列表框中，选择脚注设置的应用范围。 如果选中"整篇文档"选项，则脚注设置在当前整篇文档内有效；如果选中"本节"选项， 则脚注设置只在当前节内有效。

单击"插入"按钮，即可按照设置插入脚注或尾注。例如，插入脚注后"脚注"窗格 内显示"————"，"1"是脚注的序号，光标定位在"1"右边，一条短水平线将文档正 文与脚注分隔开，称为注释分隔符。接着可以输入脚注内容，例如"第 1 章结束"文字。

（4）单击"脚注"组内的"下一条脚注"按钮，弹出它的菜单，单击该菜单内的命令， 可以切换到下一个或上一个脚注所在页；或者切换到下一个或上一个尾注的所在页。

3. 行号

为了可以准确了解审稿人表述的内容，可以给文档添加行号。当讨论文档时，能够很 容易地查阅各个部分。操作方法如下：

（1）切换到"页面布局"选项卡，单击"页面设置"对话框启动器按钮，弹出"页 面设置"对话框，切换到"版式"选项卡。单击"行号"按钮，弹出"行号"对话框，选 中"添加行号"复选框。此时的"行号"对话框如图 7-3-21 所示。

（2）在"起始编号"文本框中输入行号的开始号码"1"；在"距正文"文本框中输入 行号与正文之间的距离"自动"；在"行号间隔"文本框中输入行号的增量值"1"；在"编 号方式"栏中，选中"每页重新编号"单选按钮。

（3）单击"行号"对话框中的"确定"按钮，返回"页面设置"对话框，再单击"确 定"按钮，完成行号设置，效果如图 7-3-22 所示。

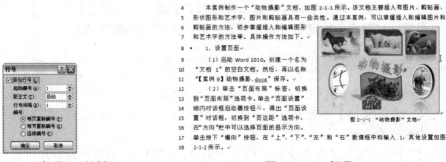

图 7-3-21　"行号"对话框　　　　　　　　图 7-3-22　行号

（4）选中不需要添加行号的章标题首行，切换到"开始"选项卡，单击"段落"对话

框启动器按钮 ，弹出"段落"对话框，切换到"换行与分页"选项卡。选中"取消行号"复选框，单击"确定"按钮，这时第一行的行号被取消，而第二行的行号变成了 1，以下的行号依次往下减 1。

（5）选中不添加行号的文本行或段落，弹出"段落"对话框的"换行与分页"选项卡。选中"取消行号"复选框，单击"确定"按钮，即可将选中文本的行号取消，以下的行号依次顺延。

4. 自动浏览

在日常工作中，有时需要阅读大量的 Word 文件，例如，审阅书稿。如果使用鼠标拖动滑块来阅读，很难控制好内容移动的速度，要么太快，要么太慢。最好的解决方法是买一个"滚轮鼠标"，不过如果客观条件不允许，可以使用 Word 2010 提供的自动滚动功能。它可以使用户很容易找到一个适合的滚屏速度来阅读文章，而且不需要拖动滑块。此外，滚屏速度可以随时改变，移动方向也可以随意地控制，操作方法如下：

（1）单击 Word 2010 工作界面内左上角的"快速访问工具栏"按钮 ，弹出它的快捷菜单，单击该菜单内的"其他命令"命令，弹出"Word 选项"对话框，如图 7-3-23 所示。

（2）在左边"类别"列表框中选中"快速访问工具栏"选项，在"从下列位置选择命令"下拉列表框内选择"不在功能区中的命令"选项，在它下边的列表框中选择"自动滚动"命令选项，单击"添加"按钮，将"自动滚动"命令添加到右边的列表框内。单击"确定"按钮，即可将"自动滚动"命令添加到"快速访问工具栏"中，该栏内增加图标 。

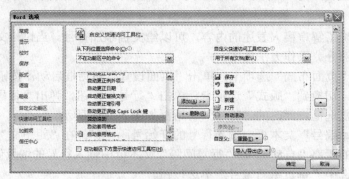

图 7-3-23 "Word 选项"对话框

（3）在需要滚动文档时，单击"自动滚动"按钮 ，文档中央会出现一个"自动滚动"标记。如果要向下滚动文档，则把鼠标指针移动到该标记的下方，此时鼠标指针变成倒三角形；如果要向上滚动文档，则把鼠标指针移动到中央标记的上方，此时鼠标指针变成三角形。指针离中央标记的距离越远，滚动速度越快。如果要暂时停止滚动文档，则把鼠标指针移动到与中央标记的水平的位置，此时鼠标指针变成和中央标记相同的形状。

（4）单击鼠标左键或者按键盘上的任意键，即可关闭自动翻页功能。

思考与练习7-3

1. 继续给"【案例 15】审批书稿.docx"文档插入批注、修订、脚注和尾注等。

2. 给"【案例 15】审批书稿.docx"文档添加书签，再通过书签在文档中将光标定位到上次阅读的位置。

3. 打开"编辑长文章"文档，练习使用 Word 2010 中的定位到特定位置功能。

4. 给"【案例 15】审批书稿.docx"文档添加行号，要求只给正文添加，不包括标题。